Hubert Albus

Training Mathematik

Kopiervorlagen mit Tests
zu den neuen Prüfungsaufgaben

9. Klasse

Mit Lösungen

BRIGG Pädagogik

Gedruckt auf umweltbewusst gefertigtem, chlorfrei gebleichtem
und alterungsbeständigem Papier.

1. Auflage 2009
Nach den seit 2006 amtlich gültigen Regelungen der Rechtschreibung.

ISBN 978-3-87101-**301**-0 www.brigg-paedagogik.de

Inhalt

Vorbemerkungen zur neuen Prüfung in Mathematik

Im Schuljahr 2006/2007 haben sich im Vergleich zu den Jahren zuvor die Prüfungsbedingungen in Mathematik geändert. Die Prüfung gliedert sich nun in zwei Teile.

Teil A

- **Arbeitszeit:**
  30 Minuten (8.30 Uhr bis 9.00 Uhr)
- **Materialien:**
  Aufgabenblatt, Lineal, Winkelmesser, Zirkel, Füller, Bleistift
  Es darf keine Formelsammlung benutzt werden. Auch der Einsatz des Taschenrechners ist untersagt. Am Ende des Teiles A werden die Arbeiten von der Lehrkraft eingesammelt.
- **Bepunktung:**
  Im Teil A kann man maximal 16 Punkte erreichen. Die Punkte aus dem Teil A werden zu den erzielten Punkten aus dem Teil B addiert. Aus der Summe wird die Gesamtnote in Mathematik ermittelt. Halbe Punkte können vergeben werden, soweit das von der Aufgabenstellung her möglich ist.
  Natürlich sind die Aufgaben der einzelnen Lernbereiche so konzipiert, dass sie zum Teil im Kopf, zum Teil halbschriftlich oder schriftlich ziemlich schnell gelöst werden können.

Teil B

Hier hat sich formal im Vergleich zu den Vorjahren nur wenig geändert. Es werden von der Feststellungskommission zwei Aufgabengruppen ausgewählt, die von den Schülern bearbeitet werden müssen. Ein Austausch einzelner Aufgaben aus verschiedenen Aufgabengruppen ist nicht zulässig. Taschenrechner und Formelsammlung dürfen nun eingesetzt werden.

- **Arbeitszeit:**
  70 Minuten (9.10 Uhr bis 10.20 Uhr)
  Es müssen zwei von der Kommission ausgewählte Aufgabengruppen gelöst werden, die im Regelfall je vier Aufgaben umfassen.
- **Bepunktung:**
  Im Teil B sind maximal 32 Punkte zu vergeben. Aus beiden Teilen können 48 Punkte erreicht werden. Auch im Teil B ist die Vergabe halber Punkte möglich.
- **Notenschlüssel:**

Note 1: 48 P. – 41 P.	Note 2: 40,5 P. – 33 P.	Note 3: 32,5 P. – 25 P.
Note 4: 24,5 P. – 16 P.	Note 5: 15,5 P. – 8 P.	Note 6: 7,5 P. – 0 P.

Wichtige mathematische Kompetenzen, geordnet nach Leitideen

Der neuen Prüfung in Mathematik sind Leitideen zugrunde gelegt, die sich den Bereichen Zahl, Messen, Raum und Form, funktionaler Zusammenhang sowie Daten und Zufall zuordnen lassen können. Ihre Umsetzung soll mithilfe folgender mathematischer Kompetenzen erfolgen:

- Kreativität im Suchen von Lösungswegen
  („Vorteilsrechnen", „einfaches" Rechnen, Skizzieren als Lösungshilfe u. a.)
- Lesen und Verstehen von Grafiken und Schaubildern
  (Grundrechenarten, Prozent, direkte und indirekte Proportionalität)
- Logisches Denken
  (Kniffelaufgaben, Fortführen von Zahlenreihen, Fehlersuche, realistisches Einschätzen von Vorgaben und Lösungen, Eliminieren von nicht lösungsbezogenen Angaben u. a.)
- Schätzen und Überschlagen einschließlich Kopfrechnen
  (Vorstellungsvermögen von Zahlen, Größen, Funktionen)
- Erkennen und kritisches Beurteilen von „Nonsens"-Aufgaben
  (Schlussrechnen, Prozent u. a.)

Das vorliegende Buch erleichtert Ihnen die Arbeit, wenn Sie Ihre Schüler gezielt auf die Anforderungen der „neuen" Mathematikprüfung vorbereiten. Es ist in folgende Kapitel unterteilt:

1. Grundlagen
   - Grundrechenarten
   - Überschlagen
   - Schätzen
   - Rationale Zahlen
   - Brüche und Dezimalbrüche
2. Terme und Gleichungen
3. Potenzen und Wurzeln
4. Prozent- und Zinsrechnung
5. Flächen
6. Konstruktionen
7. Körper
8. Größen
   - Umwandlungen von Längen-, Flächen- und Körpermaßen, Zeit, Gewicht, Geld
   - Artgewicht (spezifisches Gewicht / Dichte)
   - Geschwindigkeit
9. Funktionen
   - direkte Proportionen
   - indirekte Proportionen
10. Statistik / Zufall und Wahrscheinlichkeit
   - Diagramme
   - Mittelwert und Zentralwert
   - absolute und relative Häufigkeit

Neben einer Vielzahl von Übungsaufgaben in den einzelnen Kapiteln werden auch fünf Tests (Teil A) angeboten. Sie eignen sich gut, den Leistungsstand in gewissen Abständen zu überprüfen und mögliche Defizite zu beheben.

Die fünf Prüfungen Teil A (S. 49–68) sind mit den fünf Prüfungen Teil B (S. 111–130) beliebig kombinierbar. Damit können Sie schon viele Wochen vor der Abschlussprüfung mehrmals eine komplette Mathematikprüfung simulieren. Das hilft mit Sicherheit, Prüfungsängste zu reduzieren.

Am Ende des Buches werden die Standards in Mathematik für die 9. Jahrgangsstufe aufgelistet. Mithilfe des vorliegenden Bandes haben Sie alle Bereiche bestens abgedeckt.

M Name: ______________________ Datum: ______________

Grundlagen (1)

I. Runden

Durch Runden erreichst du immer nur einen **Näherungswert**. Anstelle des Gleichheitszeichens (=) steht nun das Rundungszeichen (≈). Dabei gilt folgende **Regel**: Bei den Ziffern 0, 1, 2, 3, 4 rundest du ab, bei den Ziffern 5, 6, 7, 8, 9 rundest du auf. Du musst dabei immer **eine Stelle hinter** die Stelle schauen, die gerundet werden soll. Beispiel: Zielrundung Zehner ➪ auf Einer schauen. Zielrundung Hundertstel ➪ auf Tausendstel schauen usw.

① Runde auf ganze Zehner (a–c) und auf ganze Hunderter (d–e) und ganze Tausender (f–g).

a) 5246	b) 376	c) 32	d) 4547	e) 9960	f) 4450	g) 48 568
a) ≈	b) ≈	c) ≈	d) ≈	e) ≈	f) ≈	g) ≈

② Runde auf Zehntel (a–c), Hundertstel (d–e) und Tausendstel (f–g).

a) 3,675	b) 12,354	c) 0,09	d) 2,575	e) 0,594	f) 3,5996	g)0,0006
a) ≈	b) ≈	c) ≈	d) ≈	e) ≈	f) ≈	g) ≈

③ Runde auf volle Eurobeträge (a–d) und ganze Liter (e–g).

a) 23,38 €	b) 56,04 ct	c) 0,48 €	d) 235,50 €	e) 122,9 l	f) 15,05 l	g) 5,0505 hl
a) ≈	b) ≈	c) ≈	d) ≈	e) ≈	f) ≈	g) ≈

II. Überschlagen

Erst runden, dann überschlagen! Damit kannst du z. B. Tippfehler überprüfen und ggf. korrigieren.

a) 578 + 668 ≈	b) 7,52 + 12,2 + 76,32 ≈	c) 47,5 · 16,2 ≈
d) 87 · 22 ≈	e) 52,05 : 2,9 ≈	f) 98,2 : 5,12 ≈

III. Schätzen

Du kannst eine unbekannte Größe mithilfe einer bekannten Größe herausfinden. Auch hier ist Auf- bzw. Abrunden hilfreich. Dabei gibt es eine Ober- und Untergrenze für deine Schätzung.

Liopleurodon (Meeressaurier)

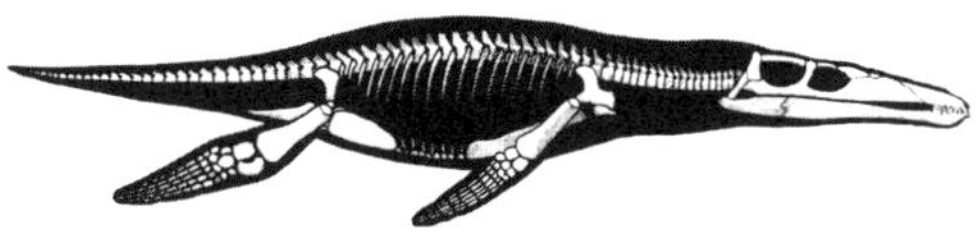

① Schätze die Länge und das Gewicht des Liopleurodon, der als Meeressaurier vor rund 150 Millionen Jahren lebte.

② Wie hoch ist die Milchpackung? Begründe. Wie viele Liter Milch hätten in ihr Platz?

③ Wie hoch war der Koloss von Rhodos, eines der sieben antiken Weltwunder?

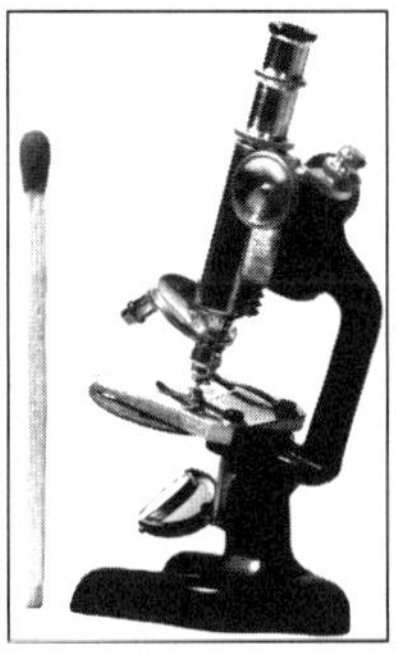

④ Wie klein ist das Mikroskop links?

⑤ Wie lang ist das Messer mit Klinge?

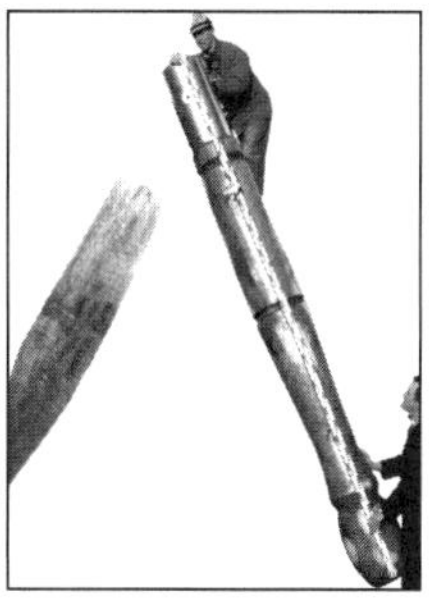

Grundlagen (1)

I. Runden

Durch Runden erreichst du immer nur einen **Näherungswert**. Anstelle des Gleichheitszeichens (=) steht nun das Rundungszeichen (≈). Dabei gilt folgende **Regel**: Bei den Ziffern 0, 1, 2, 3, 4 rundest du ab, bei den Ziffern 5, 6, 7, 8, 9 rundest du auf. Du musst dabei immer **eine Stelle hinter** die Stelle schauen, die gerundet werden soll. Beispiel: Zielrundung Zehner ⇨ auf Einer schauen. Zielrundung Hundertstel ⇨ auf Tausendstel schauen usw.

① Runde auf ganze Zehner (a–c) und auf ganze Hunderter (d–e) und ganze Tausender (f–g).

a) 5246	b) 376	c) 32	d) 4547	e) 9960	f) 4450	g) 48 568
a) ≈ *5250*	b) ≈ *380*	c) ≈ *30*	d) ≈ *4500*	e) ≈ *10 000*	f) ≈ *4000*	g) ≈ *49 000*

② Runde auf Zehntel (a–c), Hundertstel (d–e) und Tausendstel (f–g).

a) 3,675	b) 12,354	c) 0,09	d) 2,575	e) 0,594	f) 3,5996	g)0,0006
a) ≈ *3,7*	b) ≈ *12,4*	c) ≈ *0,1*	d) ≈ *2,58*	e) ≈ *0,59*	f) ≈ *3,6*	g) ≈ *0,001*

③ Runde auf volle Eurobeträge (a–d) und ganze Liter (e–g).

a) 23,38 €	b) 56,04 ct	c) 0,48 €	d) 235,50 €	e) 122,9 l	f) 15,05 l	g) 5,0505 hl
a) ≈ *23 €*	b) ≈ *1 €*	c) ≈ *0 €*	d) ≈ *236 €*	e) ≈ *123 l*	f) ≈ *15 l*	g) ≈ *505 l*

II. Überschlagen

Erst runden, dann überschlagen! Damit kannst du z. B. Tippfehler überprüfen und ggf. korrigieren.

a) 578 + 668 ≈ *580 + 670* b) 7,52 + 12,2 + 76,32 ≈ *8 + 12 + 75* c) 47,5 · 16,2 ≈ *50 · 20*

d) 87 · 22 ≈ *90 · 20* e) 52,05 : 2,9 ≈ *50 : 3* f) 98,2 : 5,12 ≈ *100 : 5*

III. Schätzen

Du kannst eine unbekannte Größe mithilfe einer bekannten Größe herausfinden. Auch hier ist Auf- bzw. Abrunden hilfreich. Dabei gibt es eine Ober- und Untergrenze für deine Schätzung.

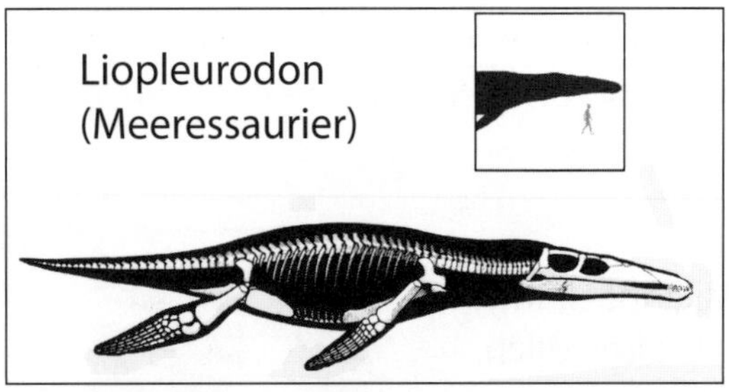

① Schätze die Länge und das Gewicht des Liopleurodon, der als Meeressaurier vor rund 150 Millionen Jahren lebte.

Mensch: 1,80 m; passt ca. 20-mal in die Länge ⇨ ca. 35 Meter

Gewicht: ca. 80 Tonnen

② Wie hoch ist die Milchpackung? Begründe. Wie viele Liter Milch hätten in ihr Platz?

Höhe = ca. dreimal die Länge von zwei Kühen= 3 · 4 = 12 [m]; Volumen: 4 · 3 · 12 = 144 [m³] = <u>144 000</u> [Liter Milch]

③ Wie hoch war der Koloss von Rhodos, eines der sieben antiken Weltwunder?

Höhe Segelschiff = 30 m; Statue = 2 · 30 = <u>60</u> [Meter]

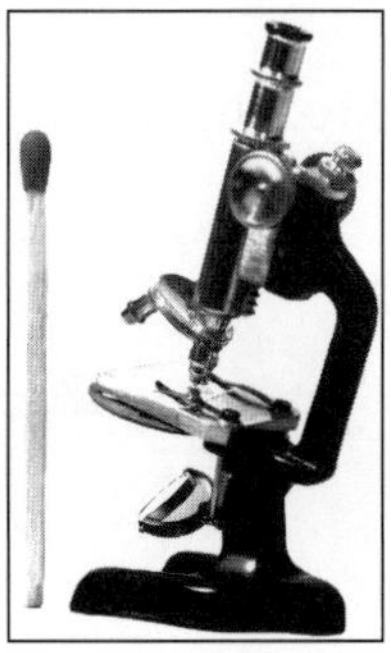

④ Wie klein ist das Mikroskop links?

Länge: 2 cm, Breite: 3 cm, Höhe: 6 cm;
Maße in Wirklichkeit: 2 cm · 3 cm · 5,5 cm;
Gewicht: 32 Gramm

⑤ Wie lang ist das Messer mit Klinge?

Holzgriff: 4 m, Klinge: 4 m;
Mann: ca. 1,80 m groß

M	Name: ______________________	Datum: ______________

Grundlagen (2)

IV. Grundrechenarten

① **Addition** (1. Summand + 2. Summand = Wert der Summe)

a) 345 + 2085 + 80 + 40150 =

b) Addiere die Drogenkonsumenten weltweit.

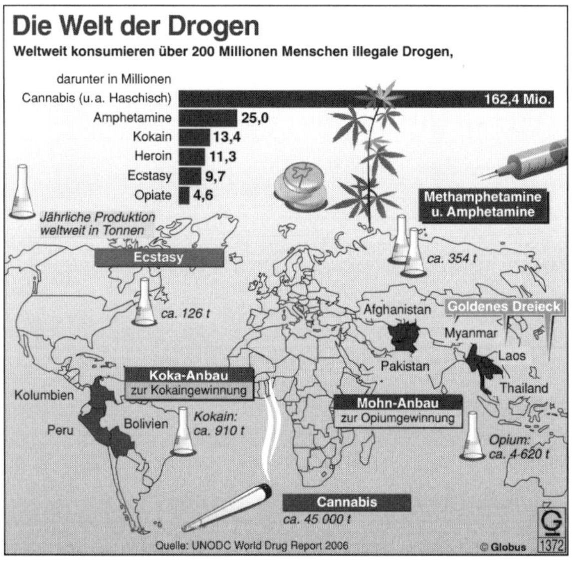

c) Welche Menge an Drogen wird weltweit konsumiert?

② **Subtraktion**

(Minuend − Subtrahend = Wert der Differenz)

a) 40,55 − 27,84 = b) 24,05 − 28,50 =

c) 2520,8 − 495,6 − 518,5 + 248,99 =

③ **Multiplikation**

(1. Faktor · 2. Faktor = Wert des Produktes)

a) 42,8 · 37,5 = b) 4,52 · 0,078 =

④ **Division** (Dividend : Divisor = Wert des Quotienten)

a) 4024,8 : 9,75 = b) 7053,75 : 82,5 = c) 148,4 : 0,8 =

V. Logisches Schließen

- **Zahlenreihen:** Setze die Zahlenreihe um zwei Zahlenglieder logisch fort.

a) 8 4 2 1 ____ ____ b) 88 44 40 20 16 ____ ____

c) 17 21 26 32 ____ ____ d) 6 12 24 48 96 ____ ____

e) 10 7 21 24 8 5 15 18 ____ ____

f) 6 7 5 8 4 9 3 10 ____ ____

- **Zahlensymbole:** Umrande die richtige Zahl.

a)   = 4 3 6 1 2

b) 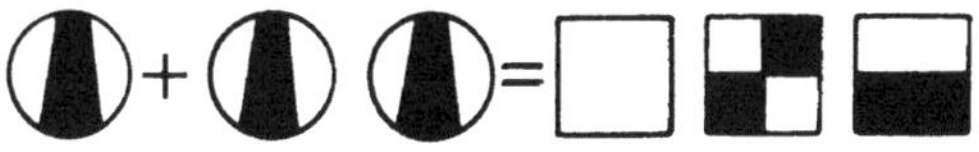  = 8 5 7 6 9

c) 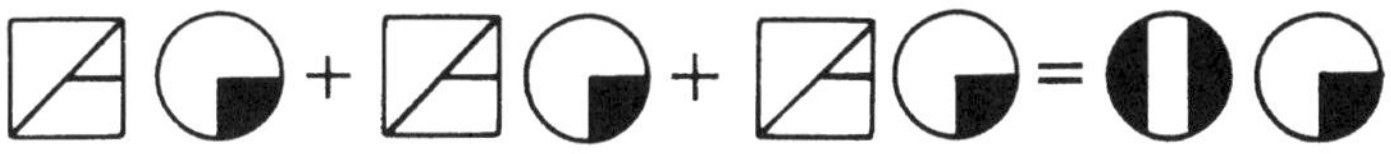  = 2 3 1 5 4

- **Dominos:** Welcher der fünf zur Auswahl stehenden Dominosteine passt zur Dominogruppe? Mache um den richtigen Buchstaben einen Kreis.

a) 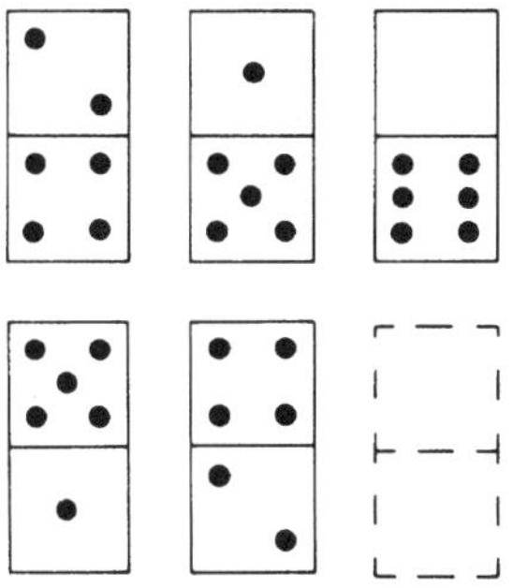

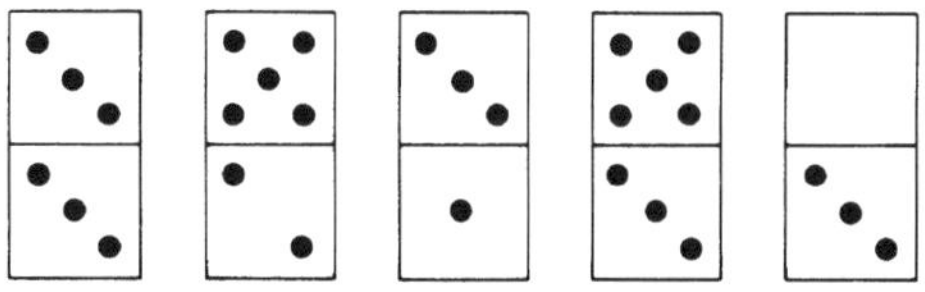

a b c d e

Grundlagen (2)

IV. Grundrechenarten

① **Addition** (1. Summand + 2. Summand = Wert der Summe)

a) 345 + 2085 + 80 + 40150 = <u>*42 660*</u>

b) Addiere die Drogenkonsumenten weltweit.

162,4 + 25 + 13,4 + 11,3 + 9,7 + 4,6 = <u>226,4</u> [Millionen]

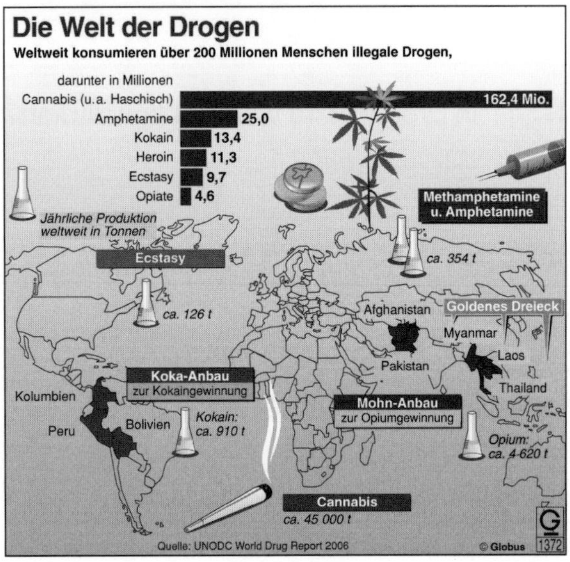

c) Welche Menge an Drogen wird weltweit konsumiert?

45 000 + 4620 + 126 + 910 + 354 = <u>51 010</u> [Tonnen]

② **Subtraktion**

(Minuend − Subtrahend = Wert der Differenz)

a) 40,55 − 27,84 = <u>*12,71*</u>; b) 24,05 − 28,50 = <u>*−4,45*</u>

c) 2520,8 − 495,6 − 518,5 + 248,99 = <u>*1755,69*</u>

③ **Multiplikation**

(1. Faktor · 2. Faktor = Wert des Produktes)

a) 42,8 · 37,5 = <u>*1605*</u> b) 4,52 · 0,078 = <u>*0,35256*</u>

④ **Division** (Dividend : Divisor = Wert des Quotienten)

a) 4024,8 : 9,75 = <u>*412,8*</u> b) 7053,75 : 82,5 = <u>*85,5*</u> c) 148,4 : 0,8 = <u>*185,5*</u>

V. Logisches Schließen

- **Zahlenreihen:** Setze die Zahlenreihe um zwei Zahlenglieder logisch fort.

a) 8 4 2 1 <u>*0,5*</u> <u>*0,25*</u>

b) 88 44 40 20 16 <u>*8*</u> <u>*4*</u>

c) 17 21 26 32 <u>*39*</u> <u>*47*</u>

d) 6 12 24 48 96 <u>*192*</u> <u>*384*</u>

e) 10 7 21 24 8 5 15 18 <u>*6*</u> <u>*3*</u>

f) 6 7 5 8 4 9 3 10 <u>*2*</u> <u>*11*</u>

- **Zahlensymbole:** Umrande die richtige Zahl.

a) 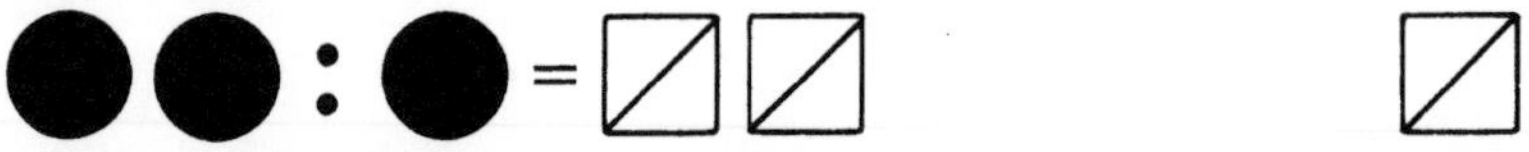 = 4 3 6 (1) 2

b)  = 8 5 7 6 (9)

c)  = 2 3 1 (5) 4

- **Dominos:** Welcher der fünf zur Auswahl stehenden Dominosteine passt zur Dominogruppe? Mache um den richtigen Buchstaben einen Kreis.

a) 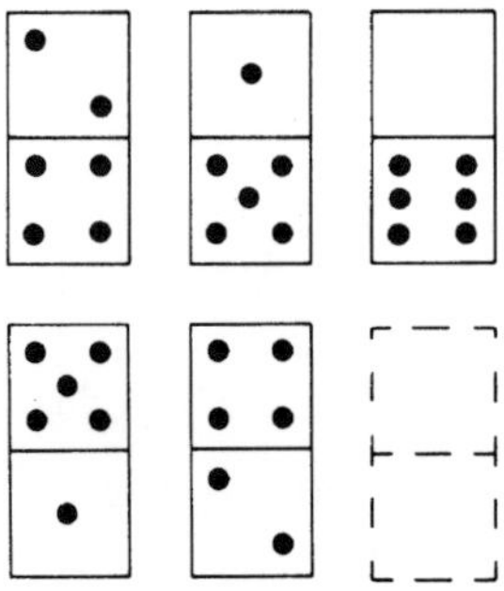

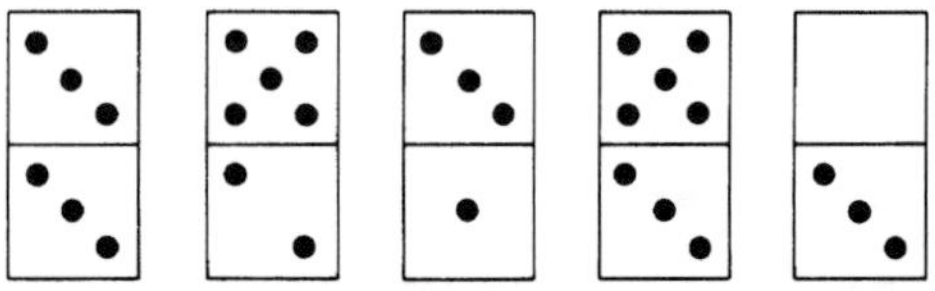

(a) b c d e

M	Name: ______________________	Datum: ______________

Grundlagen (3)

b)

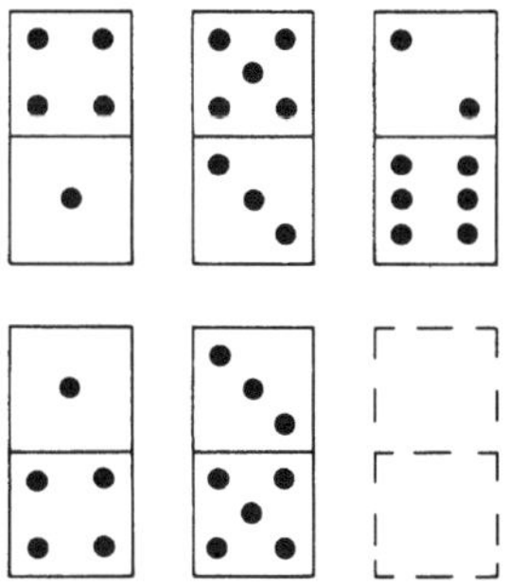

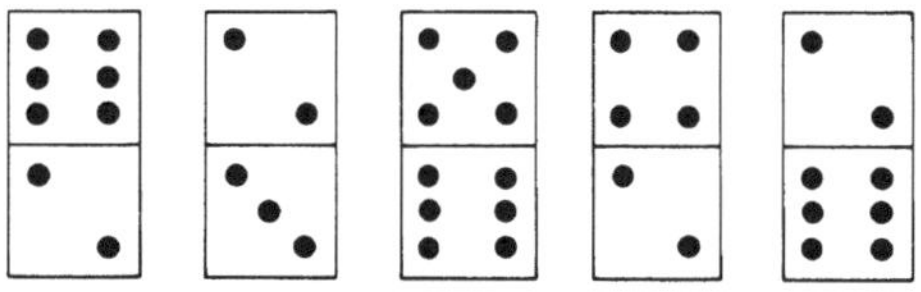

a b c d e

• **Mosaike:** In welchem der fünf Planfelder steckt der Fehler? Umrande den passenden Buchstaben.

1 2 3 4 5 6

a)

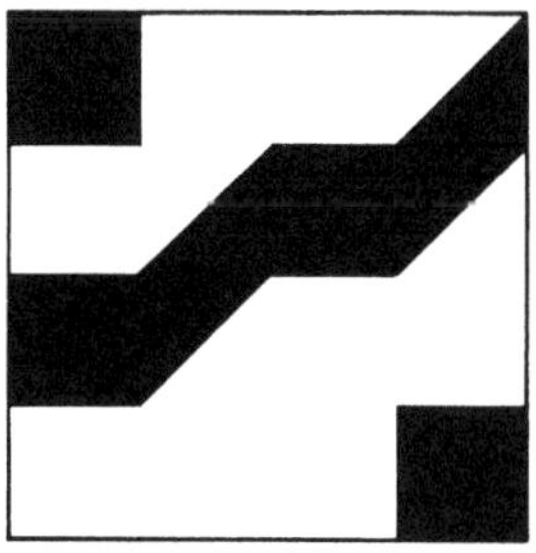

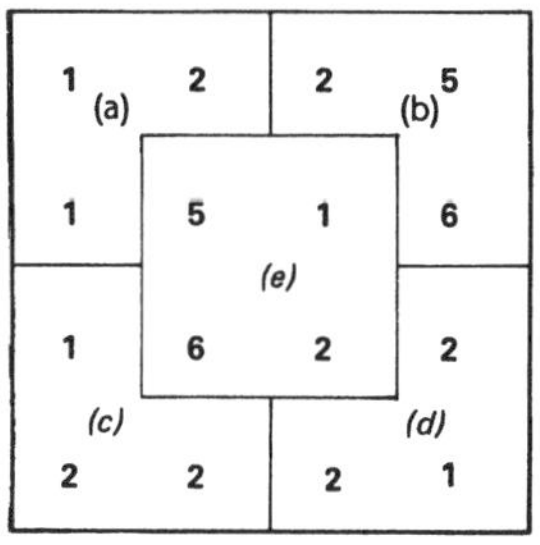

b)

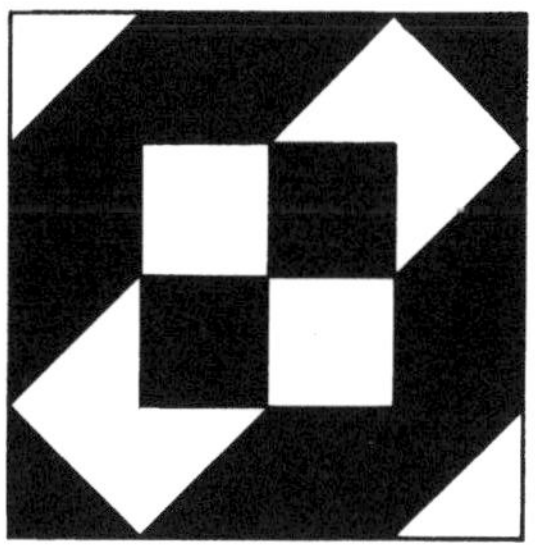

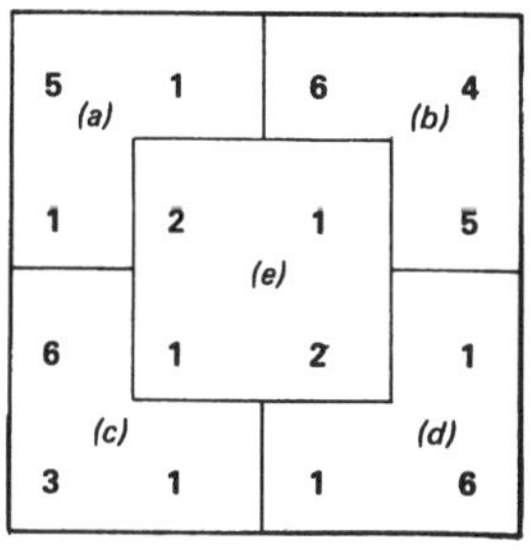

VI. Brüche und Dezimalbrüche

① Welcher Bruchteil der Fläche bzw. des Körpers ist jeweils schwarz gekennzeichnet?

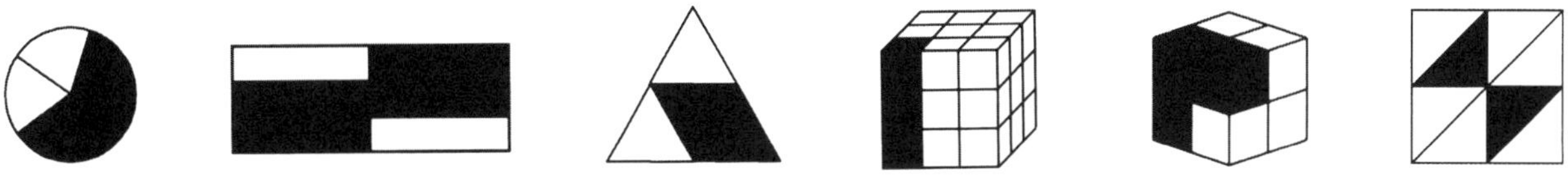

◯ ◯ ◯ ◯ ◯ ◯

② Die Pfeile kennzeichnen Brüche am Zahlenstrahl. Trage sie richtig unten ein.

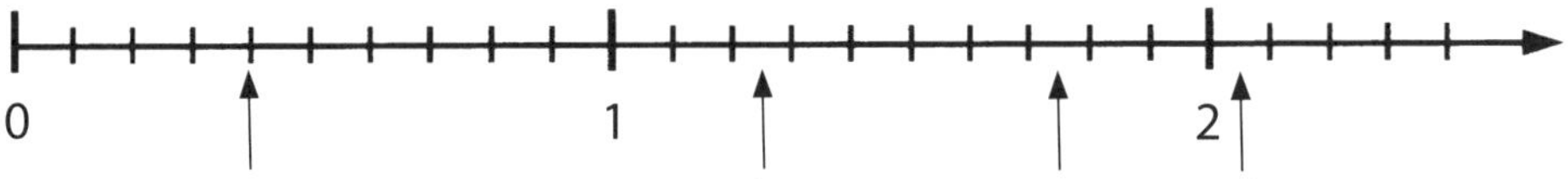

a ◯ b ◯ c ◯ d ◯

③ Berechne:

a) $5\frac{3}{8} + 2\frac{2}{3} =$ b) $12\frac{1}{5} - 4\frac{3}{4} =$ c) $2\frac{2}{3} : 8 =$

④ Wie groß ist der Unterschied zwischen 0,9 und 0,10? Kreuze richtig an.

O 0,01 O 0,1 O 0,8 O 1

⑤ In welcher Aufzählung sind die Zahlen von der kleinsten bis zur größten Zahl geordnet?

A: $0{,}24 / 0{,}345 / \frac{1}{5} / \frac{1}{2}$ B: $0{,}24 / \frac{1}{5} / \frac{1}{2} / 0{,}345$ C: $\frac{1}{5} / 0{,}24 / 0{,}345 / \frac{1}{2}$

Lösung: ________

Grundlagen (3)

b)

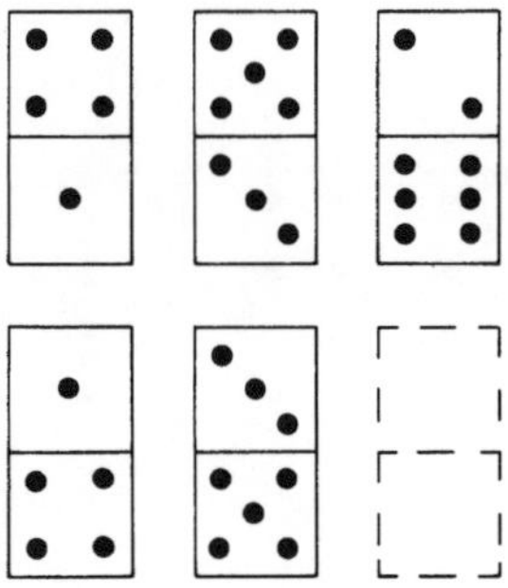

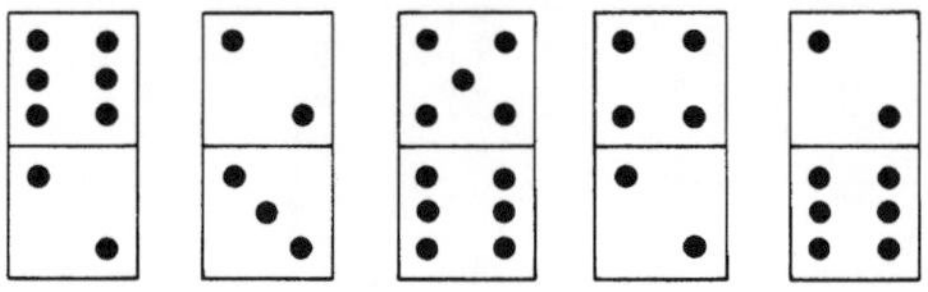

(a) b c d e

• **Mosaike:** In welchem der fünf Planfelder steckt der Fehler? Umrande den passenden Buchstaben.

1 2 3 4 5 6

a)

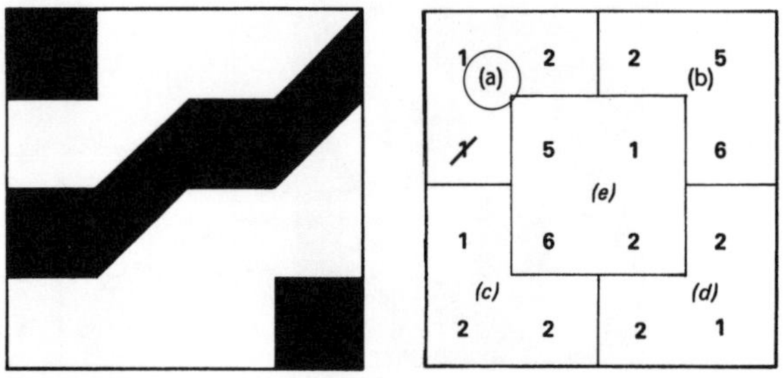

b)

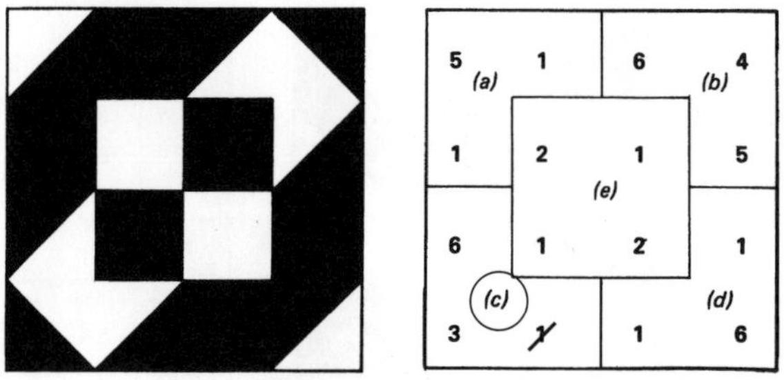

VI. Brüche und Dezimalbrüche

① Welcher Bruchteil der Fläche bzw. des Körpers ist jeweils schwarz gekennzeichnet?

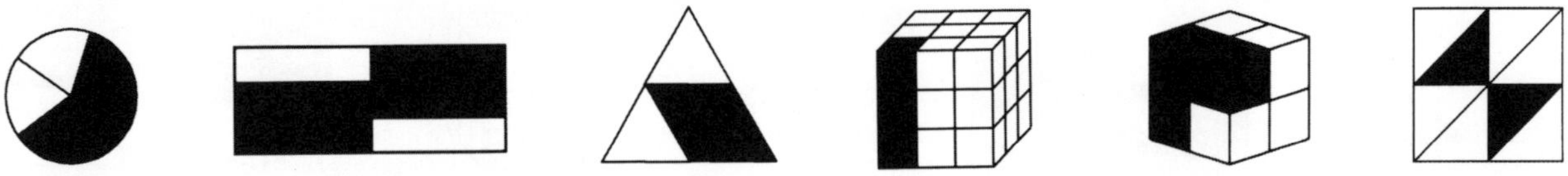

$\frac{3}{5}$ $\frac{2}{3}$ $\frac{1}{2}$ $\frac{1}{9}$ $\frac{3}{8}$ $\frac{1}{4}$

② Die Pfeile kennzeichnen Brüche am Zahlenstrahl. Trage sie richtig unten ein.

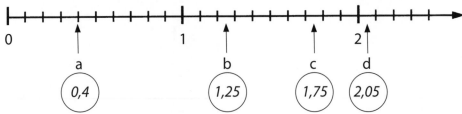

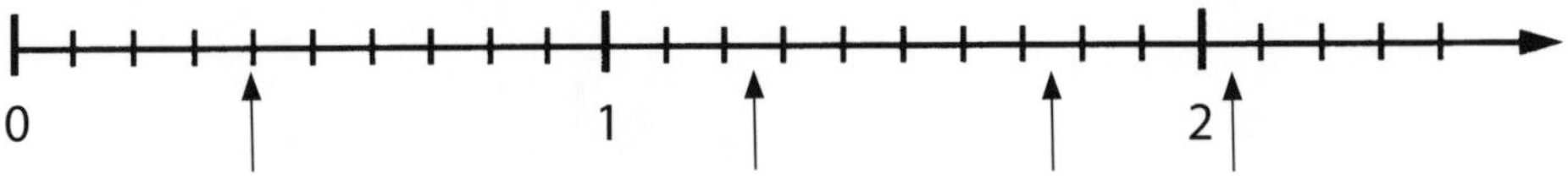

a: *0,4* b: *1,25* c: *1,75* d: *2,05*

③ Berechne:

a) $5\frac{3}{8} + 2\frac{2}{3} = \frac{43}{8} + \frac{8}{3} = \frac{129}{24} + \frac{64}{24} = 8\frac{1}{24}$ b) $12\frac{1}{5} - 4\frac{3}{4} = \frac{61}{5} - \frac{19}{4} = 7\frac{9}{20}$ c) $2\frac{2}{3} : 8 = \frac{1}{3}$

④ Wie groß ist der Unterschied zwischen 0,9 und 0,10? Kreuze richtig an.

O 0,01 O 0,1 Ø 0,8 O 1

⑤ In welcher Aufzählung sind die Zahlen von der kleinsten bis zur größten Zahl geordnet?

A: 0,24 / 0,345 / $\frac{1}{5}$ / $\frac{1}{2}$ B: 0,24 / $\frac{1}{5}$ / $\frac{1}{2}$ / 0,345 C: $\frac{1}{5}$ / 0,24 / 0,345 / $\frac{1}{2}$

Lösung: *C*

M	Name: ______________________________	Datum: ______________________

Terme und Gleichungen (1)

I. Terme

Terme sind Rechenausdrücke, die aus Variablen (a, b, x, y usw.) und Zahlen (positive und negative ganze Zahlen, Brüche und Dezimalbrüche) bestehen.

- Beim **Vereinfachen von Termen** gelten folgende Regeln:
  Klammern (Rechnungen in der Klammer zuerst) ➪ Punktrechnungen (Multiplikation, Division) ➪ Strichrechnungen (Addition, Subtraktion).
- Beim **Ausmultiplizieren bzw. Dividieren von Klammerausdrücken mit Variablen** gilt:
  Die Zahl vor bzw. hinter der Klammer wird mit jedem Zahlenglied in der Klammer multiplziert.
- **Vorzeichenregel beim Auflösen von Klammern**:
  Pluszeichen vor der Klammer ➪ Vorzeichen in der Klammer werden **beibehalten.**
  Minuszeichen vor der Klammer ➪ Vorzeichen in der Klammer werden **ins Gegenteil verkehrt.**

① Vereinfache folgende Terme.

a) $-10x - (12 + 4x) - (4x - 3) \cdot 10 =$

b) $(-33a + 77) : (-11) + 4\,(5 - 3a) + 12a - 49a : 7 =$

c) $-12 + 30y : (-6) + 3\,(6 - 9y) - (20y - 10) : 5 =$

② Setze die fehlenden Rechenzeichen ein.

a) 5 ◯ 5 ◯ 2 ◯ 4 = 12,5   b) 30 ◯ 5 ◯ 2 ◯ 12 = 24

c) 12 ◯ 4 ◯ 4 ◯ = 8   d) 15 ◯ 10 ◯ 25 ◯ 50 = 0,5

③ In jeder Aufgabe fehlen vier Klammern. Setze diese so ein, dass das Ergebnis stimmt.

a) $3 + 4 \cdot 2 + 5 = 70$ b) $5 \cdot 10 - 8 - 2 \cdot 5 + 3 = -6$

c) $3 - 4 - 6 \cdot 5 - 3 = 7$ d) $30 - 5 + 9 : 2 \cdot 2 + 2 = 2$

II. Algebraische Textgleichungen

Folgende grundsätzlichen Schritte sind für das Lösen einer Gleichung wichtig:

- Regelgemäßes **Zusammenfassen** der Variablen und der Zahlen auf jeder Seite der Gleichung
- Variable auf die eine Seite, Zahlen auf die andere Seite bringen (**gegenteiliges Vorzeichen bei Seitenwechsel**)
- Ausrechnen von „x", das **positiv** sein muss.

① Löse folgende Gleichung.

a) $4\,(2x - 2) + 2\,(3x - 3) = 14$ b) $8\,(3x - 2) - 4 = 2\,(4x - 2)$

Terme und Gleichungen (1)

I. Terme

Terme sind Rechenausdrücke, die aus Variablen (a, b, x, y usw.) und Zahlen (positive und negative ganze Zahlen, Brüche und Dezimalbrüche) bestehen.

- Beim **Vereinfachen von Termen** gelten folgende Regeln:
  Klammern (Rechnungen in der Klammer zuerst) ➪ Punktrechnungen (Multiplikation, Division) ➪ Strichrechnungen (Addition, Subtraktion).
- Beim **Ausmultiplizieren bzw. Dividieren von Klammerausdrücken mit Variablen** gilt:
  Die Zahl vor bzw. hinter der Klammer wird mit jedem Zahlenglied in der Klammer multiplziert.
- **Vorzeichenregel beim Auflösen von Klammern**:
  Pluszeichen vor der Klammer ➪ Vorzeichen in der Klammer werden **beibehalten.**
  Minuszeichen vor der Klammer ➪ Vorzeichen in der Klammer werden **ins Gegenteil verkehrt.**

① Vereinfache folgende Terme.

a) $-10x - (12 + 4x) - (4x - 3) \cdot 10 = -10x - 12 - 4x - 40x + 30 = \underline{-54x + 18}$

b) $(-33a + 77) : (-11) + 4\,(5 - 3a) + 12a - 49a : 7 = 3a - 7 + 20 - 12a + 12a - 7a = \underline{-4a + 13}$

c) $-12 + 30y : (-6) + 3\,(6 - 9y) - (20y - 10) : 5 = -12 - 5y + 18 - 27y - 4y + 2 = \underline{-36y + 8}$

② Setze die fehlenden Rechenzeichen ein.

a) 5 (·) 5 (·) 2 (:) 4 = 12,5　　b) 30 (:) 5 (·) 2 (+) 12 = 24

c) 12 (+) 4 (·) 4 (√) = 8　　d) 15 (−) 10 (²) 25 (:) 50 = 0,5

③ In jeder Aufgabe fehlen vier Klammern. Setze diese so ein, dass das Ergebnis stimmt.

a) $(3 + 4) \cdot (2 + 5) = 70$　　b) $5 \cdot (10 - 8) - 2 \cdot (5 + 3) = -6$

c) $3 - (4 - 6) \cdot (5 - 3) = 7$　　d) $30 - (5 + 9) : 2 \cdot (2 + 2) = 2$

II. Algebraische Textgleichungen

Folgende grundsätzlichen Schritte sind für das Lösen einer Gleichung wichtig:

- Regelgemäßes **Zusammenfassen** der Variablen und der Zahlen auf jeder Seite der Gleichung
- Variable auf die eine Seite, Zahlen auf die andere Seite bringen (**gegenteiliges Vorzeichen bei Seitenwechsel**)
- Ausrechnen von „x", das **positiv** sein muss.

① Löse folgende Gleichung.

a)
$$
\begin{aligned}
4\,(2x - 2) + 2\,(3x - 3) &= 14 \\
8x - 8 + 6x - 6 &= 14 \\
14x - 14 &= 14 \\
14x &= 28 \\
x &= \underline{2}
\end{aligned}
$$

b)
$$
\begin{aligned}
8\,(3x - 2) - 4 &= 2\,(4x - 2) \\
24x - 16 - 4 &= 8x - 4 \\
24x - 20 &= 8x - 4 \\
16x &= 16 \\
x &= \underline{1}
\end{aligned}
$$

M Name: ____________________ Datum: ____________________

Terme und Gleichungen (2)

c) $-2\,(0{,}5x - 2) - (4x - 4) = -2\,(x - 1)$ d) $\frac{7}{12}x = -3 + \frac{5}{6}x$

② Wo stecken jeweils die zwei Fehler? Umrande diese.

a)
$$2x - \frac{2}{5}\left(3x - \frac{1}{2}\right) + (4x - 3) = 12$$
$$2x - \frac{6}{15}x + \frac{2}{10} + 4x + 3 = 12$$

b)
$$-3\,(4x - 2) - 2\,(2x - 4) = 3x - \frac{4x + 2}{4}$$
$$-12x - 6 - 4x + 8 = 3x - \frac{4}{4}x + \frac{2}{4}$$

③ Umrande den Fehler und rechne die Gleichung richtig in den Rahmen rechts daneben.

a)
$$5\frac{3}{4} - \frac{1}{2}\left(x - \frac{1}{2}\right) = 10 + \frac{1}{4}(2x + 2)$$
$$\frac{23}{4} - \frac{1}{2}x - \frac{1}{4} = 10 + \frac{2x}{4} + \frac{2}{4}$$
$$5{,}75 - 0{,}5x - 0{,}25 = 10 + 0{,}5x + 0{,}5$$
$$5{,}5 - 0{,}5x = 11{,}5 + 0{,}5x$$
$$\underline{-6} = x$$

b)
$$2\,(4x - 2) - (2x + 4) = 4\,(x + 4)$$
$$8x - 4 - 2x + 4 = 4x + 4$$
$$6x = 4x + 4$$
$$2x = 4$$
$$x = \underline{2}$$

III. Algebraische Textgleichungen

Es gibt bestimmte Fachausdrücke für die „Übersetzung" einer algebraischen Textgleichung.
$(3x + 4)$ ➪ Summe; $(7 - 5x)$ ➪ Differenz; $2 \cdot 8$ ➪ Produkt; $8x : 16$ ➪ Quotient; $+$ ➪ addieren/vermehren; $-$ ➪ subtrahieren/vermindern; $\cdot$ ➪ multiplizieren/vervielfachen; $:$ ➪ dividieren/teilen; $=$ ➪ ist gleich/das ergibt/so erhält man; x ➪ die/eine Zahl, die Unbekannte; $-\,28$ ➪ um 28 weniger als; $+\,15$ ➪ um 15 mehr als; $(x - 4)$ ➪ eine um 4 verminderte Zahl; $2\,(x + 2)$ ➪ die doppelte Summe aus einer Zahl und 7

① „Übersetze" in eine Textgleichung.

a) Wenn man eine Zahl um das Produkt aus der doppelten Zahl und 4 vermindert und dazu noch 24 addiert, so erhält man 18 mehr als die vierfache Summe aus dem dritten Teil der Zahl und 5.

b) Subtrahiert man vom Doppelten einer Zahl die Summe aus 24 und der halben Zahl, vermindert um das Produkt aus der Zahl und 5, so ergibt das den Quotienten aus der Zahl und 8, vermehrt um 15.

c) Addiert man zum Dreifachen einer um 4 verminderten Zahl das Produkt aus der halben Zahl und 12, so erhält man 28 weniger als die halbe Differenz aus dem Doppelten der Zahl und 6.

Terme und Gleichungen (2)

c)
$$-2\,(0{,}5x-2)-(4x-4) = -2\,(x-1)$$
$$-x+4-4x+4 = -2x+2$$
$$-5x+8 = -2x+2$$
$$6 = 3x$$
$$\underline{2 = x}$$

d)
$$\frac{7}{12}\,x = -3+\frac{5}{6}\,x$$
$$3 = \frac{3}{12}\,x$$
$$\underline{12 = x}$$

② Wo stecken jeweils die zwei Fehler? Umrande diese.

a)
$$2x-\frac{2}{5}(3x-\frac{1}{2})+(4x-3) = 12$$
$$2x-\boxed{\frac{6}{15}}x+\frac{2}{10}+4x\boxed{+}3 = 12$$

b)
$$-3\,(4x-2)-2\,(2x-4) = 3x-\frac{4x+2}{4}$$
$$-12x\boxed{-}6-4x+8 = 3x-\frac{4}{4}x\boxed{+}\frac{2}{4}$$

③ Umrande den Fehler und rechne die Gleichung richtig in den Rahmen rechts daneben.

a)
$$5\frac{3}{4}-\frac{1}{2}(x-\frac{1}{2}) = 10+\frac{1}{4}(2x+2)$$
$$\frac{23}{4}-\frac{1}{2}x\boxed{-}\frac{1}{4} = 10+\frac{2x}{4}+\frac{2}{4}$$
$$5{,}75-0{,}5x-0{,}25 = 10+0{,}5x+0{,}5$$
$$5{,}5-0{,}5x = \boxed{11{,}5}+0{,}5x$$
$$\underline{-6} = x$$

Rahmen:
$$5{,}75-0{,}5x+0{,}25 = 10+0{,}5x+0{,}5$$
$$6-0{,}5x = 10{,}5+0{,}5x$$
$$\underline{-4{,}5} = x$$

b)
$$2\,(4x-2)-(2x+4) = 4\,(x+4)$$
$$8x-4-2x\boxed{+}4 = 4x+\boxed{4}$$
$$6x = 4x+4$$
$$2x = 4$$
$$x = \underline{2}$$

Rahmen:
$$8x-4-2x-4 = 4x+16$$
$$6x-8 = 4x+16$$
$$2x = 24$$
$$x = \underline{12}$$

III. Algebraische Textgleichungen

Es gibt bestimmte Fachausdrücke für die „Übersetzung" einer algebraischen Textgleichung.
$(3x + 4)$ ➪ Summe; $(7 - 5x)$ ➪ Differenz; $2 \cdot 8$ ➪ Produkt; $8x : 16$ ➪ Quotient; $+$ ➪ addieren/vermehren; $-$ ➪ subtrahieren/vermindern; $\cdot$ ➪ multiplizieren/vervielfachen; $:$ ➪ dividieren/teilen; $=$ ➪ ist gleich/das ergibt/so erhält man; x ➪ die/eine Zahl, die Unbekannte; -28 ➪ um 28 weniger als; $+15$ ➪ um 15 mehr als; $(x - 4)$ ➪ eine um 4 verminderte Zahl; $2\,(x + 2)$ ➪ die doppelte Summe aus einer Zahl und 7

① „Übersetze" in eine Textgleichung.

a) Wenn man eine Zahl um das Produkt aus der doppelten Zahl und 4 vermindert und dazu noch 24 addiert, so erhält man 18 mehr als die vierfache Summe aus dem dritten Teil der Zahl und 5.

$$x-2x\cdot 4+24 = 4\,(\frac{x}{3}+5)+18$$

b) Subtrahiert man vom Doppelten einer Zahl die Summe aus 24 und der halben Zahl, vermindert um das Produkt aus der Zahl und 5, so ergibt das den Quotienten aus der Zahl und 8, vermehrt um 15.

$$2x-(24+\frac{x}{2})-x\cdot 5 = \frac{x}{8}+15$$

c) Addiert man zum Dreifachen einer um 4 verminderten Zahl das Produkt aus der halben Zahl und 12, so erhält man 28 weniger als die halbe Differenz aus dem Doppelten der Zahl und 6.

$$3\,(x-4)+\frac{x}{2}\cdot 12 = \frac{2x-6}{2}-28$$

M | Name: ______________________ | Datum: ______________

Terme und Gleichungen (3)

② Welche Gleichung ist richtig „übersetzt"? Kreuze unter der Textgleichung die richtige Lösung an.

a) Das Vierfache einer um 6 verminderten Zahl, vermehrt um 2, ergibt 24 weniger als die halbe Summe aus einer Zahl und 5.

O $(4x - 6) + 2 = \frac{1}{2}(x + 5) - 24$

O $4(x - 6) + 2 = \frac{x + 5}{2} - 24$

O $4x - 6 + 2 = (x + 5) : 2 - 24$

O $4x - 6 + 2 = \frac{x}{2} - 5 - 24$

b) Wenn man den Quotienten aus dem 3. Teil einer Zahl und 4 um 8 vermindert, so erhält man das Dreifache der Zahl, vermindert um die Differenz aus der halben Zahl und 5.

O $\frac{x}{3} : 4 - 8 = 3x - \frac{x}{2} - 5$

O $x : 3 \cdot 4 - 8 = 3x - (\frac{x}{2} - 5)$

O $\frac{x}{3} : 4 - 8 = 3x - (\frac{x}{2} - 5)$

O $4 : \frac{x}{3} - 8 = 3x - \frac{x}{2} - 5$

IV. Sachaufgabenbezogene Textgleichungen

Die Lösungsschritte dieser Textgleichungen sind sehr ähnlich.

① Suchen von „x" ➪ z. B. Peter: x. Über diesen Sachverhalt erfährst du nichts, keine Minderung, Vermehrung, Vervielfachung oder Teilung.
② Herausfinden und Aufstellen der Ableitungen von „x" ➪ z. B. Monika gibt 3 € weniger als Peter: x – 3.
③ Aufstellen und Ausrechnen der Gleichung mit Ergebnis für „x" ➪ z. B. x = 12 ➪ Peter gibt 12 €.
④ Ableitungen von „x" ausrechnen ➪ z. B. Monika: 12 – 3 = 9 [€].
⑤ Antwortsatz

❶ Verteilungsaufgaben

a) Joachim, Leo und Ute sammelten Geld für soziale Zwecke ein. Leo erzielte halb so viel wie Ute, Joachim schaffte 16 € mehr als Leo. Insgesamt erreichten sie 380 €. Wie viel erzielte jeder?

b) Ein Lottogewinn von 316 000 € wird nach Höhe des Einsatzes verteilt. Brose erhält 2000 € weniger als den doppelten Betrag von Hell, Kramer erhält die Hälfte des Betrages von Brose.

❷ „Entweder-oder-Aufgaben"

Beim Fußballspielen wird eine Scheibe eingeschossen. Zahlt jeder der Mitspieler 3 €, dann fehlen noch 2 €. Zahlt jeder aber 3,20 €, dann sind es 0,80 € zu viel. Wie viele Jungen spielten Fußball? Wie teuer war die Fensterscheibe?

❸ Geometrische Aufgaben

a) In einem rechteckigen Rahmen ist eine Seite 90 cm länger als die andere. Der Umfang beträgt 6,20 m. Welche Maße hat der Rahmen?

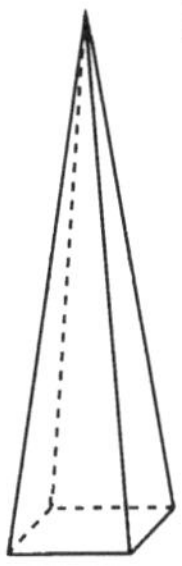

b) Inge bastelt aus 2,20 m Draht das Kantenmodell einer quadratischen Pyramide. Die Seitenkante soll viermal so lang werden wie die Grundkante der Pyramide. Wie lang sind Grund- und Seitenkante?

Terme und Gleichungen (3)

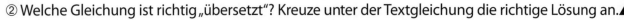

② Welche Gleichung ist richtig „übersetzt"? Kreuze unter der Textgleichung die richtige Lösung an.

a) Das Vierfache einer um 6 verminderten Zahl, vermehrt um 2, ergibt 24 weniger als die halbe Summe aus einer Zahl und 5.

O $(4x - 6) + 2 = \frac{1}{2}(x + 5) - 24$

☒ $4(x - 6) + 2 = \frac{x + 5}{2} - 24$

O $4x - 6 + 2 = (x + 5) : 2 - 24$

O $4x - 6 + 2 = \frac{x}{2} - 5 - 24$

b) Wenn man den Quotienten aus dem 3. Teil einer Zahl und 4 um 8 vermindert, so erhält man das Dreifache der Zahl, vermindert um die Differenz aus der halben Zahl und 5.

O $\frac{x}{3} : 4 - 8 = 3x - \frac{x}{2} - 5$

O $x : 3 \cdot 4 - 8 = 3x - (\frac{x}{2} - 5)$

☒ $\frac{x}{3} : 4 - 8 = 3x - (\frac{x}{2} - 5)$

O $4 : \frac{x}{3} - 8 = 3x - \frac{x}{2} - 5$

IV. Sachaufgabenbezogene Textgleichungen

Die Lösungsschritte dieser Textgleichungen sind sehr ähnlich.

① Suchen von „x" ➪ z. B. Peter: x. Über diesen Sachverhalt erfährst du nichts, keine Minderung, Vermehrung, Vervielfachung oder Teilung.

② Herausfinden und Aufstellen der Ableitungen von „x" ➪ z. B. Monika gibt 3 € weniger als Peter: x – 3.

③ Aufstellen und Ausrechnen der Gleichung mit Ergebnis für „x" ➪ z. B. x = 12 ➪ Peter gibt 12 €.

④ Ableitungen von „x" ausrechnen ➪ z. B. Monika: 12 – 3 = 9 [€].

⑤ Antwortsatz

❶ Verteilungsaufgaben

a) Joachim, Leo und Ute sammelten Geld für soziale Zwecke ein. Leo erzielte halb so viel wie Ute, Joachim schaffte 16 € mehr als Leo. Insgesamt erreichten sie 380 €. Wie viel erzielte jeder?

Ute: x; Leo: x : 2; Joachim: x : 2 + 16

$x + x : 2 + x : 2 + 16 = 380$

$x = \underline{182}$;

Ute: 182 €
Leo: 91 €
Joa.: 107 €

b) Ein Lottogewinn von 316 000 € wird nach Höhe des Einsatzes verteilt. Brose erhält 2000 € weniger als den doppelten Betrag von Hell, Kramer erhält die Hälfte des Betrages von Brose.

Hell: x; Brose: 2x – 2000; Kramer: (2x – 2000) : 2

$x + (2x - 2000) + (2x - 2000) : 2 = 316\,000$

$4x - 3000 = 316\,000$

$x = \underline{79\,750}$;

Hell: 79 750 €; Brose: 157 500 €; Kramer: 78 750 €

❷ „Entweder-oder-Aufgaben"

Beim Fußballspielen wird eine Scheibe eingeschossen. Zahlt jeder der Mitspieler 3 €, dann fehlen noch 2 €. Zahlt jeder aber 3,20 €, dann sind es 0,80 € zu viel. Wie viele Jungen spielten Fußball? Wie teuer war die Fensterscheibe?

$x \cdot 3 + 2 = x \cdot 3{,}20 - 0{,}80$

$2{,}80 = 0{,}20x$

$\underline{14} = x$;

$14 \cdot 3 + 2 = \underline{44}$ [€]

❸ Geometrische Aufgaben

a) In einem rechteckigen Rahmen ist eine Seite 90 cm länger als die andere. Der Umfang beträgt 6,20 m. Welche Maße hat der Rahmen?

$4x + 1{,}80 = 6{,}20$

$4x = 4{,}40$

$x = \underline{1{,}10}$ [m];

2,00 m x 1,10 m

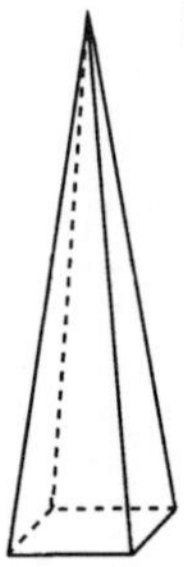

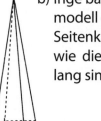

b) Inge bastelt aus 2,20 m Draht das Kantenmodell einer quadratischen Pyramide. Die Seitenkante soll viermal so lang werden wie die Grundkante der Pyramide. Wie lang sind Grund- und Seitenkante?

$4x \cdot 4 + x \cdot 4 = 2{,}20$

$x = \underline{0{,}11}$ [m]

Grundkante: 11 cm; Seitenkante: 44 cm

M Name: ____________________ Datum: ____________________

Potenzen und Wurzeln (1)

I. Potenzen

Das **Multiplizieren** einer Zahl **mit sich selbst** nennt man **Potenzieren**.
Ein Produkt aus gleichen Faktoren heißt **Potenz**. Eine Potenz besteht aus einer **Grundzahl (Basis)** und einer **Hochzahl (Exponent)**.

Basis ⟶ $\mathbf{10^5}$ ⟵ Exponent

Beispiele: $3 \cdot 3 = 3^2 = 9$; $5 \cdot 5 \cdot 5 = 5^3 = 125$; $2 \cdot 2 \cdot 2 \cdot 2 \cdot 2 \cdot 2 = 2^6 = 64$; $r \cdot r = r^2$; $a \cdot a \cdot a = a^3$; $x \cdot x \cdot x \cdot x = x^4$

Merke: $3^0 = 1$ und $3^1 = 3$; $10^0 = 1$ und $10^1 = 10$; $0^0 = 0$ und $0^1 = 0$

1. Zehnerpotenzen bei großen Zahlen

Große Zahlen sind häufig schwer zu lesen. Aus Gründen der besseren Lesbarkeit stellt man diese häufig als Zehnerpotenz dar. Man zerlegt dabei große Zahlen in ein Produkt, bei dem der erste Faktor **eine Zahl zwischen 1 und 10** ist (Beizahl oder Vorzahl), der zweite Faktor **eine Zehnerpotenz mit positivem** Exponenten ist.

Beispiel:
Der Andromedanebel ist die Galaxie, die unserer Milchstraße am nächsten liegt. Dieser Spiralnebel besitzt rund 100 000 000 000 Sonnen und ist etwa 170 000 000 000 000 000 000 Kilometer von unserer Erde entfernt.
Die beiden Zahlen lauten: 100 Milliarden Sonnen, 170 Trillionen Kilometer
Darstellung als Zehnerpotenzen:

- $100\,000\,000\,000 = 1 \cdot 10^{11}$ Sonnen, wobei der Faktor 1 weggelassen werden kann ⇨ 10^{11}
- $170\,000\,000\,000\,000\,000\,000 = 1{,}7 \cdot 10^{20}$ Kilometer

❶ Schreibe als Zehnerpotenz:

a) Entfernung Erde – Sonne: ca. 150 000 000 km = ____________

b) Entfernung Erde – Saturn: ca. 1 430 000 000 km = ____________

c) Masse der Erde: 5 973 000 000 000 000 000 000 t = ____________

d) Sonnenradius: 696 000 km = ____________

e) Sonnenoberfläche: 6 100 000 000 000 km² = ____________

❷ Schreibe ausführlich ohne Zehnerpotenz:

a) Erdoberfläche: $5{,}1 \cdot 10^8$ km² = ____________ = ____________

b) Lichtgeschwindigkeit: $3 \cdot 10^5$ km/s = ____________ = ____________

2. Zehnerpotenzen bei kleinen Zahlen

Kleine Zahlen sind ebenfalls schwer zu lesen. Auch hier verwendet man Zehnerpotenzen. Bei Zahlen, die kleiner als null sind, wird der Exponent **negativ**. Er gibt an, an der wievielten Stelle hinter dem Komma die **erste Ziffer** steht. Auch kleine Zahlen zerlegt man in ein Produkt, bei dem der erste Faktor wieder **eine Zahl zwischen 1 und 10** ist (Beizahl oder Vorzahl), der zweite Faktor **eine Zehnerpotenz mit negativem** Exponenten ist.

Beispiel: Das AIDS verursachende HI-Virus hat eine Größe von etwa 0,000 000 120 Millimeter.

Die Zahl lautet: $\frac{120}{1\,000\,000\,000}$ = 120 Milliardstel = $120 \cdot 10^{-9} = 1{,}2 \cdot 10^{-7}$ [mm]

Merke: $0{,}0001 = 1 \cdot 0{,}0001 = 10^{-4}$ (4. Stelle hinter dem Komma) $0{,}00005 = 5 \cdot 0{,}00001 = 5 \cdot 10^{-5}$ (5. Stelle hinter dem Komma)

❶ Schreibe als Zehnerpotenz:

a) 0,0008 = ________ b) 0,00000001 = ________ c) 0,000035 = ________ d) 0,05 = ________

❷ Schreibe ausführlich ohne Zehnerpotenz:

a) Durchmesser rotes Blutkörperchen: $7 \cdot 10^{-4}$ = ____________________ [cm]

b) Masse Boratom: $17{,}952 \cdot 10^{-24}$ = ____________________ [g]

Potenzen und Wurzeln (1)

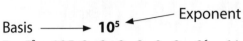

I. Potenzen

Das **Multiplizieren** einer Zahl **mit sich selbst** nennt man **Potenzieren.**
Ein Produkt aus gleichen Faktoren heißt **Potenz.** Eine Potenz besteht aus einer **Grundzahl (Basis)** und einer **Hochzahl (Exponent).**

Basis ⟶ $\mathbf{10^5}$ ⟵ Exponent

Beispiele: $3 \cdot 3 = 3^2 = 9$; $5 \cdot 5 \cdot 5 = 5^3 = 125$; $2 \cdot 2 \cdot 2 \cdot 2 \cdot 2 \cdot 2 = 2^6 = 64$; $r \cdot r = r^2$; $a \cdot a \cdot a = a^3$; $x \cdot x \cdot x \cdot x = x^4$

Merke: $3^0 = 1$ und $3^1 = 3$; $10^0 = 1$ und $10^1 = 10$; $0^0 = 0$ und $0^1 = 0$

1. Zehnerpotenzen bei großen Zahlen

Große Zahlen sind häufig schwer zu lesen. Aus Gründen der besseren Lesbarkeit stellt man diese häufig als Zehnerpotenz dar. Man zerlegt dabei große Zahlen in ein Produkt, bei dem der erste Faktor **eine Zahl zwischen 1 und 10** ist (Beizahl oder Vorzahl), der zweite Faktor **eine Zehnerpotenz mit positivem** Exponenten ist.

Beispiel:
Der Andromedanebel ist die Galaxie, die unserer Milchstraße am nächsten liegt. Dieser Spiralnebel besitzt rund 100 000 000 000 Sonnen und ist etwa 170 000 000 000 000 000 000 Kilometer von unserer Erde entfernt.
Die beiden Zahlen lauten: 100 Milliarden Sonnen, 170 Trillionen Kilometer
Darstellung als Zehnerpotenzen:

- $100\,000\,000\,000 = 1 \cdot 10^{11}$ Sonnen, wobei der Faktor 1 weggelassen werden kann ⇨ 10^{11}
- $170\,000\,000\,000\,000\,000\,000 = 1{,}7 \cdot 10^{20}$ Kilometer

❶ Schreibe als Zehnerpotenz:

a) Entfernung Erde – Sonne: ca. 150 000 000 km = *$1{,}5 \cdot 10^8$ km*

b) Entfernung Erde – Saturn: ca. 1 430 000 000 km = *$1{,}43 \cdot 10^9$ km*

c) Masse der Erde: 5 973 000 000 000 000 000 000 t = *$5{,}973 \cdot 10^{21}$ t*

d) Sonnenradius: 696 000 km = *$6{,}96 \cdot 10^5$ km*

e) Sonnenoberfläche: 6 100 000 000 000 km² = *$6{,}1 \cdot 10^{12}$ km²*

❷ Schreibe ausführlich ohne Zehnerpotenz:

a) Erdoberfläche: $5{,}1 \cdot 10^8$ km² = *510 000 000 km²* = *510 Millionen km²*

b) Lichtgeschwindigkeit: $3 \cdot 10^5$ km/s = *300 000 km/s* = *dreihunderttausend km/s*

2. Zehnerpotenzen bei kleinen Zahlen

Kleine Zahlen sind ebenfalls schwer zu lesen. Auch hier verwendet man Zehnerpotenzen. Bei Zahlen, die kleiner als null sind, wird der Exponent **negativ.** Er gibt an, an der wievielten Stelle hinter dem Komma die **erste Ziffer** steht. Auch kleine Zahlen zerlegt man in ein Produkt, bei dem der erste Faktor wieder **eine Zahl zwischen 1 und 10** ist (Beizahl oder Vorzahl), der zweite Faktor **eine Zehnerpotenz mit negativem** Exponenten ist.
Beispiel: Das AIDS verursachende HI-Virus hat eine Größe von etwa 0,000 000 120 Millimeter.

Die Zahl lautet: $\frac{120}{1\,000\,000\,000}$ = 120 Milliardstel $= 120 \cdot 10^{-9} = 1{,}2 \cdot 10^{-7}$ [mm]

Merke: $0{,}0001 = 1 \cdot 0{,}0001 = 10^{-4}$ (4. Stelle hinter dem Komma) $0{,}00005 = 5 \cdot 0{,}00001 = 5 \cdot 10^{-5}$ (5. Stelle hinter dem Komma)

❶ Schreibe als Zehnerpotenz:

a) 0,0008 = *$8 \cdot 10^{-4}$* b) 0,00000001 = *10^{-8}* c) 0,000035 = *$3{,}5 \cdot 10^{-5}$* d) 0,05 = *$5 \cdot 10^{-2}$*

❷ Schreibe ausführlich ohne Zehnerpotenz:

a) Durchmesser rotes Blutkörperchen: $7 \cdot 10^{-4}$ = *$7 \cdot 0{,}0001$ = 7 Zehntausendstel* [cm]

b) Masse Boratom: $17{,}952 \cdot 10^{-24}$ = *$17{,}952 \cdot 0{,}000\,000\,000\,000\,000\,000\,000\,001$ = 17,952 Quadrillionstel* [g]

M	Name: ____________________	Datum: ____________

Potenzen und Wurzeln (2)

❸ Schreibe als Dezimalzahl und rechne aus.

a) $1 + 10^4$ b) $2 + 3 \cdot 10^{-1}$ c) $7 \cdot 10^2 + 3 + 10^{-2}$ d) $2 \cdot 10^0 + 3 \cdot 10^1 + 5 \cdot 10^3 + 10^{-2}$

3. Bezeichnungen für Zehnerpotenzen

Im Alltag werden statt der Zehnerpotenzschreibweise häufig auch **Vorsilben** benutzt.
Ausgangsgröße: $1 = 10^0$

- **Größer** werdend:
  da (Deka-) = 10^1 ➪ h (Hekto-) = 10^2 ➪ k (Kilo-) = 10^3 ➪ M (Mega-) = 10^6 ➪ G (Giga-) = 10^9 ➪ T (Tera-) = 10^{12}
- **Kleiner** werdend:
  d (Dezi-) = 10^{-1} ➪ c (Zenti-) = 10^{-2} ➪ m (Milli-) = 10^{-3} ➪ µ (Mikro-) = 10^{-6} ➪ n (Nano-) = 10^{-9} ➪ p (Piko-) = 10^{-12}

❶ Wandle wie im Beispiel um:

a) 4,8 GB = $4{,}8 \cdot 10^9$ B = 4 800 000 000 B   b) 14 µm = ____________ m
c) 3 ns = ____________ s   d) 17 ml = ____________ l
e) 0,07 MW = ____________ W   f) 95,02 km = ____________ m

❷ Welche Größenangaben sind gleich? Streiche die falschen Angaben durch.

a) 7 m ; $7 \cdot 10^9$ nm ; 700 mm   b) 160 Gm ; $1{,}6 \cdot 10^{11}$ m ; 160 000 km   c) 12 hl ; 12 000 l ; $1{,}2 \cdot 10^3$ l

❸ Ordne der Größe nach von der kleinsten zur größten Zahl.

$4 \cdot 10^{-3}$; 0,0001 ; $4 \cdot 10^{-1}$; 0,04 ; $4{,}5 \cdot 10^{-4}$; $\frac{3}{100}$

____

❹ Die Dicke eines Haares beträgt 0,01 Millimeter. Wie viele Haare ergeben eine Dicke von einem Zentimeter?

____

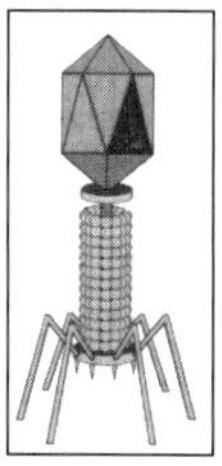

❺ Bakteriophagen sind Viren, die auf Bakterien als Wirtszellen spezialisiert sind. Sie sind etwa 200 nm lang. Wie viele Bakteriophagen passen auf eine Länge von einem Zentimeter?

____

II. Wurzeln

Das umgekehrte Verfahren zum Potenzieren ist das **Radizieren (Wurzelziehen)**. Die Quadratwurzel aus einer positiven Zahl a ist diejenige positive Zahl, die mit sich selbst multipliziert die Zahl a ergibt.

Potenzieren (Quadrieren)
5 → $5 \cdot 5$ → 25
5 ← ~~$\sqrt{25}$~~ ← 25
Wurzelziehen (2. Wurzel)

❶ Ergänze:

a) $\sqrt{\_\_\_} = 8$ b) $\sqrt{169} = \_\_\_$ c) $\sqrt{\_\_\_} = 1{,}2$ d) $\sqrt{6{,}25} = \_\_\_$ e) $\sqrt{\_\_\_} = \frac{2}{3}$ f) $\sqrt{\frac{1}{4}} = \_\_\_$

❷ Kreuze die richtigen Aussagen an.

O 0,6 ist die Wurzel aus 0,36.   O –4 ist die Wurzel aus 16.   O 9 ist die Wurzel aus 81.
O 14 ist die Wurzel aus 144.   O 1 ist die Wurzel aus 1.   O 10 ist die Wurzel aus 1000.

❸ Welche Gesetzmäßigkeit steckt hinter diesen Wurzelreihen?

a) $\sqrt{9000000}$; $\sqrt{90000}$; $\sqrt{900}$; $\sqrt{9}$; $\sqrt{0{,}09}$ b) $\sqrt{0{,}25}$; $\sqrt{25}$; $\sqrt{2500}$; $\sqrt{250000}$; $\sqrt{25000000}$

____

❹ Ergänze richtig, damit die Gleichung stimmt.

a) $\sqrt{9} + \sqrt{\_\_\_} = \sqrt{81}$ b) $\sqrt{\_\_\_} - \sqrt{9} = \sqrt{4}$ c) $\sqrt{0{,}64} - \sqrt{\_\_\_} = \sqrt{0{,}49}$ d) $\sqrt{256} + \sqrt{2{,}56} = \sqrt{\_\_\_}$

❺ Ordne die sieben Zahlen der Größe nach. Beginne mit der kleinsten Zahl.

–3 ; –16 ; 32 ; $\sqrt{9}$; 10^{-2} ; 0,02 ; $2 \cdot 10^{-3}$ ______________________

Potenzen und Wurzeln (2)

❸ Schreibe als Dezimalzahl und rechne aus.

a) $1 + 10^4$ b) $2 + 3 \cdot 10^{-1}$ c) $7 \cdot 10^2 + 3 + 10^{-2}$ d) $2 \cdot 10^0 + 3 \cdot 10^1 + 5 \cdot 10^3 + 10^{-2}$

3. Bezeichnungen für Zehnerpotenzen

Im Alltag werden statt der Zehnerpotenzschreibweise häufig auch **Vorsilben** benutzt.

Ausgangsgröße: $1 = 10^0$

- **Größer** werdend:
  da (Deka-) = 10^1 ➪ h (Hekto-) = 10^2 ➪ k (Kilo-) = 10^3 ➪ M (Mega-) = 10^6 ➪ G (Giga-) = 10^9 ➪ T (Tera-) = 10^{12}
- **Kleiner** werdend:
  d (Dezi-) = 10^{-1} ➪ c (Zenti-) = 10^{-2} ➪ m (Milli-) = 10^{-3} ➪ µ (Mikro-) = 10^{-6} ➪ n (Nano-) = 10^{-9} ➪ p (Piko-) = 10^{-12}

❶ Wandle wie im Beispiel um:

a) 4,8 GB = $4{,}8 \cdot 10^9$ B = 4800000000 B
b) 14 µm = *$14 \cdot 10^{-6} = 1{,}4 \cdot 10^{-5} = 0{,}000014$* m
c) 3 ns = *$3 \cdot 10^{-9} = 0{,}000000003$* s
d) 17 ml = *$17 \cdot 10^{-3} = 1{,}7 \cdot 10^{-2} = 0{,}017$* l
e) 0,07 MW = *$0{,}07 \cdot 10^6 = 7 \cdot 10^4 = 70000$* W
f) 95,02 km = *$95{,}02 \cdot 10^3 = 9{,}502 \cdot 10^4 = 95020$* m

❷ Welche Größenangaben sind gleich? Streiche die falschen Angaben durch.

a) 7 m ; $7 \cdot 10^9$ nm ; 700 mm b) 160 Gm ; $1{,}6 \cdot 10^{11}$ m ; 160000 km c) 12 hl ; 12000 l ; $1{,}2 \cdot 10^3$ l

❸ Ordne der Größe nach von der kleinsten zur größten Zahl.

$4 \cdot 10^{-3}$; 0,0001 ; $4 \cdot 10^{-1}$; 0,04 ; $4{,}5 \cdot 10^{-4}$; $\frac{3}{100}$

0,0001 ; 0,00045 ; 0,004 ; 0,03 ; 0,04 ; 0,4

❹ Die Dicke eines Haares beträgt 0,01 Millimeter. Wie viele Haare ergeben eine Dicke von einem Zentimeter?

1 cm = 10 mm; 10 : 0,01 = 1000 [Stück]

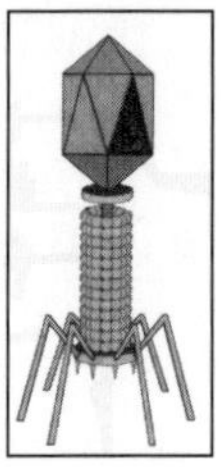

❺ Bakteriophagen sind Viren, die auf Bakterien als Wirtszellen spezialisiert sind. Sie sind etwa 200 nm lang. Wie viele Bakteriophagen passen auf eine Länge von einem Zentimeter?

1 cm = 10 mm = 10000 µm = 10000000 nm; 10000000 : 200 = 50000 [Stück]

II. Wurzeln

Das umgekehrte Verfahren zum Potenzieren ist das **Radizieren (Wurzelziehen)**. Die Quadratwurzel aus einer positiven Zahl a ist diejenige positive Zahl, die mit sich selbst multipliziert die Zahl a ergibt.

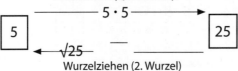

Potenzieren (Quadrieren)

5 —— $5 \cdot 5$ ——→ 25

5 ←—— $\sqrt{25}$ —— 25

Wurzelziehen (2. Wurzel)

❶ Ergänze:

a) $\sqrt{\underline{64}} = 8$ b) $\sqrt{169} = \underline{13}$ c) $\sqrt{\underline{1{,}44}} = 1{,}2$ d) $\sqrt{6{,}25} = \underline{2{,}5}$ e) $\sqrt{\underline{4/9}} = \frac{2}{3}$ f) $\sqrt{\frac{1}{4}} = \underline{1/2}$

❷ Kreuze die richtigen Aussagen an.

☒ 0,6 ist die Wurzel aus 0,36. O –4 ist die Wurzel aus 16. ☒ 9 ist die Wurzel aus 81.
O 14 ist die Wurzel aus 144. ☒ 1 ist die Wurzel aus 1. O 10 ist die Wurzel aus 1000.

❸ Welche Gesetzmäßigkeit steckt hinter diesen Wurzelreihen?

a) $\sqrt{9000000}$; $\sqrt{90000}$; $\sqrt{900}$; $\sqrt{9}$; $\sqrt{0{,}09}$ b) $\sqrt{0{,}25}$; $\sqrt{25}$; $\sqrt{2500}$; $\sqrt{250000}$; $\sqrt{25000000}$

Das Ergebnis der Quadratwurzel verkleinert bzw. vergrößert sich von Zahl zu Zahl um 10.

❹ Ergänze richtig, damit die Gleichung stimmt.

a) $\sqrt{9} + \sqrt{\underline{36}} = \sqrt{81}$ b) $\sqrt{\underline{25}} - \sqrt{9} = \sqrt{4}$ c) $\sqrt{0{,}64} - \sqrt{\underline{0{,}01}} = \sqrt{0{,}49}$ d) $\sqrt{256} + \sqrt{2{,}56} = \sqrt{\underline{309{,}76}}$

❺ Ordne die sieben Zahlen der Größe nach. Beginne mit der kleinsten Zahl.

–3 ; –16 ; 32 ; $\sqrt{9}$; 10^{-2} ; 0,02 ; $2 \cdot 10^{-3}$ *–16 ; –3 ; $2 \cdot 10^{-3}$ (–0,002) ; 10^{-2} (–0,02) ; 0,02 ; $\sqrt{9}$ (3) ; 32*

M	Name: ____________________	Datum: ____________

Prozent- und Zinsrechnung (1)

I. Prozentrechnung:

Der Begriff „Prozent" kommt aus dem Lateinischen „per centum" und bedeutet „von Hundert, Hundertstel". Angaben in Prozent werden zum Vergleichen und Veranschaulichen von Größen verwendet. Das Prozentrechnen verwendet drei Größen, den **Grundwert** (**GW** = das Ganze, 100 %), den **Prozentwert** (**PW** = der Teil) und den **Prozentsatz** (**p** = Zahl mit Prozentzeichen).

1. Grundaufgabe: PW gesucht

Musteraufgabe: 8 % von 200 € sind wie viel €?

- Dreisatz: 100 % = 200 € ➪ 1 % = 2 € ➪ 8 % = 2 € · 8 = 16 [€];
- Formel: PW = ***GW : 100 · p*** = 200 : 100 · 8 = 16 [€];
- Operator: 200 · 0,08 (acht Hundertstel) = 16 [€]

2. Grundaufgabe: p gesucht

Musteraufgabe: Wie viel % von 120 € sind 18 €?

- Dreisatz: 100 % = 120 € ➪ 1 % = 1,20 € ➪ ? % = 18 €
  → 18 : 1,20 = 15 [%];
- Formel: p = PW : (GW : 100) = ***PW · 100 : GW*** (Kehrwert!)
  = 18 · 100 : 120 = 15 [%];
- Operator: 18 : 120 = 0,15 → 15 [%]

3. Grundaufgabe: GW gesucht

Musteraufgabe: 12 % von wie viel € sind 180 €?

- Dreisatz: 12 % = 180 € ➪ 1 % = 180 : 12 = 15 €
  ➪ 100 % = 15 · 100 = 1500 [€];
- Formel: GW = ***PW : p · 100*** = 180 : 12 · 100 = 1500 [€];
- Operator: 180 : 0,12 = 1500 [€]

Rechne aus:

Trikotpreise	alt	reduziert
• FCB München	100 €	______
• Werder Bremen	______	56 €
• Real Madrid	95 €	______
• Juventus Turin	______	49 €
• Chelsea London	75 €	______
• Arsenal London	______	63 €

Übungsaufgaben

① Eine Bratwurst besteht zu 28 % aus Fett. Wie viel Gramm Fett sind in einer 150 g schweren Bratwurst enthalten?

② Ein neugeborener Elefant wiegt etwa 90 kg. Er hat rund 2 % des Gewichts von einem erwachsenen Elefanten. Wie schwer ist ein erwachsener Elefant?

③ Ein Modegeschäft verkauft Jeans, die 120 € das Stück gekostet haben, zu Saisonende im Herbst mit 50 % Nachlass. Auf den reduzierten Preis werden im nächsten Frühjahr wieder 50 % aufgeschlagen. Eine Verkäuferin meint, die alten Preisschilder erneut verwenden zu können. Ist das möglich?

④ Zwei Händler bieten den Cambridge CD-Player 740 A zum Verkauf an. Händler Müller verlangt 5 Raten zu je 194 € und eine Bearbeitsgebühr von 20 €. Händler Nerlinger gibt auf den Barzahlungspreis von 1000 € noch 2 % Skonto. Welcher Händler ist günstiger? Preisunterschied?

⑤ Herr Dorfner zeigt seine Lohnerhöhung, die er vor Kurzem erhalten hat. Es sind 0,5 % seines neuen Nettolohnes. Wie hoch war dieser?

Prozent- und Zinsrechnung (1)

I. Prozentrechnung:

Der Begriff „Prozent" kommt aus dem Lateinischen „per centum" und bedeutet „von Hundert, Hundertstel". Angaben in Prozent werden zum Vergleichen und Veranschaulichen von Größen verwendet.
Das Prozentrechnen verwendet drei Größen, den **Grundwert** (**GW** = das Ganze, 100 %), den **Prozentwert** (**PW** = der Teil) und den **Prozentsatz** (**p** = Zahl mit Prozentzeichen).

1. Grundaufgabe: PW gesucht
Musteraufgabe: 8 % von 200 € sind wie viel €?
- Dreisatz: 100 % = 200 € ➪ 1 % = 2 € ➪ 8 % = 2 € · 8 = 16 [€];
- Formel: PW = ***GW : 100 · p*** = 200 : 100 · 8 = 16 [€];
- Operator: 200 · 0,08 (acht Hundertstel) = 16 [€]

2. Grundaufgabe: p gesucht
Musteraufgabe: Wie viel % von 120 € sind 18 €?
- Dreisatz: 100 % = 120 € ➪ 1 % = 1,20 € ➪ ? % = 18 € → 18 : 1,20 = 15 [%];
- Formel: p = PW : (GW : 100) = ***PW · 100 : GW*** (Kehrwert!) = 18 · 100 : 120 = 15 [%];
- Operator: 18 : 120 = 0,15 → 15 [%]

3. Grundaufgabe: GW gesucht
Musteraufgabe: 12 % von wie viel € sind 180 €?
- Dreisatz: 12 % = 180 € ➪ 1 % = 180 : 12 = 15 € ➪ 100 % = 15 · 100 = 1500 [€];
- Formel: GW = ***PW : p · 100*** = 180 : 12 · 100 = 1500 [€];
- Operator: 180 : 0,12 = 1500 [€]

Rechne aus:

Trikotpreise	alt	reduziert
• FCB München	100 €	*70 €*
• Werder Bremen	*80 €*	56 €
• Real Madrid	95 €	*66,50 €*
• Juventus Turin	*70 €*	49 €
• Chelsea London	75 €	*52,50 €*
• Arsenal London	*90 €*	63 €

Übungsaufgaben

① Eine Bratwurst besteht zu 28 % aus Fett. Wie viel Gramm Fett sind in einer 150 g schweren Bratwurst enthalten?
100 % = 150 g ➪ 1 % = 1,5 g ➪ 28 % = 42 [g];
oder: PW = GW : 100 · p = 150 : 100 · 28 = 42 [g]

② Ein neugeborener Elefant wiegt etwa 90 kg. Er hat rund 2 % des Gewichts von einem erwachsenen Elefanten. Wie schwer ist ein erwachsener Elefant?
2 % = 90 kg ➪ 1 % = 45 kg ➪ 100 % = 4500 [kg];
oder: 90 : 0,02 = 4500 [kg]; oder: 90 : 2 · 100 = 4500 [kg]

③ Ein Modegeschäft verkauft Jeans, die 120 € das Stück gekostet haben, zu Saisonende im Herbst mit 50 % Nachlass. Auf den reduzierten Preis werden im nächsten Frühjahr wieder 50 % aufgeschlagen. Eine Verkäuferin meint, die alten Preisschilder erneut verwenden zu können. Ist das möglich?
120 : 100 · 50 = 60 [€] (reduzierter Preis); 60 : 100 · 50 = 30 [€] (Aufschlag);
60 + 30 = 90 [€] (neuer Preis). Die Preisschilder können nicht mehr verwendet werden.

④ Zwei Händler bieten den Cambridge CD-Player 740 A zum Verkauf an. Händler Müller verlangt 5 Raten zu je 194 € und eine Bearbeitsgebühr von 20 €. Händler Nerlinger gibt auf den Barzahlungspreis von 1000 € noch 2 % Skonto. Welcher Händler ist günstiger? Preisunterschied?

Müller: 5 · 194 = 970 + 20 = 990 [€]; Nerlinger: 1000 · 0,98 = 980 [€];
Händler Nerlinger ist um 10 € günstiger.

⑤ Herr Dorfner zeigt seine Lohnerhöhung, die er vor Kurzem erhalten hat. Es sind 0,5 % seines neuen Nettolohnes. Wie hoch war dieser?
10 €; 10 : 0,5 · 100 = 2000 [€]

M | Name: ______________________ | Datum: ______________

Prozent- und Zinsrechnung (2)

Grafische Darstellung von Prozenten

① Kreisdiagramm
② Säulendiagramm
③ Kurvendiagramm
④ Balkendiagramm

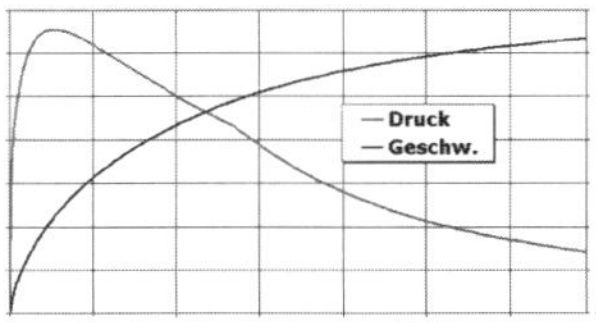

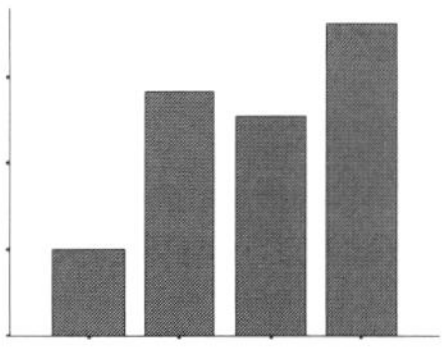

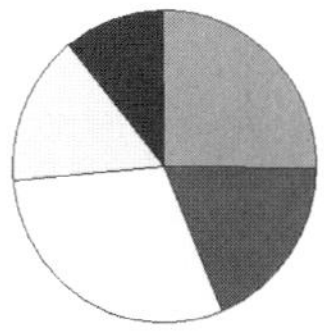

Beim Kreisdiagramm werden die Prozentangaben in Grad umgewandelt. Dabei gilt: 100 % = 360° ⇨ 1 % = 3,6°

Aufgaben:

① Ordne die vier Begriffe oben richtig den vier Grafiken oben zu.
② Vervollständige rechts das Kreisdiagramm:

- 140 Schüler sind Fußgänger
- 200 Schüler kommen mit dem Bus
- 40 Schüler kommen mit der Bahn
- 20 Schüler werden mit dem Auto gebracht

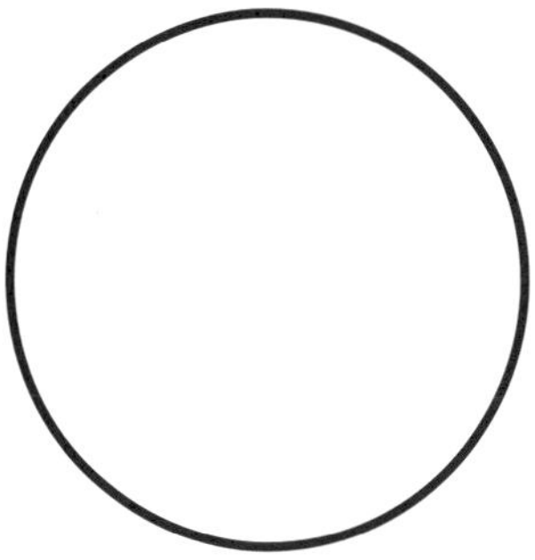

II. Zinsrechnung

Dem Wort „Zins" liegt das lateinische Wort „census" zugrunde, es bedeutet „Vermögensschätzung". Der Zins ist das Entgelt für ein über einen bestimmten Zeitraum zur Nutzung überlassenes Sach- oder Finanzgut (Geld), das der Empfangende (Schuldner) dem Überlasser (Gläubiger) zahlt.
Das Zinsrechnen verwendet vier Größen, das **Kapital** (**K** in €, das Ganze, 100 %), die **Zinsen** (**Z** in €, der Teil), den **Zinssatz** (**p** = Zahl mit Prozentzeichen) und die **Zeit** (**t** in Jahren, Monaten oder Tagen).

1. Grundaufgabe: Z gesucht
Musteraufgabe: Wie viele Zinsen erhältst du, wenn du 500 € zu 4 % auf ein halbes Jahr festlegst?
Formel: $\boldsymbol{Z = K : 100 \cdot p : 360 \cdot t} = 500 : 100 \cdot 4 : 360\ (12) \cdot 180\ (6) = \underline{10}$ [€]

2. Grundaufgabe: p gesucht
Musteraufgabe: Wie hoch ist der Zinssatz, wenn du für 800 € in drei Monaten 5 € Zinsen bekommst?
Formel: $\boldsymbol{p} = Z : (K : 100) \cdot 360 : t = \boldsymbol{Z \cdot 100 : K}$ *(Kehrwert!)* $\boldsymbol{\cdot 360 : t} = 5 \cdot 100 : 800 \cdot 360\ (12) : 90\ (3) = \underline{2{,}5}$ [%]

3. Grundaufgabe: K gesucht
Musteraufgabe: Wie hoch ist dein Kapital, wenn du 18 € Zinsen in 60 Tagen zu 2 % bekommst?
Formel: $\boldsymbol{K} = Z : (p : 100) \cdot 360 : t = \boldsymbol{Z \cdot 100 : p}$ *(Kehrwert!)* $\boldsymbol{\cdot 360 : t} = 18 \cdot 100 : 2 \cdot 360 : 60 = \underline{5400}$ [€]

4. Grundaufgabe: t gesucht
Musteraufgabe: Wie lange musst du 600 € zu einem Zinssatz von 3 % anlegen, um 15 € zu bekommen?
Formel: $\boldsymbol{t} = Z : (K : 100) \cdot 360 : p = \boldsymbol{Z \cdot 100 : K}$ *(Kehrwert!)* $\boldsymbol{\cdot 360 : p} = 15 \cdot 100 : 600 \cdot 360 : 3 = \underline{300}$ [d]

Übungsaufgaben

① Herr Säubert hat sein erspartes Kapital in Höhe von 30 000 € neun Monate lang angelegt. Nun erhält er 1012,50 € Zinsen.

② Herr Bayerl erhält für seine Ersparnisse bei der Bank in acht Monaten bei 4,5 % 480 € Zinsen.

③ Der Mexikaner Carlos Slim ist zurzeit der reichste Mann der Welt. Er hat ein Vermögen von knapp 70 Milliarden Dollar. Wie viele Zinsen würde Slim für einen Tag bekommen, wenn er diese Summe zu 6 % auf die Bank bringen würde und könnte?

Prozent- und Zinsrechnung (2)

Grafische Darstellung von Prozenten

① Kreisdiagramm
② Säulendiagramm
③ Kurvendiagramm
④ Balkendiagramm

③ 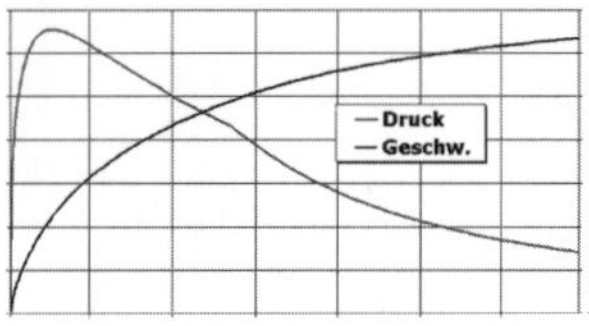

② 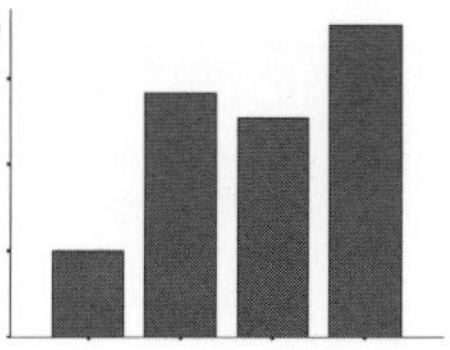

④ 

① 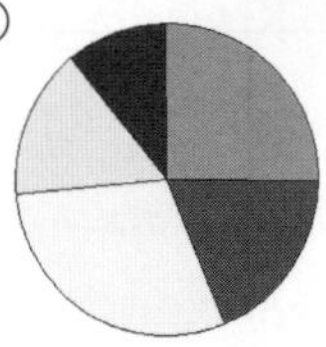

Beim Kreisdiagramm werden die Prozentangaben in Grad umgewandelt. Dabei gilt: 100 % = 360° ⇨ 1 % = 3,6°

Aufgaben:

① Ordne die vier Begriffe oben richtig den vier Grafiken oben zu.
② Vervollständige rechts das Kreisdiagramm:
- 140 Schüler sind Fußgänger
- 200 Schüler kommen mit dem Bus
- 40 Schüler kommen mit der Bahn
- 20 Schüler werden mit dem Auto gebracht

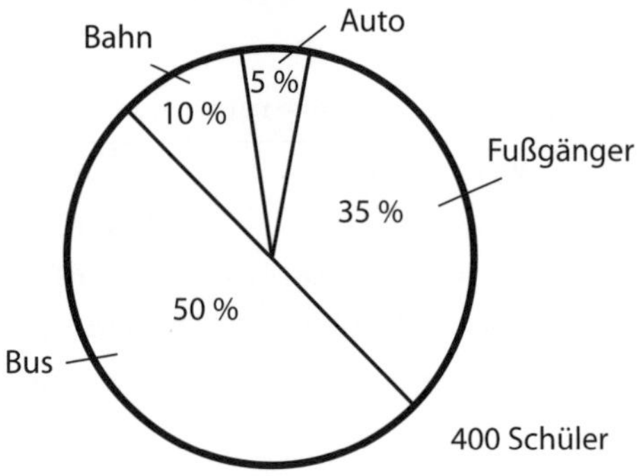

II. Zinsrechnung

Dem Wort „Zins" liegt das lateinische Wort „census" zugrunde, es bedeutet „Vermögensschätzung". Der Zins ist das Entgelt für ein über einen bestimmten Zeitraum zur Nutzung überlassenes Sach- oder Finanzgut (Geld), das der Empfangende (Schuldner) dem Überlasser (Gläubiger) zahlt.
Das Zinsrechnen verwendet vier Größen, das **Kapital** (**K** in €, das Ganze, 100 %), die **Zinsen** (**Z** in €, der Teil), den **Zinssatz** (**p** = Zahl mit Prozentzeichen) und die **Zeit** (**t** in Jahren, Monaten oder Tagen).

1. Grundaufgabe: Z gesucht

Musteraufgabe: Wie viele Zinsen erhältst du, wenn du 500 € zu 4 % auf ein halbes Jahr festlegst?
Formel: $Z = K : 100 \cdot p : 360 \cdot t = 500 : 100 \cdot 4 : 360\ (12) \cdot 180\ (6) = \underline{10}$ [€]

2. Grundaufgabe: p gesucht

Musteraufgabe: Wie hoch ist der Zinssatz, wenn du für 800 € in drei Monaten 5 € Zinsen bekommst?
Formel: $p = Z : (K : 100) \cdot 360 : t = Z \cdot 100 : K$ *(Kehrwert!)* $\cdot\ 360 : t = 5 \cdot 100 : 800 \cdot 360\ (12) : 90\ (3) = \underline{2{,}5}$ [%]

3. Grundaufgabe: K gesucht

Musteraufgabe: Wie hoch ist dein Kapital, wenn du 18 € Zinsen in 60 Tagen zu 2 % bekommst?
Formel: $K = Z : (p : 100) \cdot 360 : t = Z \cdot 100 : p$ *(Kehrwert!)* $\cdot\ 360 : t = 18 \cdot 100 : 2 \cdot 360 : 60 = \underline{5400}$ [€]

4. Grundaufgabe: t gesucht

Musteraufgabe: Wie lange musst du 600 € zu einem Zinssatz von 3 % anlegen, um 15 € zu bekommen?
Formel: $t = Z : (K : 100) \cdot 360 : p = Z \cdot 100 : K$ *(Kehrwert!)* $\cdot\ 360 : p = 15 \cdot 100 : 600 \cdot 360 : 3 = \underline{300}$ [d]

Übungsaufgaben

① Herr Säubert hat sein erspartes Kapital in Höhe von 30 000 € neun Monate lang angelegt. Nun erhält er 1012,50 € Zinsen. ***Zinssatz p** ist gesucht:*
$p = Z \cdot 100 \cdot 12\ (360) : K : t = 1012{,}50 \cdot 100 \cdot 12\ (360) : 30000 : 9\ (270) = \underline{4{,}5}$ *[%]*

② Herr Bayerl erhält für seine Ersparnisse bei der Bank in acht Monaten bei 4,5 % 480 € Zinsen.
***Kapital K** ist gesucht:*
$K = Z \cdot 100 \cdot 12\ (360) : p : t = 480 \cdot 100 \cdot 12\ (360) : 4{,}5 : 8\ (240) = \underline{16000}$ *[€]*

③ Der Mexikaner Carlos Slim ist zurzeit der reichste Mann der Welt. Er hat ein Vermögen von knapp 70 Milliarden Dollar. Wie viele Zinsen würde Slim für einen Tag bekommen, wenn er diese Summe zu 6 % auf die Bank bringen würde und könnte?
***Zinsen Z** sind gesucht:*
$Z = K \cdot p \cdot t : 100 : 360 = 70000000000 \cdot 6 \cdot 1 : 100 : 360 \approx \underline{11666666}$ *[€]*

M Name: ______________________ Datum: ______________________

Flächen (1)

❶ Flächenformen:

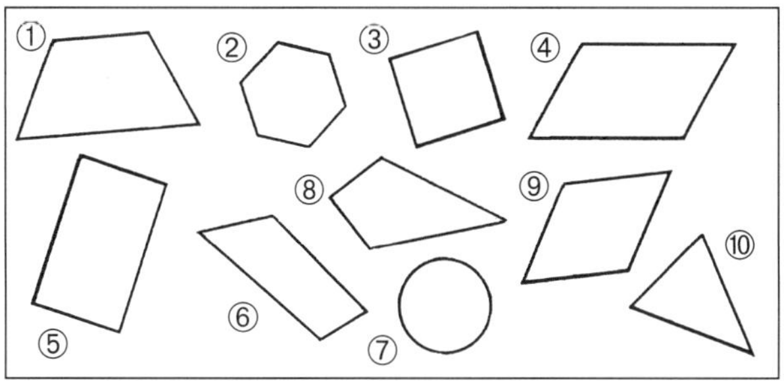

Flächen? Zeichne die Symmetrieachse(n) ein.

① ______________ ⑥ ______________

② ______________ ⑦ ______________

③ ______________ ⑧ ______________

④ ______________ ⑨ ______________

⑤ ______________ ⑩ ______________

❷ Kreuze die richtigen Antworten an.

- O Beim Rechteck halbieren sich die Diagonalen.
- O Beim Quadrat schneiden sich die Diagonalen rechtwinklig.
- O Bei der Raute sind die Diagonalen gleich lang.
- O Im Rechteck sind die gegenüberliegenden Seiten nicht gleich lang.
- O Die Winkelsumme im Dreieck beträgt 360°.
- O Im rechtwinkligen Dreieck sind zwei Winkel kleiner als 90°.
- O Im gleichseitigen Dreieck sind die Winkel gleich groß.
- O In einem Parallelogramm gibt es nur zwei parallele Seiten.

zu ❸ a)

zu ❸ b)

❸ Zeichne:

a) Dreieck mit $c = 3$ cm, $b = 2{,}5$ cm, $\alpha = 35°$

b) Parallelogramm mit $a = 3$ cm, $\beta = 110°$, $h = 2{,}5$ cm

❹ Berechne die fehlenden Winkel. Welche Art Viereck liegt vor?

a) $\alpha = 60°$, $\gamma = 120°$, $\delta = 120°$ $\beta =$ ________ ➪ ______________________

b) $\beta = 90°$, $\gamma = 90°$, $\delta = 90°$ $\alpha =$ ________ ➪ ______________ oder ______________

c) $\alpha = 45°$, $\beta = 135°$, $\gamma = 45°$ $\delta =$ ________ ➪ ______________ oder ______________

❺ Berechne die fehlenden Größen:

a) Umfang Quadrat = 48 cm a = ______ A = ______

b) Umfang Rechteck = 40 cm, a = 12 cm b = ______ A = ______

c) Fläche Quadrat = 196 cm² a = ______ U = ______

Beachte:
Um von der Fläche des Quadrats auf die Seite zu kommen, musst du die **Wurzel** ziehen.

❻ Wie heißen die vier Dreiecke rechts? Zeichne jeweils eine Höhe farbig ein.

① ______________ ② ______________

③ ______________ ④ ______________

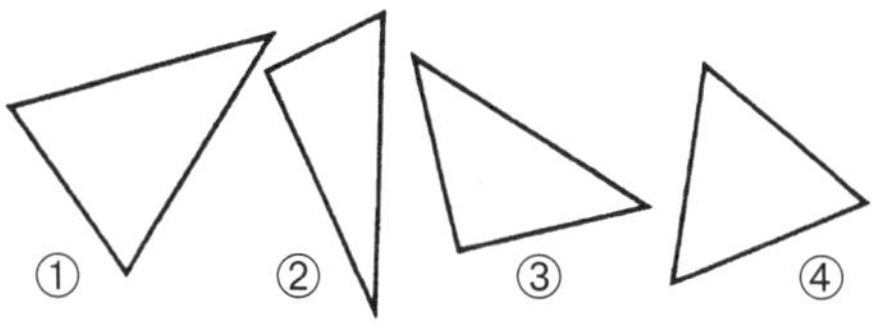

❼ In einem gleichschenkligen Dreieck ist die Basis 15 cm lang. Wie verändern sich die Basiswinkel und die Länge der Schenkel, wenn der Winkel an der Spitze größer wird?

____

____

❽ Zeichne folgendes Dreieck in ein Koordinatensystem ein:

A (1/2), B (1/–1) und C (–2/–1). Welche Art Dreieck liegt vor?

____

Wie groß sind die Winkel? $\alpha =$ ______, $\beta =$ ______, $\gamma =$ ______

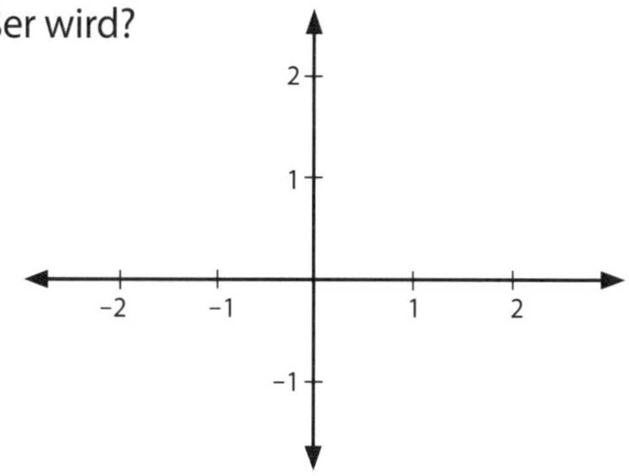

Flächen (1)

❶ Flächenformen:

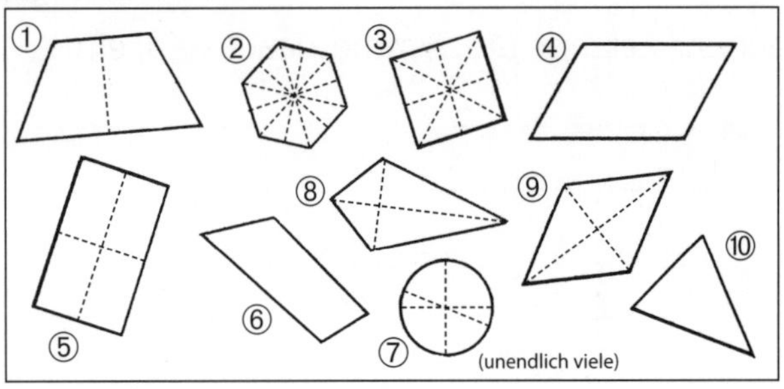

Flächen? Zeichne die Symmetrieachse(n) ein.

① *Trapez (gleichschenklig)*	⑥ *Viereck (unregelmäßig)*
② *Sechseck (regelmäßig)*	⑦ *Kreis*
③ *Quadrat*	⑧ *Drachen (gerade)*
④ *Parallelogramm*	⑨ *Raute*
⑤ *Rechteck*	⑩ *Dreieck (unregelmäßig)*

❷ Kreuze die richtigen Antworten an.

- ☒ Beim Rechteck halbieren sich die Diagonalen.
- ☒ Beim Quadrat schneiden sich die Diagonalen rechtwinklig.
- O Bei der Raute sind die Diagonalen gleich lang.
- O Im Rechteck sind die gegenüberliegenden Seiten nicht gleich lang.
- O Die Winkelsumme im Dreieck beträgt 360°.
- ☒ Im rechtwinkligen Dreieck sind zwei Winkel kleiner als 90°.
- ☒ Im gleichseitigen Dreieck sind die Winkel gleich groß.
- O In einem Parallelogramm gibt es nur zwei parallele Seiten.

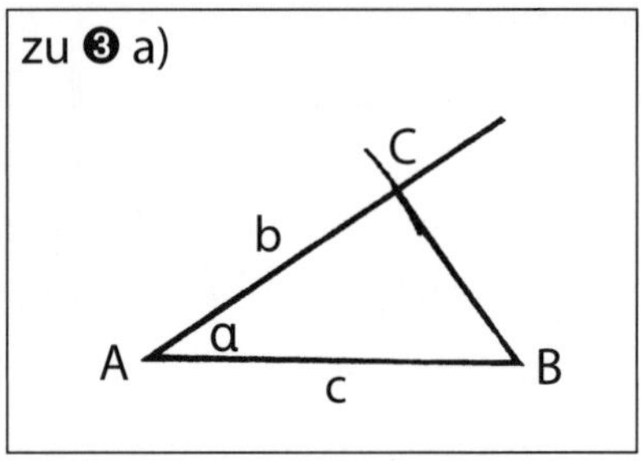

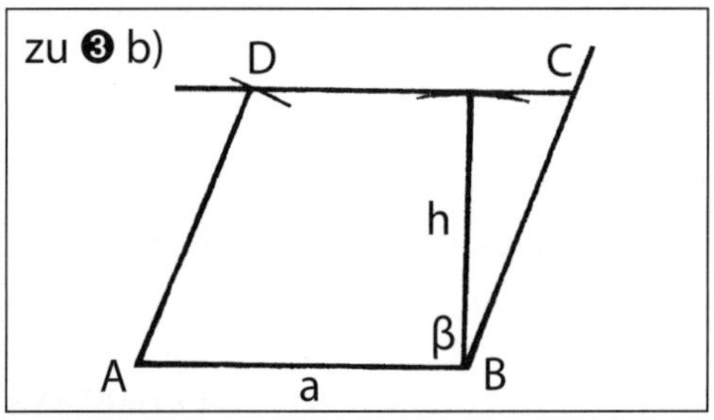

❸ Zeichne:

a) Dreieck mit $c = 3$ cm, $b = 2{,}5$ cm, $\alpha = 35°$

b) Parallelogramm mit $a = 3$ cm, $\beta = 110°$, $h = 2{,}5$ cm

❹ Berechne die fehlenden Winkel. Welche Art Viereck liegt vor?

a) $\alpha = 60°$, $\gamma = 120°$, $\delta = 120°$ $\beta =$ *60°* ➪ *gleichschenkliges Trapez*

b) $\beta = 90°$, $\gamma = 90°$, $\delta = 90°$ $\alpha =$ *90°* ➪ *Quadrat* oder *Rechteck*

c) $\alpha = 45°$, $\beta = 135°$, $\gamma = 45°$ $\delta =$ *135°* ➪ *Raute* oder *Parallelogramm*

❺ Berechne die fehlenden Größen:

a) Umfang Quadrat = 48 cm $a =$ *12 cm* $A =$ *144 cm²*

b) Umfang Rechteck = 40 cm, $a = 12$ cm $b =$ *8 cm* $A =$ *96 cm²*

c) Fläche Quadrat = 196 cm² $a =$ *14 cm* $U =$ *56 cm*

Beachte:
Um von der Fläche des Quadrats auf die Seite zu kommen, musst du die **Wurzel** ziehen.

❻ Wie heißen die vier Dreiecke rechts? Zeichne jeweils eine Höhe farbig ein.

① *gleichschenkliges Dreieck* ② *rechtwinkliges Dreieck*

③ *gleichschenkl.-rechtwinkl. D.* ④ *gleichseitiges Dreieck*

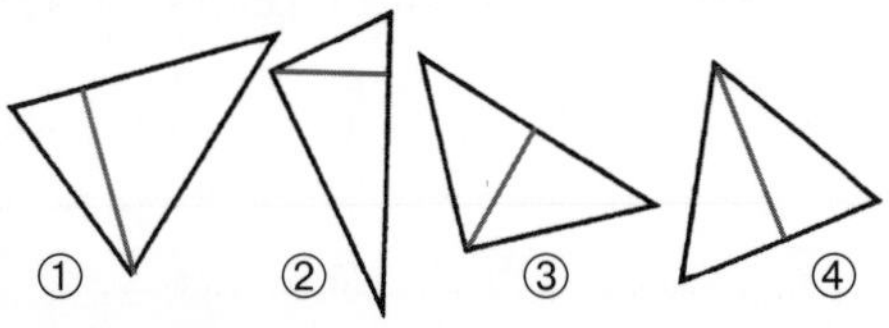

❼ In einem gleichschenkligen Dreieck ist die Basis 15 cm lang. Wie verändern sich die Basiswinkel und die Länge der Schenkel, wenn der Winkel an der Spitze größer wird?

- *Die Basiswinkel werden immer kleiner.*
- *Die Länge der Schenkel nimmt ab.*

❽ Zeichne folgendes Dreieck in ein Koordinatensystem ein:

A (1/2), B (1/–1) und C (–2/–1). Welche Art Dreieck liegt vor?

gleichschenklig-rechtwinkliges Dreieck

Wie groß sind die Winkel? $\alpha =$ *45°*, $\beta =$ *90°*, $\gamma =$ *45°*

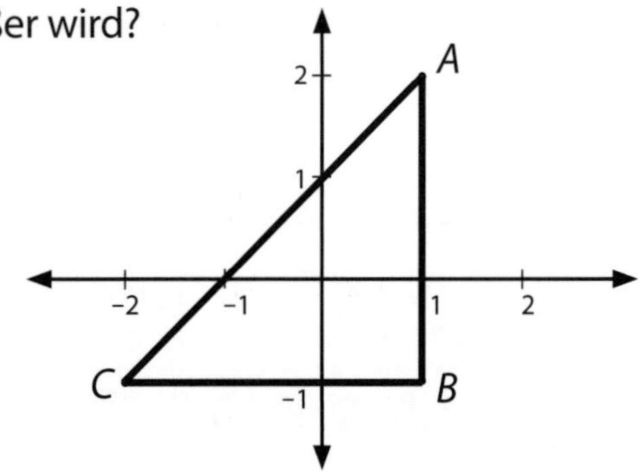

M	Name: ____________________	Datum: ____________________

Flächen (2)

❾ Formeln

Schreibe die Formeln auf. Lerne sie trotz deiner Formelsammlung **auswendig**.

① Dreieck: A = ________; h = ________; ② Quadrat: A = ________; a = ________;

③ Rechteck: A = ________; b = ________; ④ Raute: A = ________; h = ________;

⑤ Parallelog.: A = ________; a = ________; ⑥ Trapez: A = ________; h = ________;

⑦ Achteck: A = ________; h = ________; ⑧ Kreis: A = ________; r = ________;

❿ Flächenmaße

Die Umrechnungszahl für die nächsthöhere bzw. nächstniedrigere Stufe ist 100 (10^2).

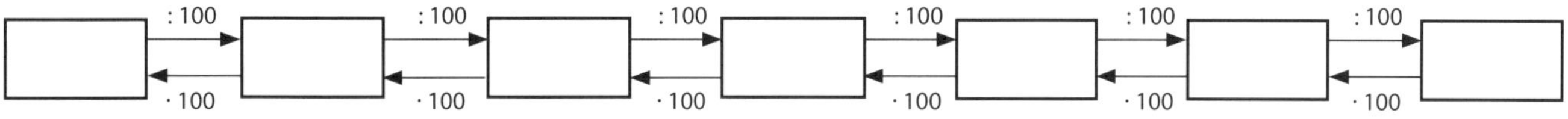

Rechne richtig in die angegebene Einheit um:

a) 8,1 ha = ________ m^2 b) 0,05 km^2 = ________ a c) 1,005 a = ________ m^2

d) 0,65 dm^2 = ________ m^2 e) 0,12 m^2 = ________ mm^2 f) 12,5 a = ________ dm^2

Schreibe als Dezimalbruch oder schlüssele in die einzelnen Größen auf:

a) 5 ha 1 a = ________ ha b) 5 dm^2 5 mm^2 = ________ dm^2 c) 3 m^2 2 cm^2 = ________ m^2

d) 0,05 dm^2 = ________ e) 2,5402 m^2 = ________ f) 6,000503 km^2 = ________

Übungsaufgaben

① Eine Werkstatt soll Blechprofile mit drei Löchern wie rechts abgebildet herstellen.
a) Wie groß ist die Fläche jeder Öffnung?
b) Wie groß ist die Fläche des fertigen Blechprofils?

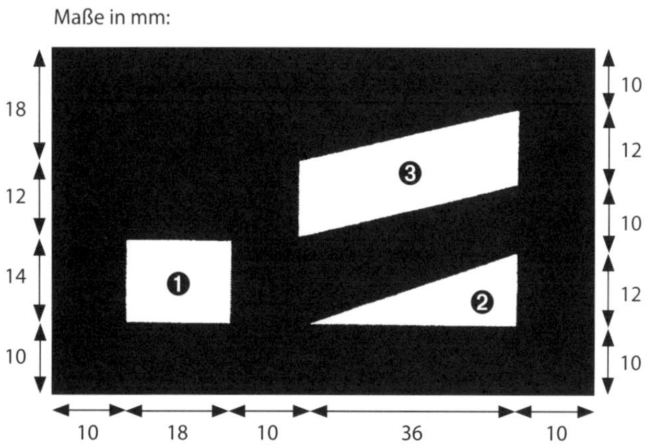

② Eine Raute (Seite a = 6,5 cm) besitzt eine Fläche von 34,125 cm^2. Berechne Höhe h und Umfang U.

③ Bei einem Parallelogramm mit einer Fläche von 30 cm^2 sind Grund- und Decklinie 5 cm voneinander entfernt. Berechne die Länge der Grundlinie.

④ Für den Bau einer 15 m breiten Straße muss ein Landwirt einen dreieckigen Grundstücksanteil abtreten. Als Entschädigung erhält der Landwirt 50 € pro m^2. Insgesamt erhält er 15 000 €. Wie lang ist die Grundlinie des abgegebenen Grundstücks?

Flächen (2)

❾ Formeln

Schreibe die Formeln auf. Lerne sie trotz deiner Formelsammlung **auswendig**.

① Dreieck: A = $g \cdot h : 2$; h = $2 \cdot A : g$; ② Quadrat: A = $a \cdot a$; a = $\sqrt{A}$;

③ Rechteck: A = $a \cdot b$; b = $A : a$; ④ Raute: A = $a \cdot h$; h = $A : a$;

⑤ Parallelog.: A = $a \cdot h$; a = $A : h$; ⑥ Trapez: A = $(a+c) : 2 \cdot h$; h = $2 \cdot A : (a+c)$;

⑦ Achteck: A = $g \cdot h : 2 \cdot 8$; h = $2 \cdot A : g : 8$; ⑧ Kreis: A = $r \cdot r \cdot \pi$; r = $\sqrt{A : \pi}$

❿ Flächenmaße

Die Umrechnungszahl für die nächsthöhere bzw. nächstniedrigere Stufe ist 100 (10^2).

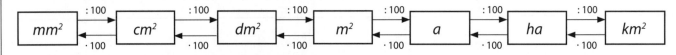

mm^2 → : 100 → cm^2 → : 100 → dm^2 → : 100 → m^2 → : 100 → a → : 100 → ha → : 100 → km^2

mm^2 ← · 100 ← cm^2 ← · 100 ← dm^2 ← · 100 ← m^2 ← · 100 ← a ← · 100 ← ha ← · 100 ← km^2

Rechne richtig in die angegebene Einheit um:

a) 8,1 ha = *81 000* m^2 b) 0,05 km^2 = *500* a c) 1,005 a = *100,5* m^2

d) 0,65 dm^2 = *0,0065* m^2 e) 0,12 m^2 = *120 000* mm^2 f) 12,5 a = *125 000* dm^2

Schreibe als Dezimalbruch oder schlüssele in die einzelnen Größen auf:

a) 5 ha 1 a = *5,01* ha b) 5 dm^2 5 mm^2 = *5,0005* dm^2 c) 3 m^2 2 cm^2 = *3,0002* m^2

d) 0,05 dm^2 = *5* cm^2 e) 2,5402 m^2 = *2* m^2 *54* dm^2 *2* cm^2 f) 6,000503 km^2 = *6* km^2 *5 a 3* m^2

Übungsaufgaben

① Eine Werkstatt soll Blechprofile mit drei Löchern wie rechts abgebildet herstellen.
a) Wie groß ist die Fläche jeder Öffnung?
b) Wie groß ist die Fläche des fertigen Blechprofils?

Maße in mm:

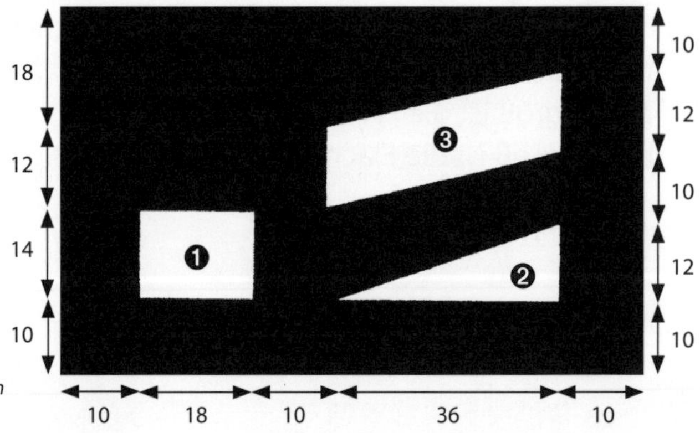

$a)\ A_{Rechteck} = 18 \cdot 14 = 252\ [mm^2];$

$A_{Dreieck} = 36 \cdot 12 : 2 = 216\ [mm^2];$

$A_{Parallelogramm} = 12 \cdot 36 = 432\ [mm^2]$

$b)\ A_{Blechprofil} = A_{Rechteck\ groß} - A_{Rechteck} - A_{Dreieck} - A_{Parallelogramm}$

$= 84 \cdot 54 - 252 - 216 - 432 = \underline{3636}\ [mm^2]$

② Eine Raute (Seite a = 6,5 cm) besitzt eine Fläche von 34,125 cm^2. Berechne Höhe h und Umfang U.

$h_{Raute} = A : a = 34{,}125 : 6{,}5 = \underline{5{,}25}\ [cm];$

$U_{Raute} = 4 \cdot a = 4 \cdot 6{,}5 = \underline{26}\ [cm]$

③ Bei einem Parallelogramm mit einer Fläche von 30 cm^2 sind Grund- und Decklinie 5 cm voneinander entfernt. Berechne die Länge der Grundlinie.

$a_{Parallelogramm} = A : h = 30 : 5 = \underline{6}\ [cm]$

④ Für den Bau einer 15 m breiten Straße muss ein Landwirt einen dreieckigen Grundstücksanteil abtreten. Als Entschädigung erhält der Landwirt 50 € pro m^2. Insgesamt erhält er 15 000 €. Wie lang ist die Grundlinie des abgegebenen Grundstücks?

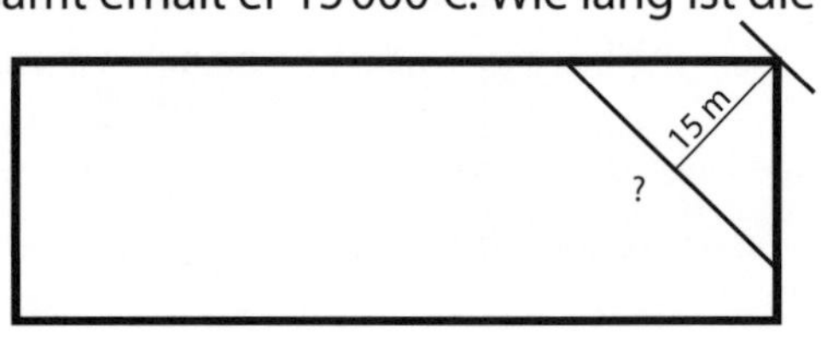

15 000 € : 50 € = <u>300</u> [m²]; Fläche des Straßenstücks (Dreieck)

$a_{Dreieck} = 2 \cdot A : h = 2 \cdot 300 : 15 = \underline{40}\ [m]$

M Name: ______________________ Datum: ______________________

Zeichnungen / Konstruktionen (1)

I. Voraussetzungen

Für Zeichnungen und Konstruktion muss dein „Handwerkzeug" in Ordnung sein: ein gut gespitzter Bleistift, ein Geodreick ohne „Scharten", ein präzise eingestellter Zirkel und ein Radiergummi, der nicht „schmiert".

II. Grundkonstruktionen

Sie sind Voraussetzung für komplexere Konstruktionsaufgaben, wie sie in Prüfungen gestellt werden.
Um welche vier Grundkonstruktionen handelt es sich in den Darstellungen rechts? Zeichne sie schrittweise nach.

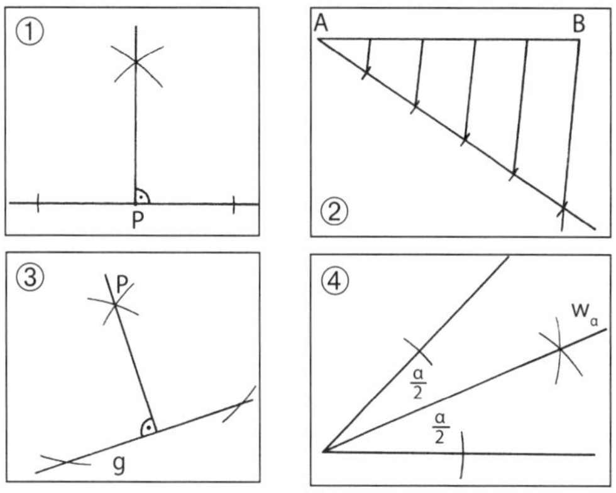

① ______________________

② ______________________

③ ______________________

④ ______________________

Besondere Linien im Dreieck:
Der Schnittpunkt der **Mittelsenkrechten** ist zugleich der Mittelpunkt des **Umkreises**.
Der Schnittpunkt der **Winkelhalbierenden** ist zugleich der Mittelpunkt des **Inkreises**.
Zeichne beide Kreise rechts in die Grafik ein.

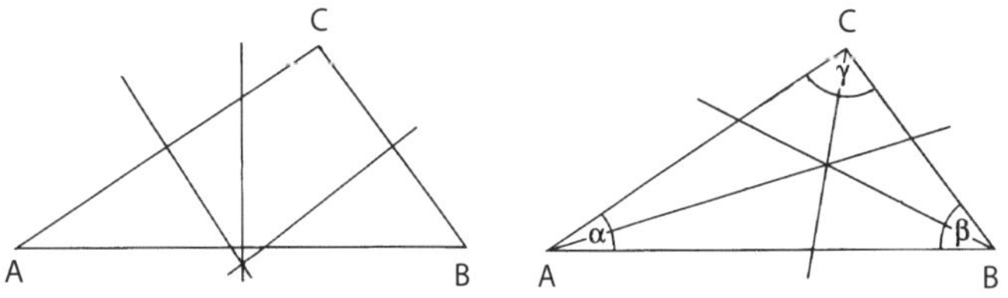

III. Einfachere Dreiecks- und Viereckskonstruktionen

Wichtig: Vor der Konstruktion eine **Planfigur** erstellen und dort die gegebenen Größen farbig einzeichnen. Manchmal sind auch sogenannte **Konstruktionsprotokolle** verlangt. Sie beschreiben in Einzelschritten den genauen Ablauf der Konstruktion.

① Dreieck: Maßstab 1 : 1000
$c = 40$ m; $a = 32$ m; $\alpha = 45°$ (mit Planfigur)
Beachte: Es gibt **zwei** Lösungen.

② Dreieck:
$a = 3{,}5$ cm; $\gamma = 80°$; $c = 4{,}5$ cm (mit Planfigur)

③ Parallelogramm:
$a = 4$ cm; $\beta = 120°$; $b = 3$ cm (mit Planfigur)

④ Quadrat:
Diagonale $e = 4$ cm (mit Planfigur)

Zeichnungen / Konstruktionen (1)

I. Voraussetzungen

Für Zeichnungen und Konstruktion muss dein „Handwerkzeug“ in Ordnung sein: ein gut gespitzter Bleistift, ein Geodreick ohne „Scharten“, ein präzise eingestellter Zirkel und ein Radiergummi, der nicht „schmiert“.

II. Grundkonstruktionen

Sie sind Voraussetzung für komplexere Konstruktionsaufgaben, wie sie in Prüfungen gestellt werden.
Um welche vier Grundkonstruktionen handelt es sich in den Darstellungen rechts? Zeichne sie schrittweise nach.

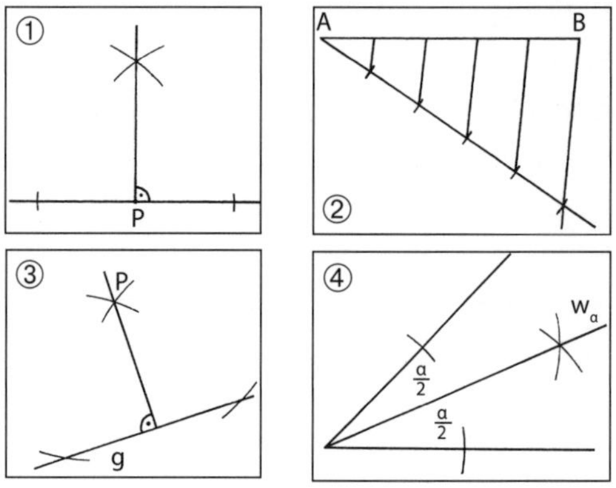

① *Errichten einer Senkrechten in einem Punkt P*

② *Teilen einer Strecke z. B. in 5 gleich große Abschnitte*

③ *Fällen eines Lots von Punkt P auf eine Gerade g*

④ *Halbieren eines Winkels*

Besondere Linien im Dreieck:
Der Schnittpunkt der **Mittelsenkrechten** ist zugleich der Mittelpunkt des **Umkreises**.
Der Schnittpunkt der **Winkelhalbierenden** ist zugleich der Mittelpunkt des **Inkreises**.
Zeichne beide Kreise rechts in die Grafik ein.

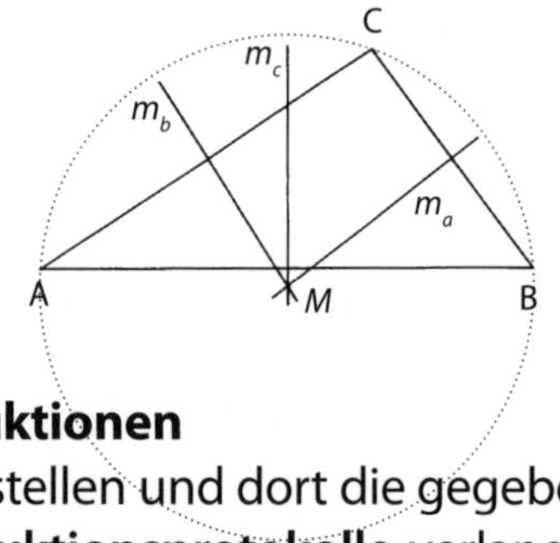

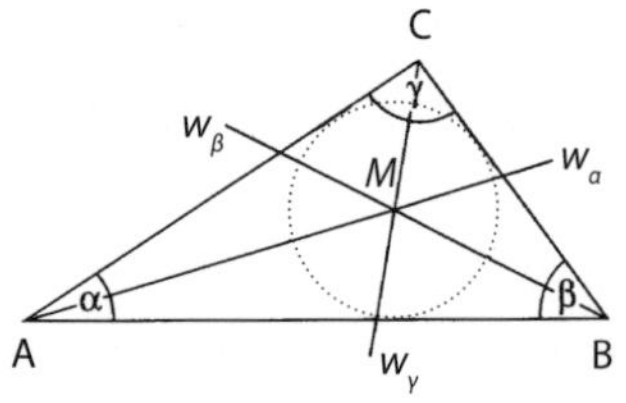

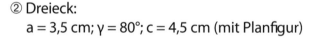

III. Einfachere Dreiecks- und Viereckskonstruktionen

Wichtig: Vor der Konstruktion eine **Planfigur** erstellen und dort die gegebenen Größen farbig einzeichnen. Manchmal sind auch sogenannte **Konstruktionsprotokolle** verlangt. Sie beschreiben in Einzelschritten den genauen Ablauf der Konstruktion.

① Dreieck: Maßstab 1 : 1000
c = 40 m; a = 32 m; α = 45° (mit Planfigur)
Beachte: Es gibt **zwei** Lösungen.

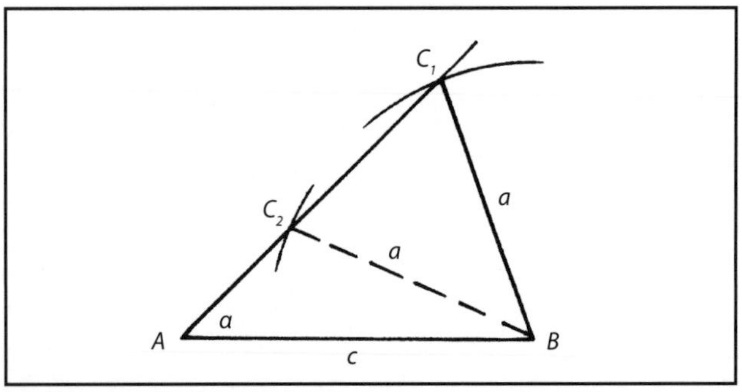

② Dreieck:
a = 3,5 cm; γ = 80°; c = 4,5 cm (mit Planfigur)

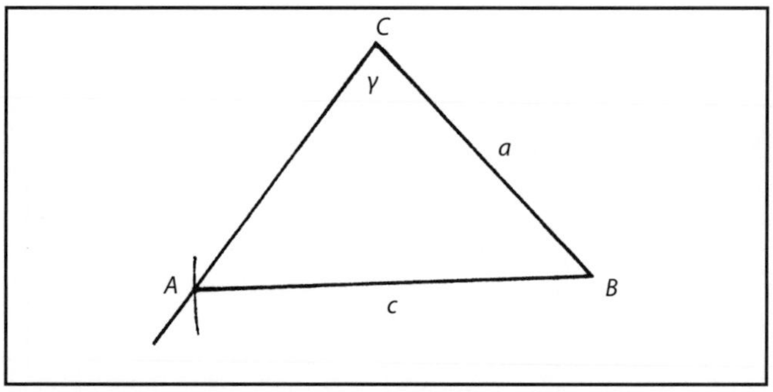

③ Parallelogramm:
a = 4 cm; β = 120°; b = 3 cm (mit Planfigur)

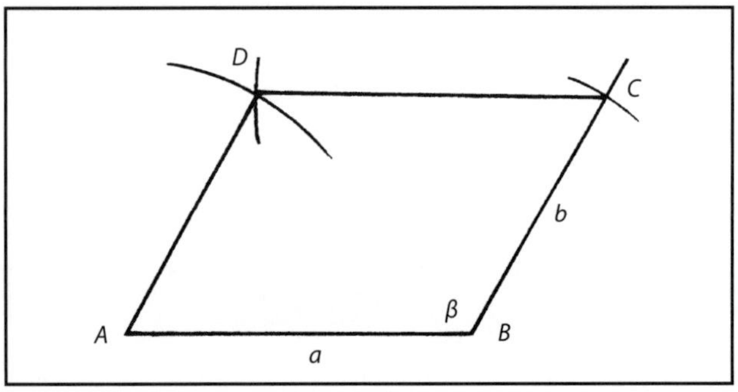

④ Quadrat:
Diagonale e = 4 cm (mit Planfigur)

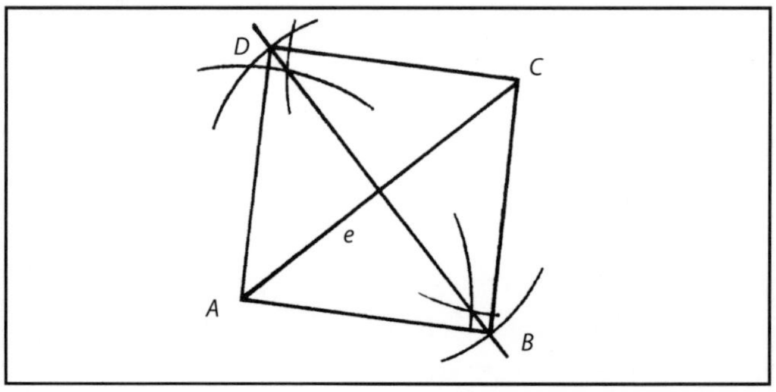

M	Name: ________________________________	Datum: ____________________

Zeichnungen / Konstruktionen (2)

IV. Vieleckskonstruktionen

Kennzeichen regelmäßiger Vielecke:

- Alle **Eckpunkte** liegen auf einer **Kreislinie**.
- Die **Grundseiten (Basisseiten)** sind **gleich lang**.
- Die **Anzahl der Ecken** entspricht der **Anzahl der Bestimmungsdreiecke**.
- Die **Basiswinkel** sind immer **gleich groß**.

①
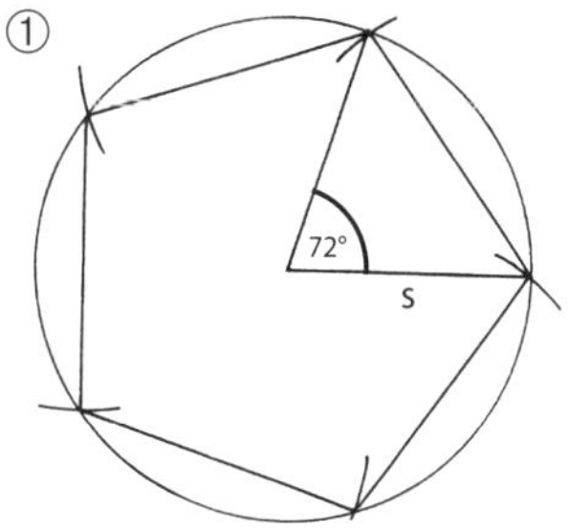

②
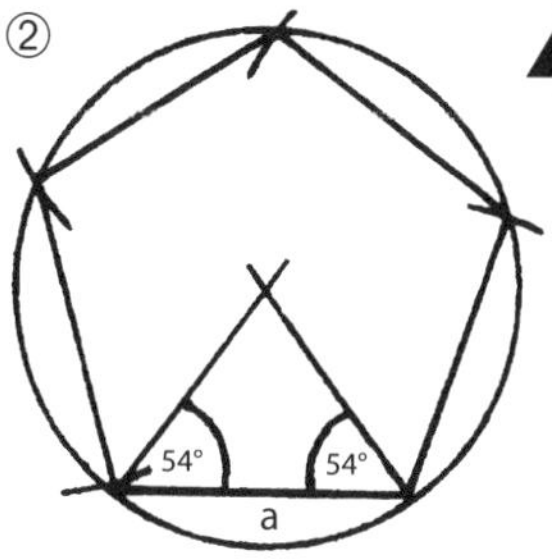

Zwei Konstruktionsansätze:

① Konstruktion vom ________________ des Bestimmungsdreiecks (= __________ des **Umkreises**) aus

② Konstruktion von der ____________________ (____________________) des Bestimmungsdreiecks aus

Übungsaufgaben

① Konstruiere ein regelmäßiges Fünfeck mit der Basisseite a = 5 cm des Bestimmungsdreiecks.

② Konstruiere ein regelmäßiges Siebeneck mit dem Schenkel s = 4 cm des Bestimmungsdreiecks.

③ Zeichne ein Koordinatensystem in Zentimetereinheiten und trage ein:
A (–2/1), B (3/–4), C (0/3).
a) Welche Art Dreieck liegt vor?
b) Konstruiere den Umkreis.
c) Fälle das Lot von A auf $\overline{BC}$.
d) Zeichne die Höhe h_c ein.
e) In welchem Punkt Q schneidet die Winkelhalbierende w_α den Umkreis? Gib die Koordinaten des Punktes Q an.

zu a)

zu e)

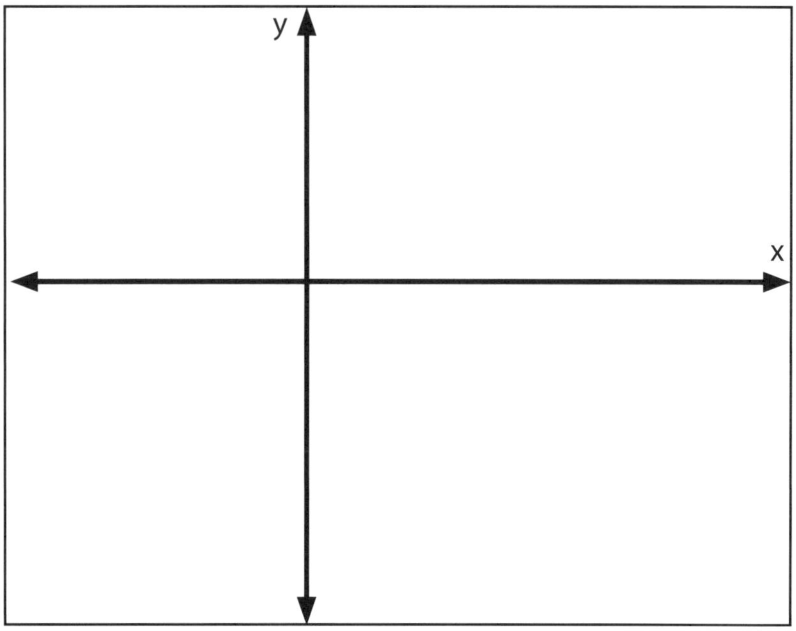

Zeichnungen / Konstruktionen (2)

IV. Vieleckskonstruktionen

Kennzeichen regelmäßiger Vielecke:

- Alle **Eckpunkte** liegen auf einer **Kreislinie.**
- Die **Grundseiten (Basisseiten)** sind **gleich lang.**
- Die **Anzahl der Ecken** entspricht der **Anzahl der Bestimmungsdreiecke.**
- Die **Basiswinkel** sind immer **gleich groß.**

①
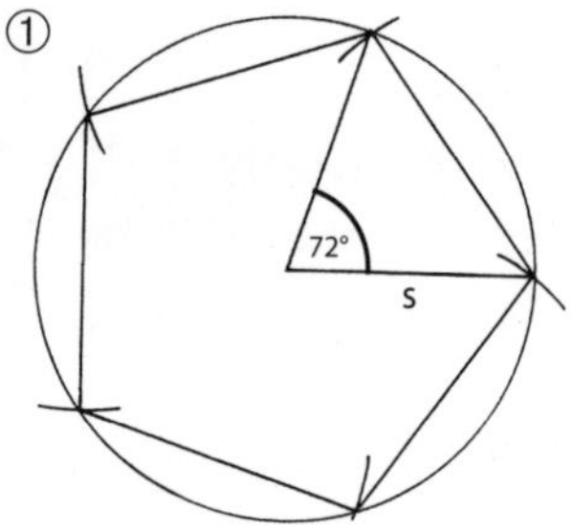

②
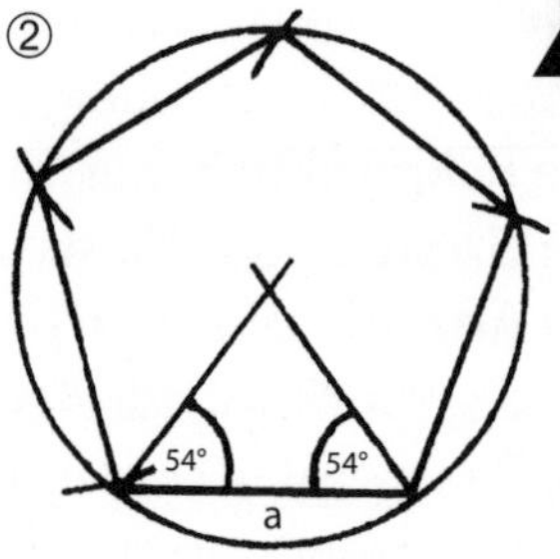

Zwei Konstruktionsansätze:

① Konstruktion vom *Schenkel s* des Bestimmungsdreiecks (= *Radius r* des **Umkreises**) aus

② Konstruktion von der *Grundseite a* (*Basisseite a*) des Bestimmungsdreiecks aus

Übungsaufgaben

① Konstruiere ein regelmäßiges Fünfeck mit der Basisseite a = 5 cm des Bestimmungsdreiecks.

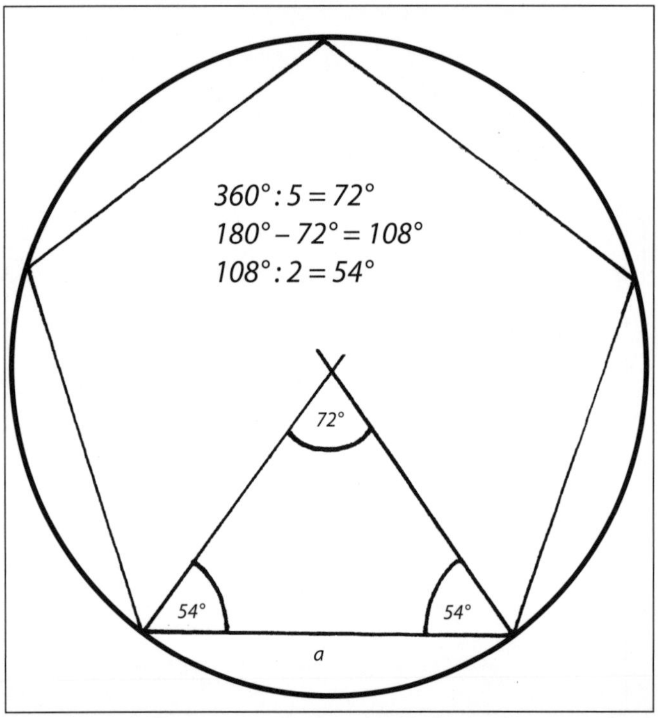

② Konstruiere ein regelmäßiges Siebeneck mit dem Schenkel s = 4 cm des Bestimmungsdreiecks.

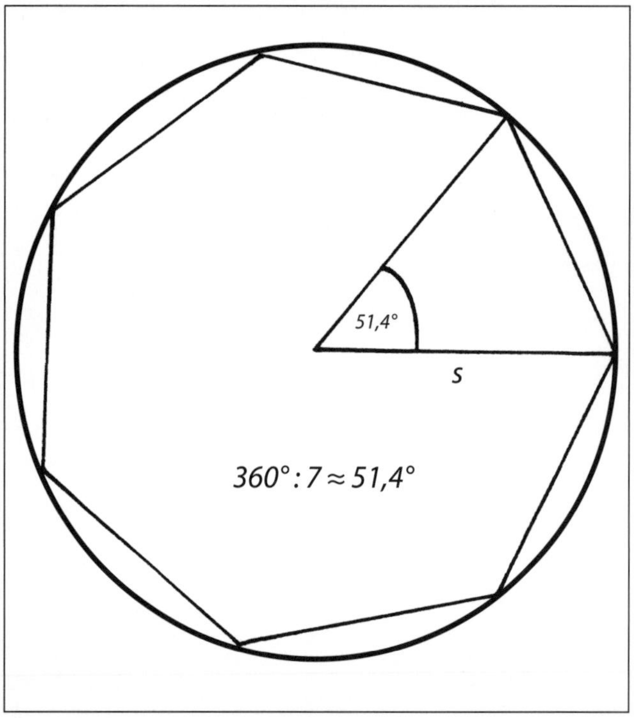

③ Zeichne ein Koordinatensystem in Zentimetereinheiten und trage ein: A (–2/1), B (3/–4), C (0/3).

a) Welche Art Dreieck liegt vor?

b) Konstruiere den Umkreis.

c) Fälle das Lot von A auf $\overline{BC}$.

d) Zeichne die Höhe h_c ein.

e) In welchem Punkt Q schneidet die Winkelhalbierende w_α den Umkreis? Gib die Koordinaten des Punktes Q an.

zu a) *Rechtwinkliges Dreieck*

zu e) *Q (5/1)*

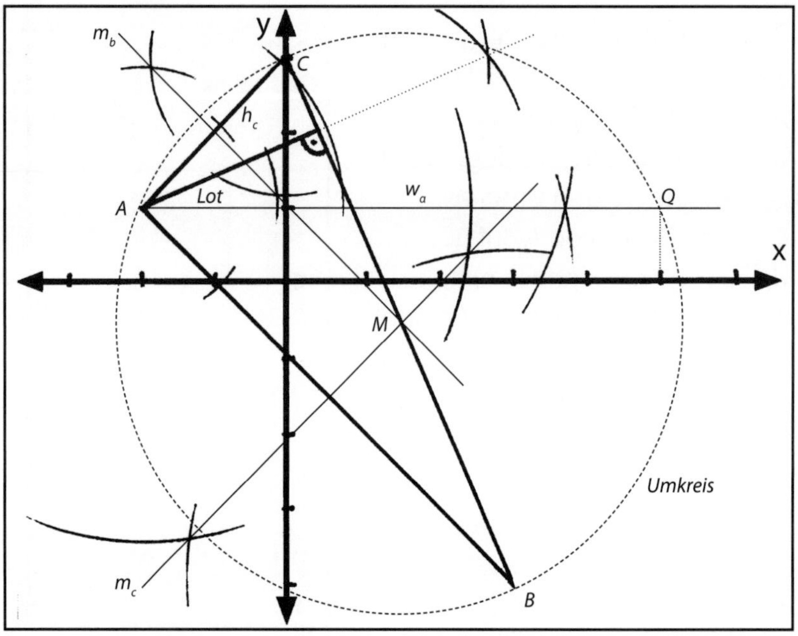

M Name: ______________________ Datum: ______________

Körper (1)

❶ Flächenformen

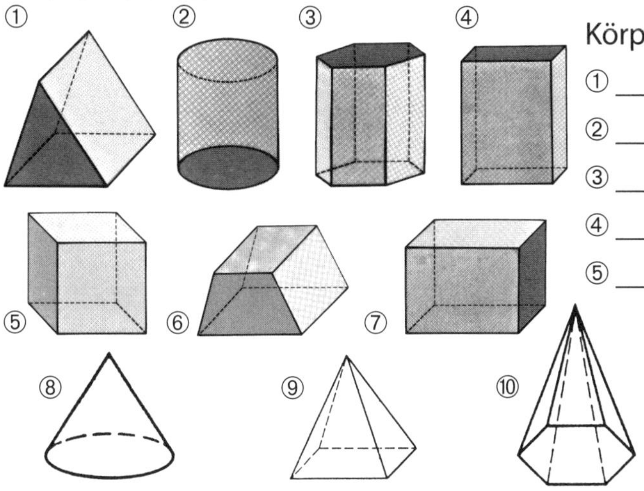

Körper? Zeichne die Körperhöhe h_K ein.

① ______________ ⑥ ______________

② ______________ ⑦ ______________

③ ______________ ⑧ ______________

④ ______________ ⑨ ______________

⑤ ______________ ⑩ ______________

zu ❸ a)

____

zu ❸ b)

____

❷ Kreuze die richtigen Antworten an.

- O Bei geraden Säulen sind Grund- und Deckfläche gleich groß.
- O Körper- und Seitenhöhe sind immer gleich lang.
- O Die Seitenhöhe verläuft genau in der Mitte des Körpers.
- O Der Kegel zählt zu den Spitzkörpern.
- O Der Zylinder hat nur zwei Kanten.
- O Die Quadratsäule besteht aus sechs Einzelflächen.
- O Der Mantel von Pyramiden besteht aus Dreiecken.
- O Die Sechsecksäule hat sechs Ecken.

❸ Zeichne:

a) Quader mit a = 4 cm, b = 3 cm, h_K = 3,5 cm

b) Quadratische Pyramide mit a = 3 cm, h_K = 2,5 cm

❹ Zeichne bei der Pyramide und beim Kegel jeweils das „Pythagorasdreieck" farbig ein. Schreibe die Formel des Pythagoras auf, mit der du die **Körperhöhe h_K der Pyramide** und die **Seitenhöhe h_s des Kegels** berechnen kannst.

zu ❹

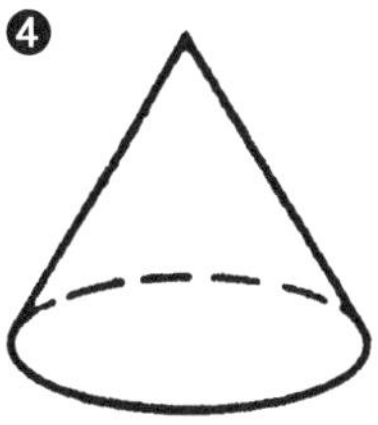

h_K^2 = ______________

= ______________

zu ❹

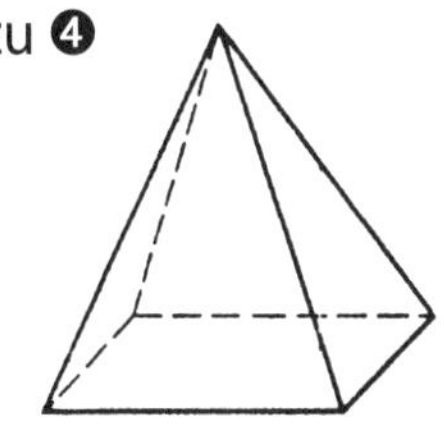

h_K^2 = ______________

= ______________

❺ Allgemeine Formeln

① Gerade Säulen: V = ______________; M = ______________; O = ______________

② Spitze Körper: V = ______________; M = ______________; O = ______________

❻ Ausführliche Formeln

Schreibe die Formeln auf. Lerne sie trotz deiner Formelsammlung **auswendig**.

① Dreiecksäule: V = ______________; M = ______________; h_K = ______________

② Würfel: V = ______________; M = ______________; h_K = ______________

③ Quadratsäule: V = ______________; M = ______________; h_K = ______________

④ Quader: V = ______________; M = ______________; h_K = ______________

⑤ Sechsecksäule: V = ______________; M = ______________; h_K = ______________

⑥ Zylinder: V = ______________; M = ______________; h_K = ______________

⑦ Quadratpyram.: V = ______________; M = ______________; h_K = ______________

⑧ Kegel: V = ______________; M = ______________; h_K = ______________

Körper (1)

❶ Flächenformen

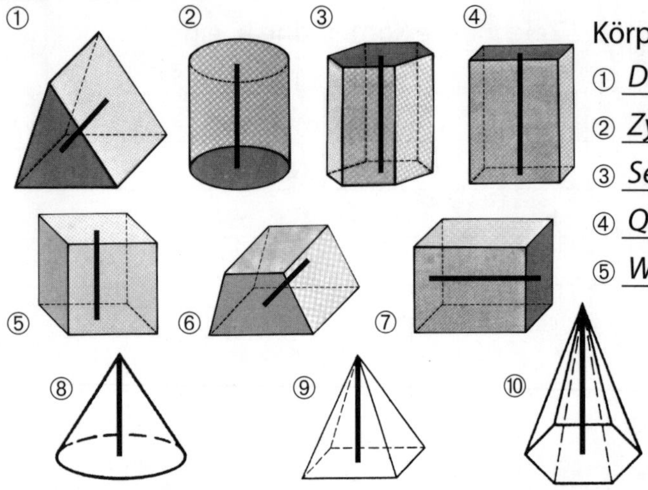

Körper? Zeichne die Körperhöhe h_K ein.

① *Dreiecksäule*	⑥ *Trapezsäule*
② *Zylinder (Rundsäule)*	⑦ *Quadratsäule*
③ *Sechsecksäule*	⑧ *Kegel*
④ *Quader (Rechtecksäule)*	⑨ *Quadratische Pyramide*
⑤ *Würfel*	⑩ *Sechseckpyramide*

❷ Kreuze die richtigen Antworten an.

- ⊗ Bei geraden Säulen sind Grund- und Deckfläche gleich groß.
- O Körper- und Seitenhöhe sind immer gleich lang.
- O Die Seitenhöhe verläuft genau in der Mitte des Körpers.
- ⊗ Der Kegel zählt zu den Spitzkörpern.
- ⊗ Der Zylinder hat nur zwei Kanten.
- ⊗ Die Quadratsäule besteht aus sechs Einzelflächen.
- ⊗ Der Mantel von Pyramiden besteht aus Dreiecken.
- O Die Sechsecksäule hat sechs Ecken.

zu ❸ a)

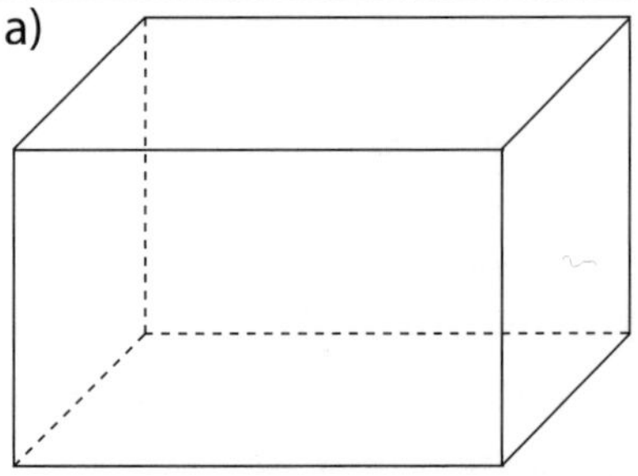

zu ❸ b)

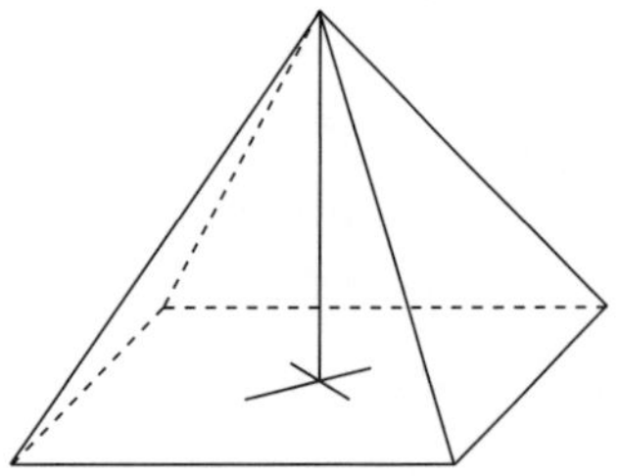

❸ Zeichne:

a) Quader mit a = 4 cm, b = 3 cm, h_K = 3,5 cm

b) Quadratische Pyramide mit a = 3 cm, h_K = 2,5 cm

❹ Zeichne bei der Pyramide und beim Kegel jeweils das „Pythagorasdreieck" farbig ein. Schreibe die Formel des Pythagoras auf, mit der du die **Körperhöhe h_K der Pyramide** und die **Seitenhöhe h_s des Kegels** berechnen kannst.

zu ❹

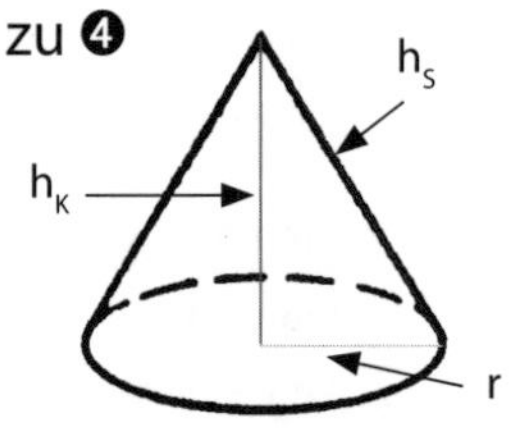

$a^2 = c^2 - b^2$

$h_K^2 = h_S^2 - r^2$

zu ❹

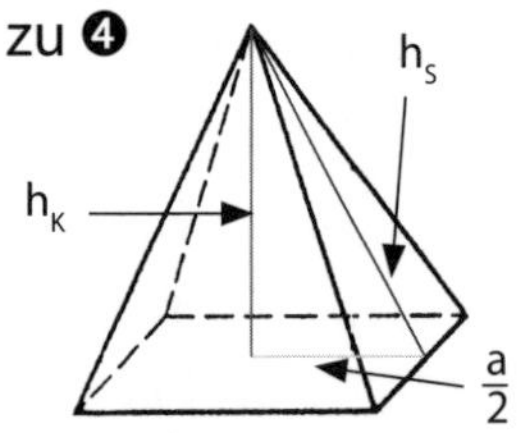

$c^2 = a^2 + b^2$

$h_S^2 = h_K^2 + (\frac{a}{2})^2$

❺ Allgemeine Formeln

① Gerade Säulen: V = *$A \cdot h_K$*; M = *$U \cdot h_K$*; O = *$2 \cdot A + M$*

② Spitze Körper: V = *$A \cdot h_K : 3$*; M = *$U \cdot h_S : 2$*; O = *$A + M$*

❻ Ausführliche Formeln

Schreibe die Formeln auf. Lerne sie trotz deiner Formelsammlung **auswendig**.

	V =	M =	h_K =
① Dreiecksäule:	*$g \cdot h : 2 \cdot h_K$*	*$(a + b + c) \cdot h_K$*	*$2 \cdot V : g : h$*
② Würfel:	*$a \cdot a \cdot a \quad (a^3)$*	*$4 \cdot a \cdot a$*	*$V : a : a$*
③ Quadratsäule:	*$a \cdot a \cdot h_K$*	*$4 \cdot a \cdot h_K$*	*$V : a : a$*
④ Quader:	*$a \cdot b \cdot h_K$*	*$(2 \cdot a + 2 \cdot b) \cdot h_K$*	*$V : a : b$*
⑤ Sechsecksäule:	*$g \cdot h : 2 \cdot 6 \cdot h_K$*	*$6 \cdot a \cdot h_K$*	*$2 \cdot V : g : h : 6$*
⑥ Zylinder:	*$r \cdot r \cdot \pi \cdot h_K$*	*$d \cdot \pi \cdot h_K$*	*$V : r : r : \pi$*
⑦ Quadratpyram.:	*$a \cdot a \cdot h_K : 3$*	*$4 \cdot a \cdot h_S : 2$*	*$3 \cdot V : a : a$*
⑧ Kegel:	*$r \cdot r \cdot \pi \cdot h_K : 3$*	*$d \cdot \pi \cdot h_S : 2$*	*$3 \cdot V : r : r : \pi$*

M	Name: ______________________________	Datum: ____________________

Körper (2)

❼ Körpermaße

Die Umrechnungszahl für die nächsthöhere bzw. nächstniedrigere Stufe ist 1000 (10^3).

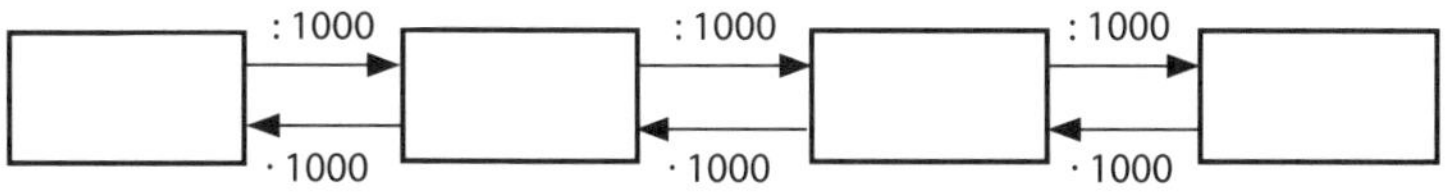

Merke: 1 Liter (l) = 1 ______

Rechne richtig in die angegebene Einheit um:

a) 2,2 m^3 = __________ cm^3 b) 0,05 dm^3 = __________ m^3 c) 1,5 mm^3 = __________ cm^3

d) 0,45 dm^3 = __________ m^3 e) 0,25 m^3 = __________ mm^3 f) 12,5 m^3 = __________ dm^3

Schreibe als Dezimalbruch oder schlüssele in die einzelnen Größen auf:

a) 5 m^3 1 cm^3 = __________ m^3 b) 5 dm^3 5 mm^3 = __________ dm^3 c) 3 m^3 12 cm^3 = __________ m^3

d) 0,05 dm^3 = __________ e) 2,5402 m^3 = __________ f) 6,000503 m^3 = __________

Übungsaufgaben

① Berechne jeweils das Volumen der unten abgebildeten Körper (Maße in cm^3).

a)

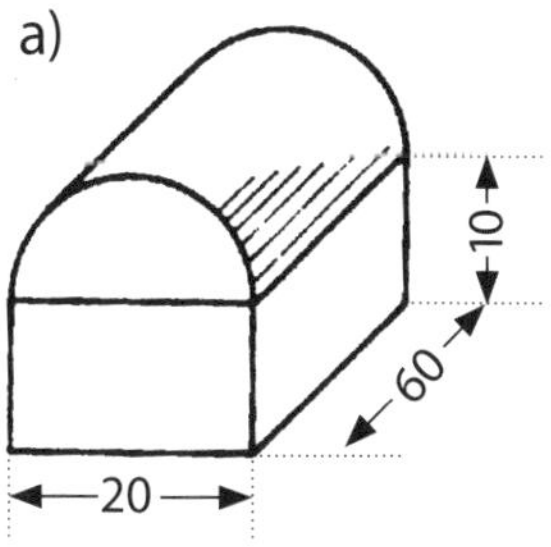

b)

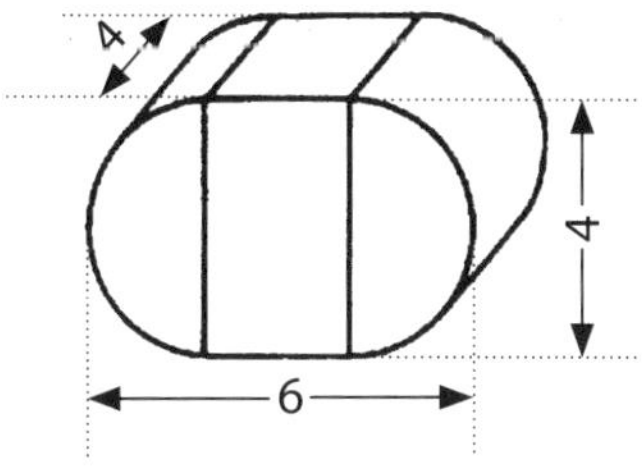

c)

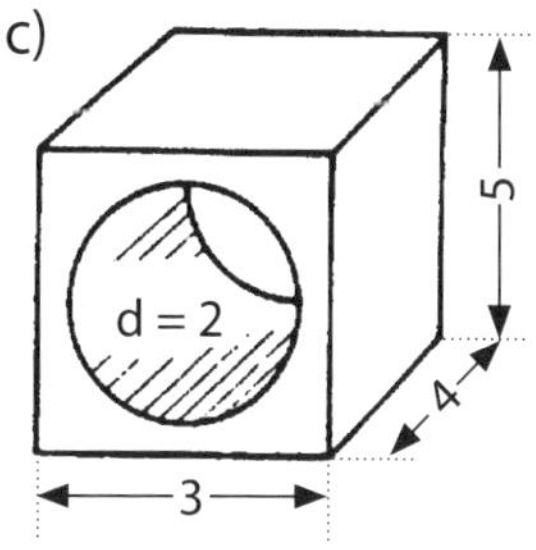

② Das Volumen der vier Körper beträgt jeweils 240 dm^3. Berechne die jeweiligen Körperhöhen.

a)

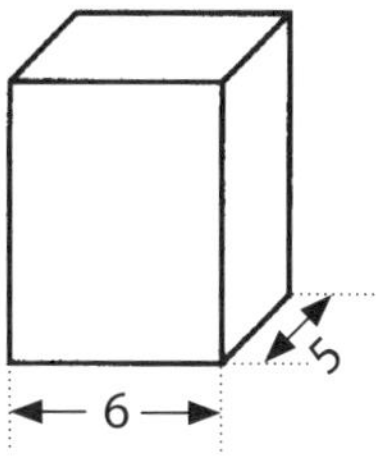

b)

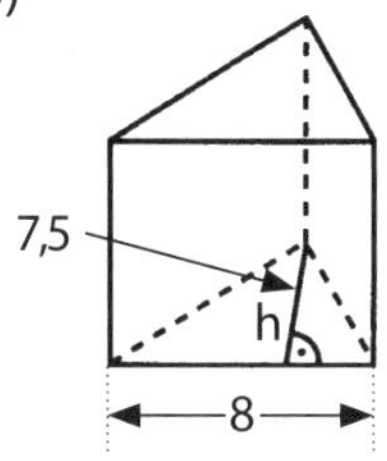

c)

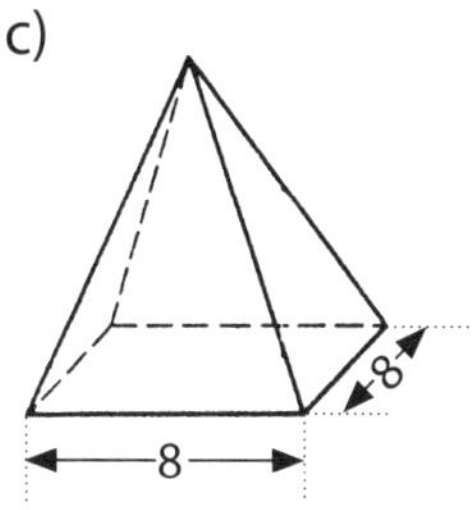

d)

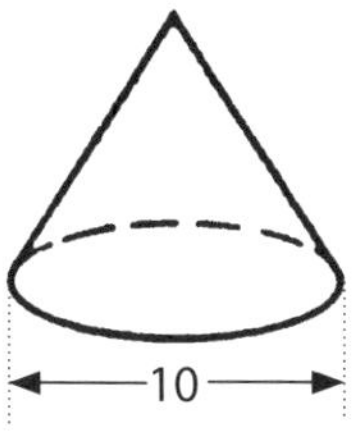

③

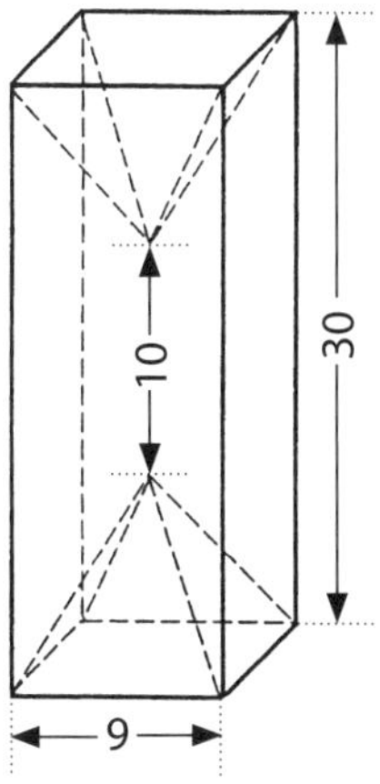

Berechne die Masse dieses eisernen Werkstücks, das aus einer Quadratsäule besteht, aus der an Ober- und Unterseite zwei gleich große quadratische Pyramiden herausgefräst worden sind. Die Dichte von Eisen beträgt 7,8 g/cm^3.

Körper (2)

❼ Körpermaße

Die Umrechnungszahl für die nächsthöhere bzw. nächstniedrigere Stufe ist 1000 (10^3).

mm^3 —(: 1000)→ cm^3 —(: 1000)→ dm^3 —(: 1000)→ m^3
mm^3 ←(· 1000)— cm^3 ←(· 1000)— dm^3 ←(· 1000)— m^3

Merke: 1 Liter (l) = 1 dm^3

Rechne richtig in die angegebene Einheit um:

a) 2,2 m³ = *2200000* cm³ b) 0,05 dm³ = *0,00005* m³ c) 1,5 mm³ = *0,0015* cm³

d) 0,45 dm³ = *0,00045* m³ e) 0,25 m³ = *250000000* mm³ f) 12,5 m³ = *12500* dm³

Schreibe als Dezimalbruch oder schlüssele in die einzelnen Größen auf:

a) 5 m³ 1 cm³ = *5,000001* m³ b) 5 dm³ 5 mm³ = *5,000005* dm³ c) 3 m³ 12 cm³ = *3,000012* m³

d) 0,05 dm³ = *50 cm³* e) 2,5402 m³ = *2 m³ 540 dm³ 200 cm³* f) 6,000503 m³ = *6 m³ 503 cm³*

Übungsaufgaben

① Berechne jeweils das Volumen der unten abgebildeten Körper (Maße in cm³).

a)

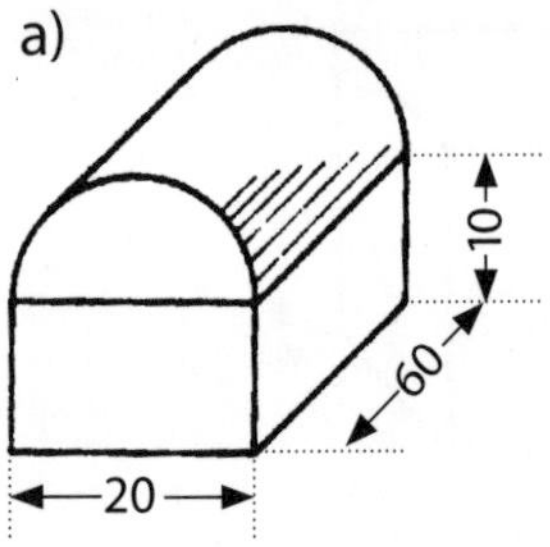

$V_{Quader} + V_{Halbzylinder} =$
$a \cdot b \cdot h_K + (r \cdot r \cdot \pi \cdot h_K) : 2 =$
$20 \cdot 60 \cdot 10 + (10 \cdot 10 \cdot 3{,}14 \cdot 10) : 2 =$
$12000 + 1570 = \underline{13570}\ [cm^3]$

b)

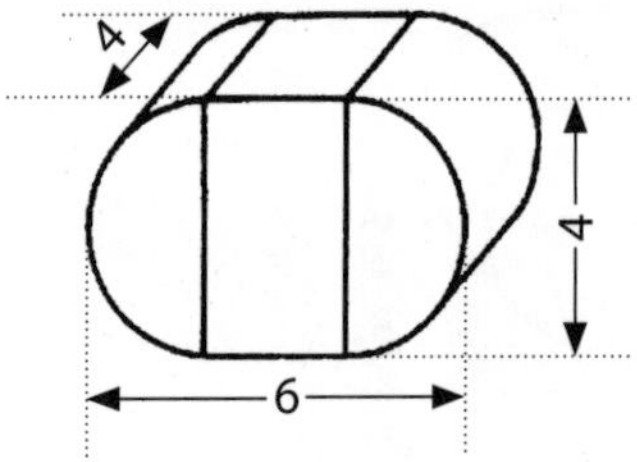

$V_{Quadratsäule} + V_{Zylinder} =$
$a \cdot a \cdot h_K + r \cdot r \cdot \pi \cdot h_K =$
$2 \cdot 4 \cdot 4 + 2 \cdot 2 \cdot 3{,}14 \cdot 4 =$
$32 + 50{,}24 = \underline{82{,}24}\ [cm^3]$

c)

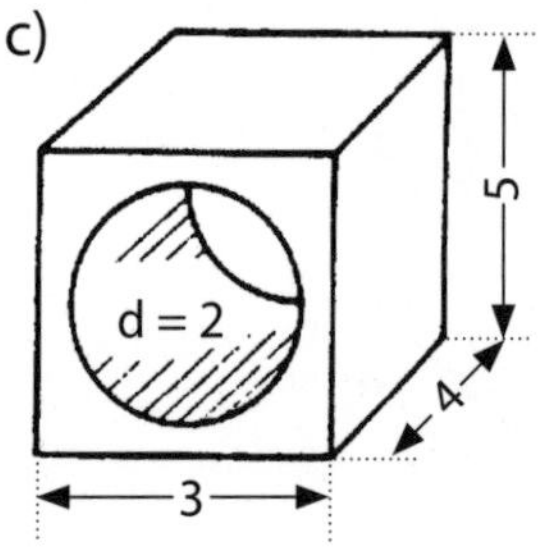

$V_{Quader} - V_{Zylinder} =$
$a \cdot b \cdot h_K - r \cdot r \cdot \pi \cdot h_K =$
$3 \cdot 4 \cdot 5 - 1 \cdot 1 \cdot 3{,}14 \cdot 4 =$
$60 - 12{,}56 = \underline{47{,}44}\ [cm^3]$

② Das Volumen der vier Körper beträgt jeweils 240 dm³. Berechne die jeweiligen Körperhöhen.

a)

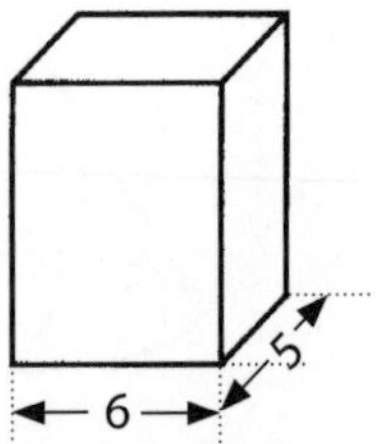

$h_K = V : a : b =$
$240 : 6 : 5 = \underline{8}\ [dm]$

b)

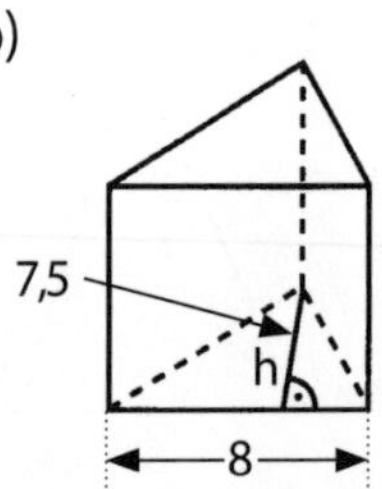

$h_K = 2 \cdot V : g : h =$
$2 \cdot 240 : 8 : 7{,}5 =$
$\underline{8}\ [dm]$

c)

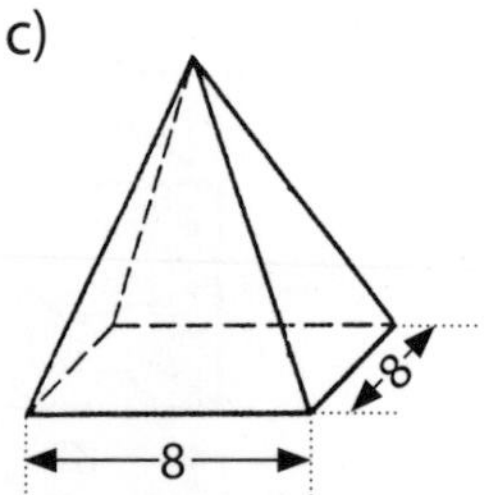

$h_K = 3 \cdot V : a : a =$
$3 \cdot 240 : 8 : 8 =$
$\underline{11{,}25}\ [dm]$

d)

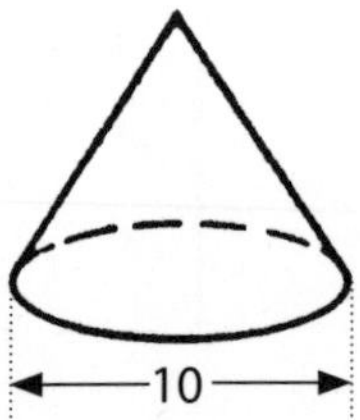

$h_K = 3 \cdot V : r : r : \pi =$
$3 \cdot 240 : 5 : 5 : 3{,}14 \approx$
$\underline{9{,}17}\ [dm]$

③

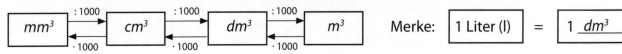

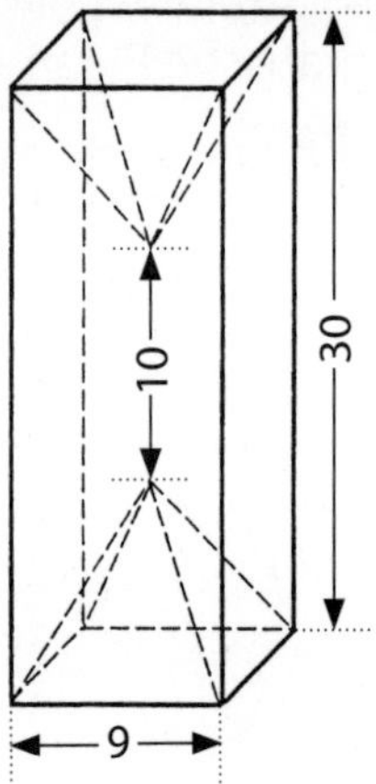

Berechne die Masse dieses eisernen Werkstücks, das aus einer Quadratsäule besteht, aus der an Ober- und Unterseite zwei gleich große quadratische Pyramiden herausgefräst worden sind. Die Dichte von Eisen beträgt 7,8 g/cm³.

$V_{Werkstück} = V_{Quadratsäule} - 2 \cdot V_{Pyramide} =$
$a \cdot a \cdot h_K - 2 \cdot a \cdot a \cdot h_K : 3 = 9 \cdot 9 \cdot 30 - 2 \cdot 9 \cdot 9 \cdot (30 - 10) : 2 : 3 = 2430 - 540 = \underline{1890}\ [cm^3]$

$m_{Werkstück} = V_{Werkstück} \cdot \rho_{Werkstück}$
$1890 \cdot 7{,}8 = \underline{14742}\ [g]$

M	Name: ______________________	Datum: ______________

Größen (1)

I. Grundgrößen und ihre Einheiten

Finde zu den Bildern die richtigen Größen und passende Maßzahlen bzw. Maßeinheiten.

❶ 
❷ 
❸ 
❹ 
❺ 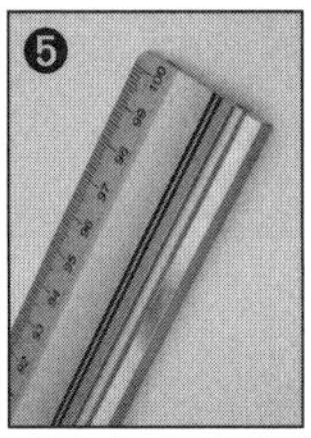
❻ 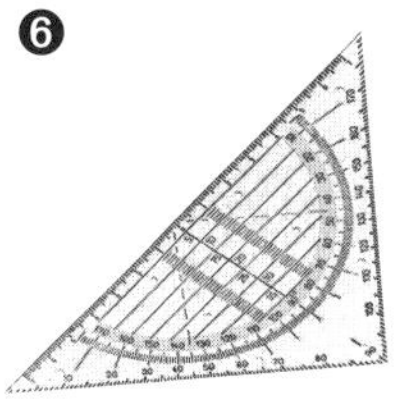
❼ 

❶ ____

❷ ____

❸ ____

❹ ____

❺ ____

❻ ____

❼ ____

II. Umrechnen von Grundgrößen

① Länge: Umrechnungszahl 10

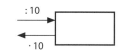

[ ] → : 10 / ← · 10 → [ ] → : 10 / ← · 10 → [ ] → : 10 / ← · 10 → [ ] → : 10 / ← · 10 → : 10 / ← · 10 → : 10 / ← · 10 → [ ]

② Fläche: Umrechnungszahl 100

[ ] → : 100 / ← · 100 → [ ] → : 100 / ← · 100 → [ ] → : 100 / ← · 100 → [ ] → : 100 / ← · 100 → [ ] → : 100 / ← · 100 → [ ] → : 100 / ← · 100 → [ ]

③ Volumen: Umrechnungszahl 1000

[ ] → : 1000 / ← · 1000 → [ ] → : 1000 / ← · 1000 → [ ] → : 1000 / ← · 1000 → [ ]

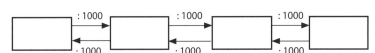

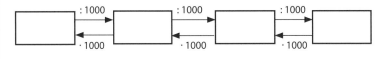

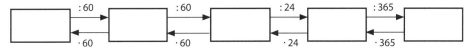

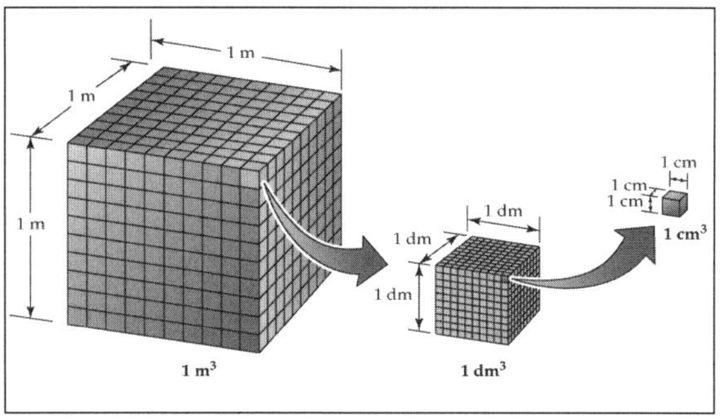

④ Masse: Umrechnungszahl 1000

[ ] → : 1000 / ← · 1000 → [ ] → : 1000 / ← · 1000 → [ ] → : 1000 / ← · 1000 → [ ]

⑤ Zeit: Umrechnungszahlen 60 / 24 / 365

[ ] → : 60 / ← · 60 → [ ] → : 60 / ← · 60 → [ ] → : 24 / ← · 24 → [ ] → : 365 / ← · 365 → [ ]

Beachte:
1 Hektoliter (hl) = 100 l
1 Liter (l) = 1 dm^3
1 Zentner (Ztr.) = 50 kg
1 Doppelzentner (dz) = 100 kg
1 Dutzend (Dtzd.) = 12 Stück

III. Umrechnungsaufgaben

a) 180 mm = _______ cm b) 0,05 km = _______ m c) 38 m = _______ km d) 12 dm = _______ m

e) 1,4 cm^2 = _______ mm^2 f) 15 ha = _______ m^2 g) 0,4 m^2 = _______ cm^2 h) 1 km^2 = _______ m^2

i) 2,1 dm^3 = _______ cm^3 j) 12 cm^3 = _______ m^3 k) 2,4 m^3 = _______ dm^3 l) 125 cm^3 = _______ m^3

m) 4,02 kg = _______ g n) 12050 kg = _______ t o) 1500 g = _______ t p) 4560 mg = _______ kg

M Lösung

Größen (1)

I. Grundgrößen und ihre Einheiten

Finde zu den Bildern die richtigen Größen und passende Maßzahlen bzw. Maßeinheiten.

❶ 
❷ 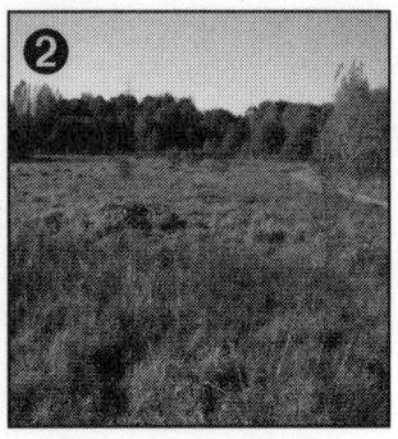
❸ 
❹ 
❺ 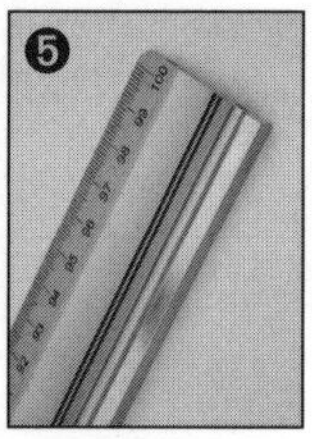
❻ 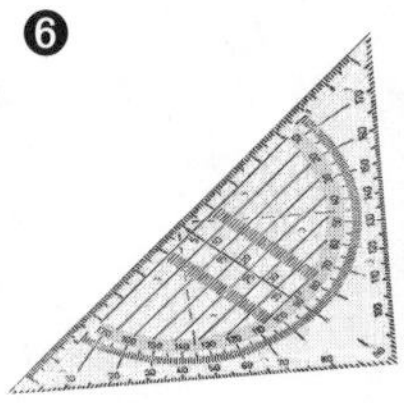
❼ 

❶ *Masse: Mikrogramm (µg) – Milligramm (mg) – Gramm (g) – Kilogramm (kg) – Tonne (t)*

❷ *Fläche: mm^2 – cm^2 – dm^2 – m^2 – Ar (a) – Hektar (ha) – Quadratkilometer (km^2)*

❸ *Zeit: Nanosek. (ns) – Mikrosek. (µs) – Millisek. (ms) – Sek. (s) – Minute (min) – Stunde (h) – Tag (d) – Monat – Jahr*

❹ *Volumen: Kubikmillimeter (mm^3) – cm^3 (Milliliter: ml) – dm^3 (Liter: l) – m^3 – km^3*

❺ *Länge: Pikometer (pm) – Nanometer (nm) – Mikrometer (µm) – Millimeter (mm) – cm – dm – m – km*

❻ *Winkel: Bogen-, Winkelsekunde (1" ➪ 1° = 3600") – Bogen-, Winkelminute (1' ➪ 1° = 60') – Grad (°)*

❼ *Geld: 1 ct – 2 ct – 5 ct – 10 ct – 20 ct – 50 ct – 1 € – 2 € – 5 € – 10 € – 20 € – 50 € – 100 € – 200 € – 500 €*

II. Umrechnen von Grundgrößen

① Länge: Umrechnungszahl 10

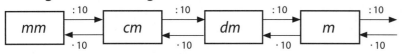

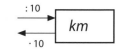

mm	→ : 10 / ← · 10	*cm*	→ : 10 / ← · 10	*dm*	→ : 10 / ← · 10	*m*	→ : 10 / ← · 10		→ : 10 / ← · 10		→ : 10 / ← · 10	*km*

② Fläche: Umrechnungszahl 100

mm^2	→ : 100 / ← · 100	*cm^2*	→ : 100 / ← · 100	*dm^2*	→ : 100 / ← · 100	*m^2*	→ : 100 / ← · 100	*a*	→ : 100 / ← · 100	*ha*	→ : 100 / ← · 100	*km^2*

③ Volumen: Umrechnungszahl 1000

mm^3	→ : 1000 / ← · 1000	*cm^3*	→ : 1000 / ← · 1000	*dm^3*	→ : 1000 / ← · 1000	*m^3*

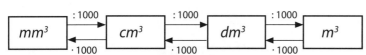

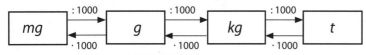

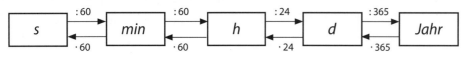

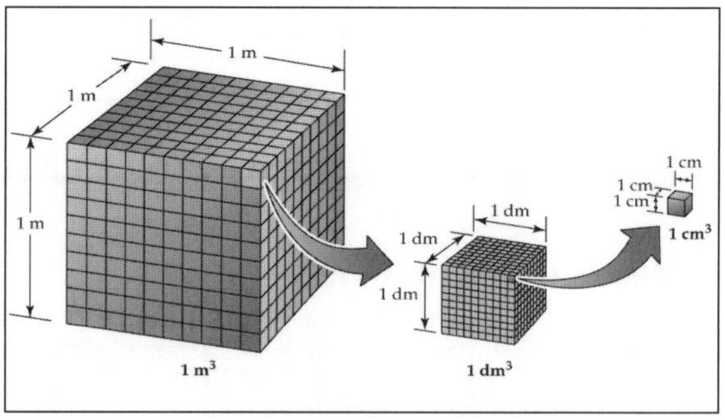

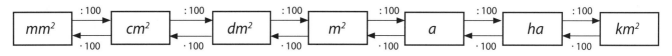

④ Masse: Umrechnungszahl 1000

mg	→ : 1000 / ← · 1000	*g*	→ : 1000 / ← · 1000	*kg*	→ : 1000 / ← · 1000	*t*

Beachte:
1 Hektoliter (hl) = 100 l
1 Liter (l) = 1 dm^3
1 Zentner (Ztr.) = 50 kg
1 Doppelzentner (dz) = 100 kg
1 Dutzend (Dtzd.) = 12 Stück

⑤ Zeit: Umrechnungszahlen 60/24/365

s	→ : 60 / ← · 60	*min*	→ : 60 / ← · 60	*h*	→ : 24 / ← · 24	*d*	→ : 365 / ← · 365	*Jahr*

III. Umrechnungsaufgaben

a) 180 mm = *18* cm b) 0,05 km = *50* m c) 38 m = *0,038* km d) 12 dm = *1,2* m

e) 1,4 cm^2 = *140* mm^2 f) 15 ha = *150 000* m^2 g) 0,4 m^2 = *4000* cm^2 h) 1 km^2 = *1 000 000* m^2

i) 2,1 dm^3 = *2100* cm^3 j) 12 cm^3 = *0,000012* m^3 k) 2,4 m^3 = *2400* dm^3 l) 125 cm^3 = *0,000125* m^3

m) 4,02 kg = *4020* g n) 12050 kg = *12,05* t o) 1500 g = *0, 0015* t p) 4560 mg = *0,00456* kg

M Name: ______________________ Datum: ______________________

Größen (2)

IV. Übungsaufgaben

① Wie alt bist du in 2920 Wochen, wenn du von deiner Geburt an rechnest?

② Ein Behälter fasst 5,5 Hektoliter (hl) Wasser. Jede Minute fließen durch eine Röhre 25 Liter. Wie lange dauert es, bis der Behälter leer ist?

③ Ein Euro wiegt acht Gramm. Welchen Wert haben 1-€-Münzen mit einem Gesamtgewicht von zehn Kilogramm?

④ Die Sporthalle der Schule ist 42 m lang und 20 m breit. Wie viel Platz steht jedem der 21 Schüler einer Klasse durchschnittlich zur Verfügung?

⑤ Berechne und gib das Ergebnis in der angegebenen Einheit an:

a) $(5\text{ m} + 0{,}050\text{ m}) \cdot 2 - (0{,}5\text{ dm} + 8{,}5\text{ dm}) \cdot 3 + 375\text{ mm} \cdot 2 + 0{,}05\text{ m} - 2 \cdot 2{,}5\text{ dm}$ = ____________ [m]

b) $15\text{ a} + 5\text{ ha} - 450\text{ m}^2 + 1050\text{ m}^2 + 6{,}5\text{ a} \cdot 12 + (420\text{ dm}^2 + 8000\text{ cm}^2) \cdot 4 - 5\text{ a}$ = ____________ [a]

c) $5 \cdot (3\text{ hl } 50\text{ l} + 200\text{ l}) + 850\text{ dm}^3 - 2{,}5\text{ hl} + 100\text{ l} + 2\text{ m}^3 + 4000\text{ cm}^3 - 2\text{ hl } 150\text{ l}$ = ____________ [l]

d) $5 \cdot (3000\text{ g} + 2{,}5\text{ kg} + 500000\text{ mg}) - 5\text{ kg} + (8500\text{ g} : 50 + 8 \cdot 5\text{ kg}) : 2 + 2{,}5\text{ t}$ = ____________ [kg]

V. Abgeleitete Größen und ihre Maßeinheiten

Aus wie vielen Grundgrößen setzen sich folgende abgeleiteten Größen zusammen? Finde auch ihre Maßeinheiten und die Formeln zur Berechnung heraus.

① 
② 
③ 
④ 
⑤ 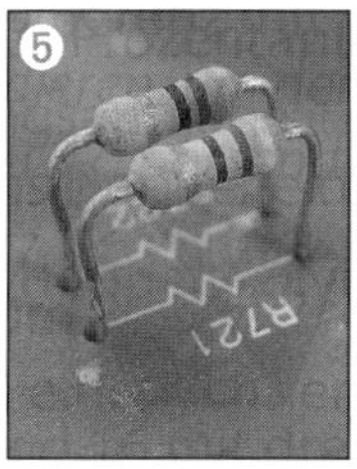
⑥ 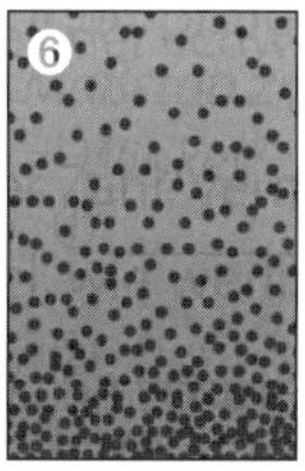
❼ 

❶ ____

❷ ____

❸ ____

❹ ____

❺ ____

❻ ____

❼ ____

VI. Übungsaufgaben

① Wie viel wiegt eine 8 m^2 große und 4 cm dicke Schaufensterscheibe (Dichte von Glas: 2,7 g/cm^3)?

② Eine quadratische Marmorpyramide ($a = 20$ cm; $\rho = 2{,}8\ \text{g/cm}^3$) wiegt 56 kg. Wie hoch ist sie?

Größen (2)

IV. Übungsaufgaben

① Wie alt bist du in 2920 Wochen, wenn du von deiner Geburt an rechnest?

$2920 \cdot 7 = 20440$ [d];
$20440 : 365 = \underline{56}$ [Jahre] (14 Schaltjahre nicht eingerechnet)

② Ein Behälter fasst 5,5 Hektoliter (hl) Wasser. Jede Minute fließen durch eine Röhre 25 Liter. Wie lange dauert es, bis der Behälter leer ist?

5,5 hl = 550 [l]; $550 : 25 = \underline{22}$ [min]

③ Ein Euro wiegt acht Gramm. Welchen Wert haben 1-€-Münzen mit einem Gesamtgewicht von zehn Kilogramm?

10 kg = 10000 [g]; $10000 : 8 = \underline{1250}$ [€]

④ Die Sporthalle der Schule ist 42 m lang und 20 m breit. Wie viel Platz steht jedem der 21 Schüler einer Klasse durchschnittlich zur Verfügung?

$42 \cdot 20 = 840$ [m^2]; $840 : 21 = \underline{40}$ [m^2]

⑤ Berechne und gib das Ergebnis in der angegebenen Einheit an:

a) (5 m + 0,050 m) · 2 – (0,5 dm + 8,5 dm) · 3 + 375 mm · 2 + 0,05 m – 2 · 2,5 dm = *7,7* [m]

b) 15 a + 5 ha – 450 m^2 + 1050 m^2 + 6,5 a · 12 + (420 dm^2 + 8000 cm^2) · 4 – 5 a = *594,2* [a]

c) 5 · (3 hl 50 l + 200 l) + 850 dm^3 – 2,5 hl + 100 l + 2 m^3 + 4000 cm^3 – 2 hl 150 l = *5104* [l]

d) 5 · (3000 g + 2,5 kg + 500000 mg) – 5 kg + (8500 g : 50 + 8 · 5 kg) : 2 + 2,5 t = *2545,085* [kg]

V. Abgeleitete Größen und ihre Maßeinheiten

Aus wie vielen Grundgrößen setzen sich folgende abgeleiteten Größen zusammen? Finde auch ihre Maßeinheiten und die Formeln zur Berechnung heraus.

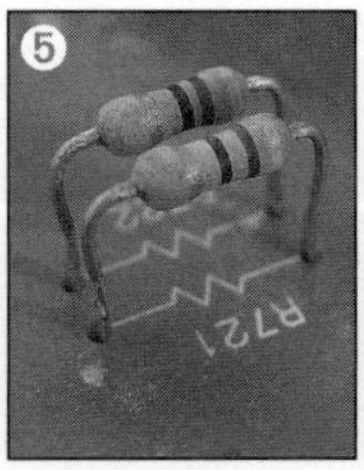

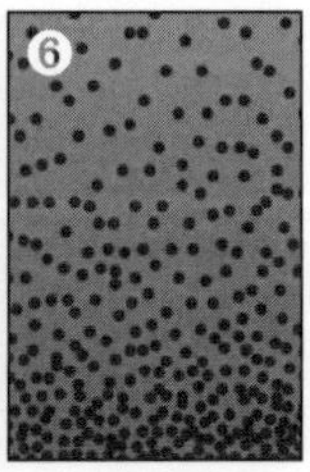

❶ *Druck: Bar oder Newton/Quadratmeter (N/m^2) oder Pascal (Pa); Druck p = Druckkraft F : Fläche A*

❷ *Geschwindigkeit: km/h oder m/s; Geschwindigkeit v = Weg s : Zeit t*

❸ *Arbeit: 1 Joule (J) = 1 N · 1 m = 1 kg · m^2 : s^2 ; Arbeit W = Kraft F · Weg s*

❹ *Lohn: €/h; Lohn = Geld : Zeit*

❺ *Widerstand: Ohm (Ω) = Volt (V) : Ampere (A); Widerstand R = Spannung U : Stromstärke I*

❻ *Dichte: mg/mm^3 – g/cm^3 – kg/dm^3 – t/m^3; spezifi sches Gewicht oder Dichte ρ = Masse m : Volumen V*

❼ *Preis: €/kg – €/g; Preis = Geld (Kosten) : Menge*

VI. Übungsaufgaben

① Wie viel wiegt eine 8 m^2 große und 4 cm dicke Schaufensterscheibe (Dichte von Glas: 2,7 g/cm^3)?

8 m^2 = 800 dm^2 = 80 000 cm^2;
Masse m = Volumen V · spezifi sches Gewicht ρ = 80000· 4 · 2,7 = 864 000 [g] = $\underline{864}$ [kg]

② Eine quadratische Marmorpyramide (a = 20 cm; ρ = 2,8 g/cm^3) wiegt 56 kg. Wie hoch ist sie?

$V = m : \rho = 56000 : 2{,}8 = 20000$ [cm^3];
$h_K = 3 \cdot V : A = 3 \cdot V : a : a = 3 \cdot 20000 : 20 : 20 = 150$ [cm] = $\underline{1{,}5}$ [m]

M	Name: ______________________	Datum: ______________

Funktionen (1)

I. Proportionale Zuordnungen

❶ Folgende Größen kann man nach dem Prinzip „je mehr/größer ... – desto mehr/größer ...“ oder „je weniger/kleiner ... – desto weniger/kleiner ...“ **direkt** zuordnen.
Du kannst dabei einzelne Begriffe mehrmals verwenden.

Preis – Länge – Masse (Gewicht) – Volumen – Geschwindigkeit – Einnahmen – Zinsen – Menge – Arbeitszeit – zurückgelegte Entfernung – Fläche – Zeit – Strecke – Fülldauer – Stückzahl – Grassamen – Lohn – Benzinverbrauch – Zuschauer – Kapital

____

____

❷ Alle einzelnen Wertepaare (Größenpaare) sind **direkt proportional**.
Die Lösung erfolgt über die **Quotientengleichheit**.
Beispiel: Ein Fahrer tankt 40 Liter Benzin für 60 €. Wie viel müsste er für 55 Liter Benzin bezahlen?

1. Lösung über die Gleichung: „40 l zu 55 l wie 60 € zu x €“.

$\frac{40}{55} = \frac{60}{x}$ oder $\frac{55}{40} = \frac{x}{60}$; x = ________ [€]

2. Lösung über den Dreisatz:

40 l = ________ €
1 l = ________ €
55 l = ________ €

3. Lösung über die Wertetabelle:

Liter	10	20	30	**40**	50	55	60	70	80	100
€										

4. Lösung über den Graphen

Man braucht nur **ein Größenpaar**, um den Graphen zeichnen zu können.
Der Graph ist eine **ansteigende Linie** meist mit dem Nullpunkt als Ausgangspunkt.
Zeichne den Graphen zum Rechenbeispiel von oben.

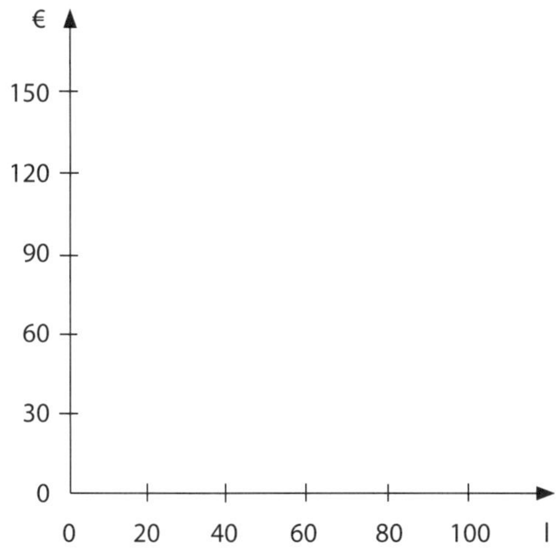

Übungsaufgaben

① Ein Elektroherd verbraucht in 1,5 Stunden 2250 Watt. Wie viel verbraucht er, wenn er nur 44 Minuten in Betrieb ist?

② Eine 12 m^2 große Werbefläche kostet 1020 €. Ein Firma braucht 16 m^2. Wie teuer kommt das?

③ Ein Eingangstor ist 2,3 m lang und 2,2 m hoch. Herr Framer will es streichen. Wie viele Farbe braucht er, wenn 1,5 Liter für eine Fläche von zwei Quadratmetern reichen?

④ Welche Angebote sind günstiger?

KAEDE		MANOR	
4 l Speiseöl	5,60 €	1,2 l Speiseöl	1,68 €
3 kg Waschmittel	2,28 €	10 kg Waschmittel	7,40 €
1,5 l Orangensaft	2,10 €	0,7 l Orangensaft	1,05 €
6 Eier	1,50 €	5 Eier	1,20 €

Funktionen (1)

I. Proportionale Zuordnungen

❶ Folgende Größen kann man nach dem Prinzip „je mehr/größer ... – desto mehr/größer ...“ oder „je weniger/kleiner ... – desto weniger/kleiner ...“ **direkt** zuordnen.
Du kannst dabei einzelne Begriffe mehrmals verwenden.

Preis – Länge – Masse (Gewicht) – Volumen – Geschwindigkeit – Einnahmen – Zinsen – Menge – Arbeitszeit – zurückgelegte Entfernung – Fläche – Zeit – Strecke – Fülldauer – Stückzahl – Grassamen – Lohn – Benzinverbrauch – Zuschauer – Kapital

Masse – Preis; Volumen – Fülldauer; Fläche – Grassamen; zurückgelegte Entfernung – Benzinverbrauch; Arbeitszeit – Lohn; Fläche – Preis; Zeit – Strecke; Kapital – Zinsen; Menge/Stückzahl – Preis; Einnahmen – Zuschauer

❷ Alle einzelnen Wertepaare (Größenpaare) sind **direkt proportional**.

Die Lösung erfolgt über die **Quotientengleichheit**.

Beispiel: Ein Fahrer tankt 40 Liter Benzin für 60 €. Wie viel müsste er für 55 Liter Benzin bezahlen?

1. Lösung über die Gleichung:
„40 l zu 55 l wie 60 € zu x €“.

$\frac{40}{55} = \frac{60}{x}$ oder $\frac{55}{40} = \frac{x}{60}$; x = *82,5* [€]

2. Lösung über den Dreisatz:

40 l = *60* €
1 l = *1,5* €
55 l = *82,5* €

3. Lösung über die Wertetabelle:

Liter	10	20	30	**40**	50	55	60	70	80	100
€	*15*	*30*	*45*	***60***	*75*	*82,5*	*90*	*105*	*120*	*150*

4. Lösung über den Graphen

Man braucht nur **ein Größenpaar**, um den Graphen zeichnen zu können.
Der Graph ist eine **ansteigende Linie** meist mit dem Nullpunkt als Ausgangspunkt.
Zeichne den Graphen zum Rechenbeispiel von oben.

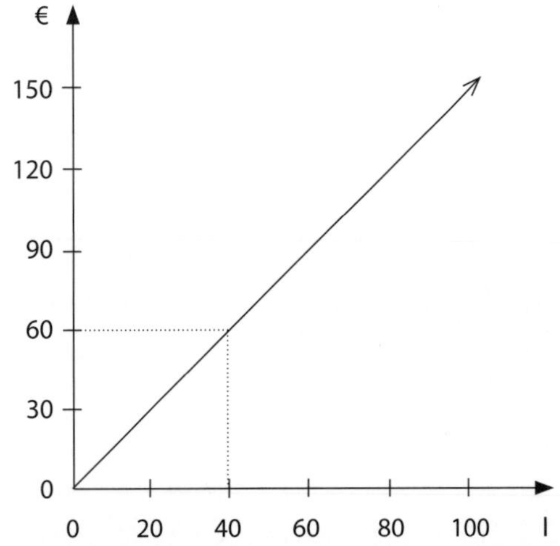

Übungsaufgaben

① Ein Elektroherd verbraucht in 1,5 Stunden 2250 Watt. Wie viel verbraucht er, wenn er nur 44 Minuten in Betrieb ist?

90 min = 2250 W
1 min = 2250 : 90 = 25 W
44 min = 25 · 44 = 1100 W;

$\frac{44}{90} = \frac{x}{2250}$; *x = 1100 [W]*

② Eine 12 m² große Werbefläche kostet 1020 €. Ein Firma braucht 16 m². Wie teuer kommt das?

12 m² = 1020 €
1 m² = 1020 : 12 = 85 €
16 m² = 85 · 16 = 1360 €;

$\frac{16}{12} = \frac{x}{1020}$; *x = 1360 [€]*

③ Ein Eingangstor ist 2,3 m lang und 2,2 m hoch. Herr Framer will es streichen. Wie viele Farbe braucht er, wenn 1,5 Liter für eine Fläche von zwei Quadratmetern reichen?

$A_{Eingangstor} = 2{,}3 \cdot 2{,}2 = 5{,}06$ [m²]

2 m² = 1,5 l
1 m² = 1,5 : 2 = 0,75 l
5,06 m² = 5,06 · 0,75 = 3,795 l

④ Welche Angebote sind günstiger?

KAEDE		MANOR		*Jeweils auf „1“ schließen:*
4 l Speiseöl	5,60 €	1,2 l Speiseöl	1,68 €	*1 l Öl: KAEDE 1,40 €; MANOR 1,40 €*
3 kg Waschmittel	2,28 €	10 kg Waschmittel	7,40 €	*1 kg Waschm.: KAEDE 0,76 €; MANOR 0,74 €*
1,5 l Orangensaft	2,10 €	0,7 l Orangensaft	1,05 €	*1 l Orangens.: KAEDE 1,4 €; MANOR 1,5 €*
6 Eier	1,50 €	5 Eier	1,20 €	*1 Ei: KAEDE 0,25 €; MANOR 0,24 €*

M Name: ______________________ Datum: ______________________

Funktionen (2)

II. Umgekehrt proportionale Zuordnungen

❶ Folgende Größen kann man nach dem Prinzip „je mehr/größer ... – desto weniger/kleiner ...“ oder „je weniger/kleiner ... – desto mehr/größer ...“ zuordnen.
Du kannst dabei einzelne Begriffe mehrmals verwenden.

Sparzeit – Doseninhalt – Geschwindigkeit – Anzahl der Arbeiter – Winkelgröße – monatliche Rate – Anzahl der Pumpen – Menge des Heus – Anzahl der Sektoren – Arbeitszeit/Stunde – Anzahl der Maschinen – Strecke – Anzahl der Dosen – Fahrtdauer – Fülldauer – Laufzeit/Maschine – Vorrat für Tiere – Arbeitszeit

____

____

❷ Alle einzelnen Wertepaare (Größenpaare) sind **umgekehrt proportional**.

Die Lösung erfolgt über die **Produktgleichheit**.

Beispiel: Der Benzinvorrat einer Tankstelle reicht bei einer täglichen Benzinabgabe von 1500 Liter 12 Tage. Im Sommer reicht der Vorrat nur 9 Tage. Wie viele Liter Benzin werden täglich verkauft?

1. Lösung über die Gleichung:

„12 Tage zu je 1500 l wie 9 Tage zu je x l.“ $12 \cdot 1500 = 9 \cdot x$; x = __________ [l]

2. Lösung über den Dreisatz:

12 d = __________ l

1 d = __________ l

9 d = __________ l

3. Lösung über die Wertetabelle:

Tage	5	10	12	15	20	30
Liter						

4. Lösung über den Graphen:

Man braucht **mehrere Größenpaare**, um den Graphen zeichnen zu können.
Der Graph ist eine **gebogene Linie**, die man **Hyperbel** nennt.
Zeichne den Graphen zum Rechenbeispiel von oben.

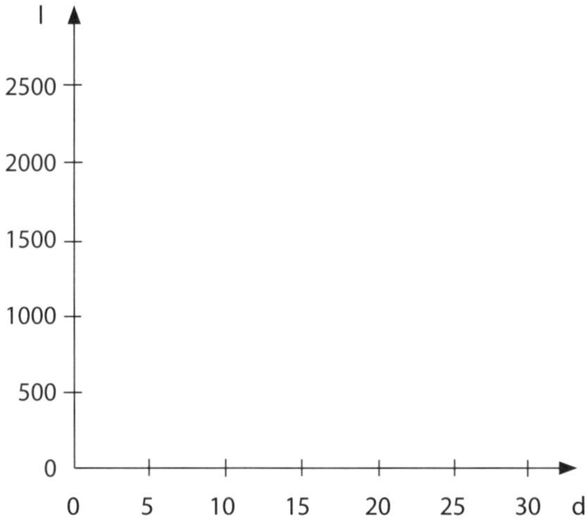

Übungsaufgaben

① Erfinde zu den beiden Graphen jeweils eine Aufgabe. Schreibe sie auf den Block. Überprüfe die Richtigkeit durch eine Rechnung.

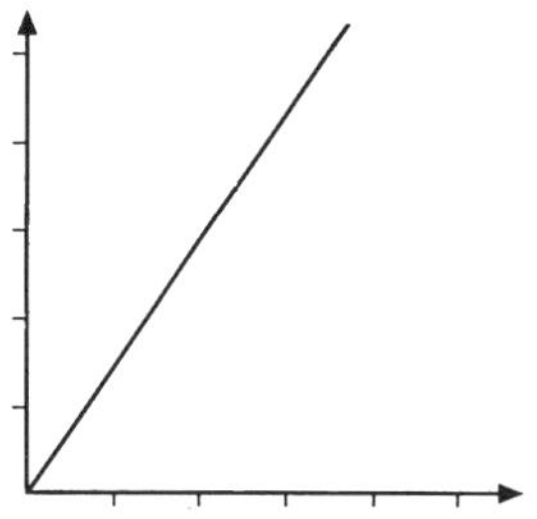

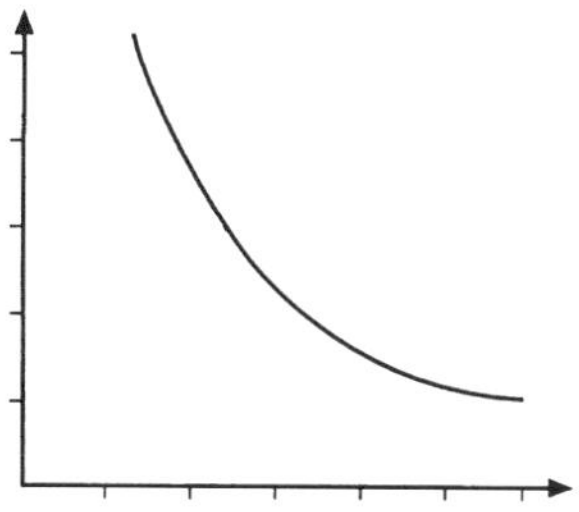

② Die Busfahrt in ein Schullandheim kostet pro Schüler 12,50 €, wenn alle 28 Schüler mitfahren. Wegen Krankheit nehmen aber nur 25 Schüler die Fahrt in Anspruch.

③ Für fünf Hamster reicht der Futtervorrat 20 Tage. Wie lange reicht das Futter, wenn drei Hamster dazukommen?

Funktionen (2)

II. Umgekehrt proportionale Zuordnungen

❶ Folgende Größen kann man nach dem Prinzip „je mehr/größer ... – desto weniger/kleiner ..." oder „je weniger/kleiner ... – desto mehr/größer ..." zuordnen.
Du kannst dabei einzelne Begriffe mehrmals verwenden.

Sparzeit – Doseninhalt – Geschwindigkeit – Anzahl der Arbeiter – Winkelgröße – monatliche Rate – Anzahl der Pumpen – Menge des Heus – Anzahl der Sektoren – Arbeitszeit/Stunde – Anzahl der Maschinen – Strecke – Anzahl der Dosen – Fahrtdauer – Fülldauer – Laufzeit/Maschine – Vorrat für Tiere – Arbeitszeit

Menge des Heus – Vorrat für Tiere; Doseninhalt – Anzahl Dosen; Anzahl der Pumpen – Fülldauer; Anzahl der Maschinen – Laufzeit/Maschine; Geschwindigkeit – Strecke; Winkelgröße – Anzahl der Sektoren; Sparzeit – mon. Rate

❷ Alle einzelnen Wertepaare (Größenpaare) sind **umgekehrt proportional**.

Die Lösung erfolgt über die **Produktgleichheit**.

Beispiel: Der Benzinvorrat einer Tankstelle reicht bei einer täglichen Benzinabgabe von 1500 Liter 12 Tage. Im Sommer reicht der Vorrat nur 9 Tage. Wie viele Liter Benzin werden täglich verkauft?

1. Lösung über die Gleichung:

„12 Tage zu je 1500 l wie 9 Tage zu je x l." $12 \cdot 1500 = 9 \cdot x$; x = *2000* [l]

2. Lösung über den Dreisatz:

12 d = *1500* l
1 d = *18000* l
9 d = *2000* l

3. Lösung über die Wertetabelle:

Tage	5	10	**12**	15	20	30
Liter	*3600*	*1800*	***1500***	*1200*	*900*	*600*

4. Lösung über den Graphen:

Man braucht **mehrere Größenpaare**, um den Graphen zeichnen zu können.
Der Graph ist eine **gebogene Linie**, die man **Hyperbel** nennt.
Zeichne den Graphen zum Rechenbeispiel von oben.

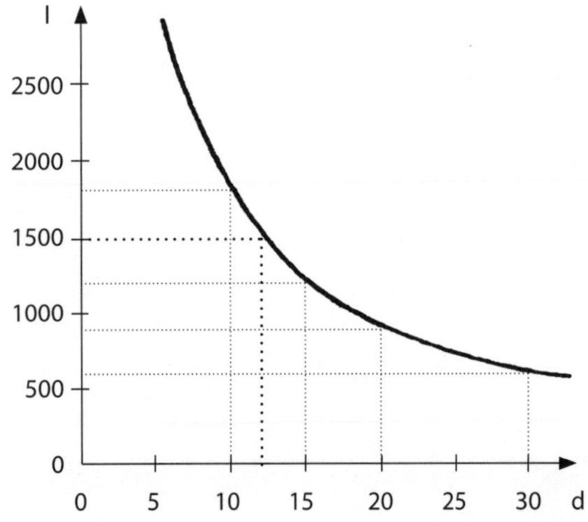

Übungsaufgaben

① Erfinde zu den beiden Graphen jeweils eine Aufgabe. Schreibe sie unten auf.

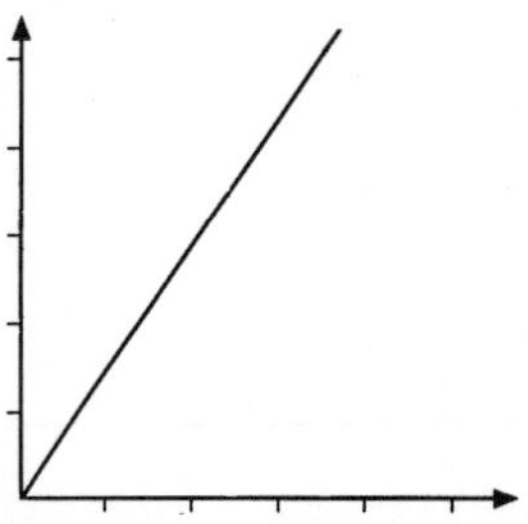

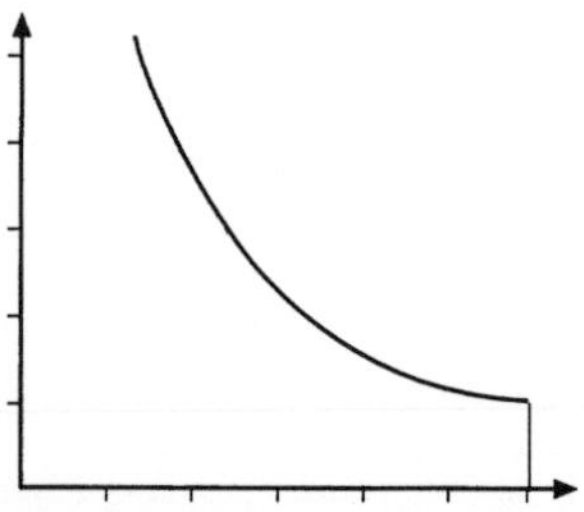

In 20 Güterwaggons können 450 t Eisenerz transportiert werden. Wie viele Tonnen Eisenerz können in 50 Güterwaggons befördert werden?

Ein Mähdrescher ist an 15 Tagen täglich 10 Stunden im Einsatz. Wenn er täglich 12 Stunden in Betrieb ist, wie viele Tage braucht er dann?

② Die Busfahrt in ein Schullandheim kostet pro Schüler 12,50 €, wenn alle 28 Schüler mitfahren. Wegen Krankheit nehmen aber nur 25 Schüler die Fahrt in Anspruch.

28 · 12,50 = 25 · x; x = 14 [€]

③ Für fünf Hamster reicht der Futtervorrat 20 Tage. Wie lange reicht das Futter, wenn drei Hamster dazukommen?

5 · 20 = 8 · x; x = 12,5 [d]

M	Name: ______________________	Datum: ______________

Beschreibende Statistik

① **Absolute Häufigkeit**
Anzahl eines Wertes
Beispiel: 5-mal die Note Drei in der Mathematikschulaufgabe ➪ _____

② **Relative Häufigkeit**
Anzahl eines Wertes : Gesamtzahl der Werte
Beispiel: 5-mal die Note Drei von 20 Schülern ➪ ____ : ____ = _______ = ______ [%]

③ **Strichliste**

Noten:	1	2	3	4	5	6		
Anzahl:	II	IIII	IIIIII	IIIIIIII	IIII	I		
	2	4	6	8	4	1	= ______	(Gesamtschülerzahl)
Prozent:	8 %	16 %	24 %	32 %	16 %	4 %		

④ **Rangliste**
Geordnete Auflistung von Werten der _____________ nach
Beispiel: Körpergröße
1,56 1,62 1,65 1,65 1,68 1,70 1,72 1,75 1,75 1,76 1,80 1,85 1,87

	A	B	C
1	**Zeugnisnote**		
2			
3	**Mathematik**		
4	1. Arbeit:		3
5	2. Arbeit:		2
6	3. Arbeit:		3
7	Mündliche Note:		1
8			
9	**Zeugnisnote:**		

⑤ **Durchschnittswert $\bar{x}$ (arithmetisches Mittel)**
$\bar{x}$ = Summe der Einzelwerte : Anzahl der Einzelwerte
1. Berechne den Durchschnittswert der Noten für das Zeugnis und trage das Ergebnis dort ein.
2. Berechne für Zypern die durchschnittliche jährliche Niederschlagsmenge und die Temperatur im Jahresmittel.
   Niederschlagsmenge: ________ mm
   Temperatur: _______ °C

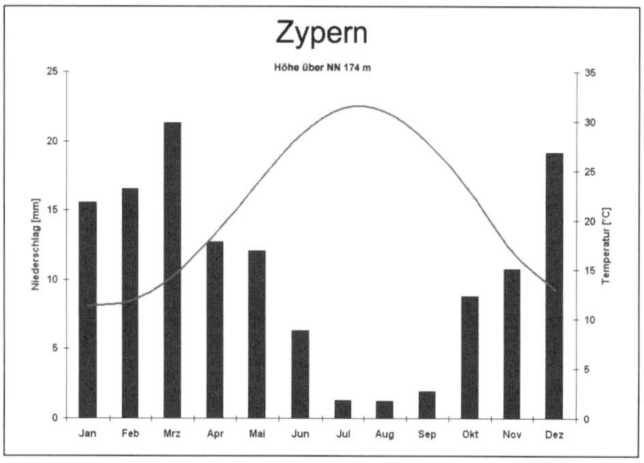

⑥ **Zentralwert z (Median)**
1. **Gerade** Anzahl von Werten: Zentralwert z ist der _____________ Wert der Rangliste. Umrande.
   Beispiel: 1 2 2 3 3 3 4 4 5
2. **Ungerade** Anzahl von Werten: Zentralwert z ist der _____________ der beiden mittleren Werte. Umrande.
   Beispiel: 1 2 3 3 3 3 4 4 4 5 5 6
3. Markiere rechts in der Grafik den Zentralwert.

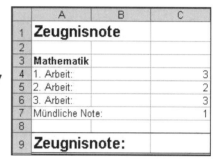

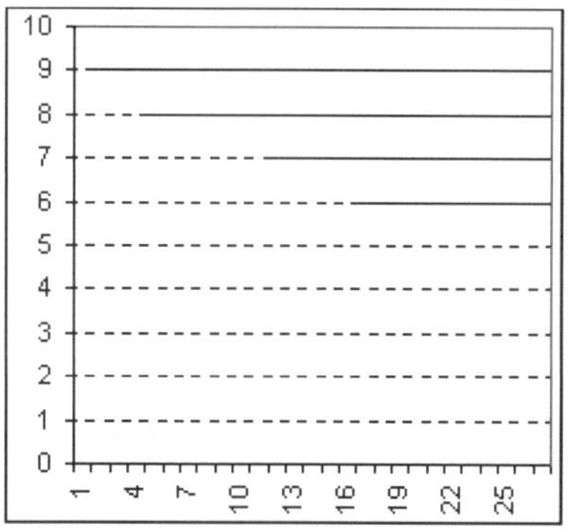

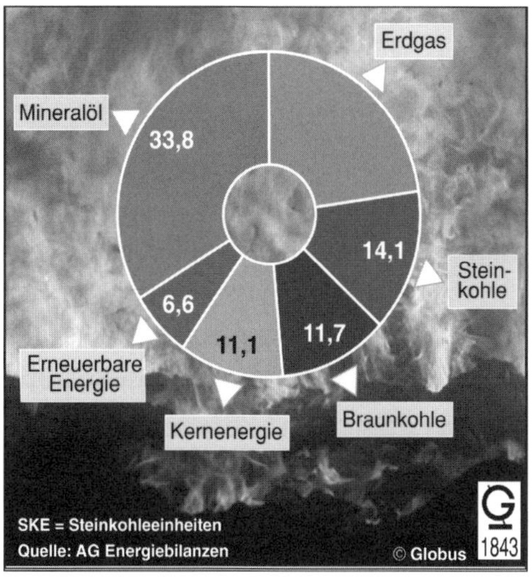

⑦ **Grafik Energiemix**
a) Wie hoch ist der prozentuale Anteil von Erdgas? Trage in die Grafik ein.
b) Stelle in einem Streifendiagramm den Einzelenergieverbrauch Deutschlands dar.

c) Berechne den Mineralölverbrauch in SKE, wenn der Gesamtverbrauch in Deutschland zurzeit 472 Mio. t SKE beträgt.

Beschreibende Statistik

① **Absolute Häufigkeit**
Anzahl eines Wertes
Beispiel: 5-mal die Note Drei in der Mathematikschulaufgabe ➪ *5*

② **Relative Häufigkeit**
Anzahl eines Wertes : Gesamtzahl der Werte
Beispiel: 5-mal die Note Drei von 20 Schülern ➪ *5* : *20* = *0,25* = *25* [%]

③ **Strichliste**

Noten:	1	2	3	4	5	6		
Anzahl:	II	IIII	IIIIII	IIIIIIII	IIII	I		
	2	4	6	8	4	1	= *25*	(Gesamtschülerzahl)
Prozent:	8 %	16 %	24 %	32 %	16 %	4 %		

④ **Rangliste**
Geordnete Auflistung von Werten der *Reihenfolge* nach
Beispiel: Körpergröße
1,56 1,62 1,65 1,65 1,68 1,70 1,72 1,75 1,75 1,76 1,80 1,85 1,87

	A	B	C
1	**Zeugnisnote**		
2			
3	**Mathematik**		
4	1. Arbeit:		3
5	2. Arbeit:		2
6	3. Arbeit:		3
7	Mündliche Note:		1
8			
9	**Zeugnisnote:**		*2,25*

⑤ **Durchschnittswert $\bar{x}$ (arithmetisches Mittel)**
$\bar{x}$ = Summe der Einzelwerte : Anzahl der Einzelwerte

1. Berechne den Durchschnittswert der Noten für das Zeugnis und trage das Ergebnis dort ein.
2. Berechne für Zypern die durchschnittliche jährliche Niederschlagsmenge und die Temperatur im Jahresmittel.

   Niederschlagsmenge: *ca. 127* mm

   Temperatur: *ca. 20,9* °C

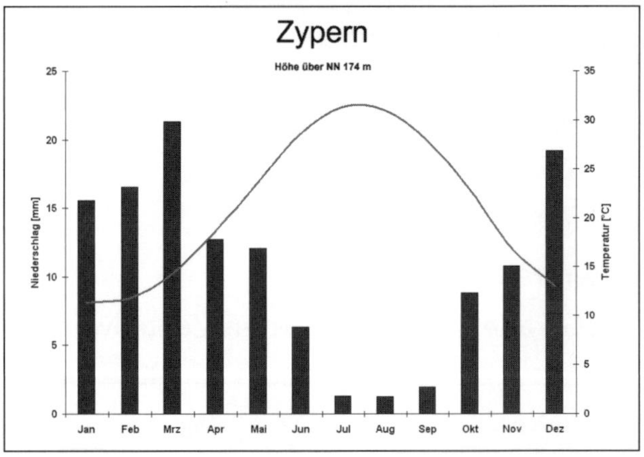

⑥ **Zentralwert z (Median)**

1. **Gerade** Anzahl von Werten: Zentralwert z ist der *mittlere* Wert der Rangliste. Umrande.
   Beispiel: 1 2 2 3 (3) 3 4 4 5
2. **Ungerade** Anzahl von Werten: Zentralwert z ist der *Mittelwert* der beiden mittleren Werte. Umrande.
   Beispiel: 1 2 3 3 3 (3 4) 4 4 5 5 6
3. Markiere rechts in der Grafik den Zentralwert.

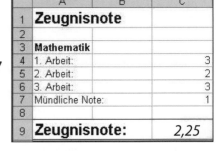

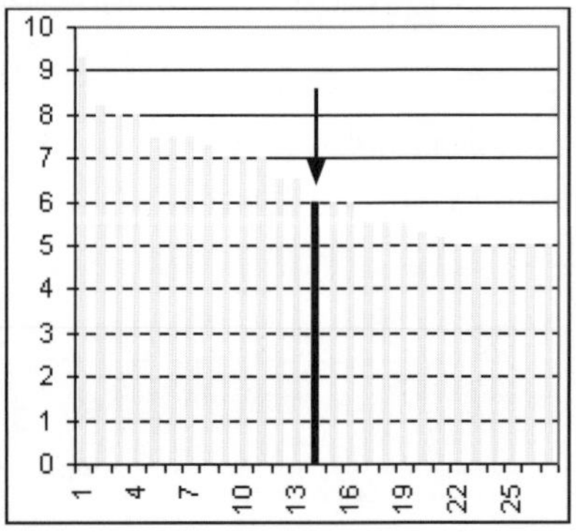

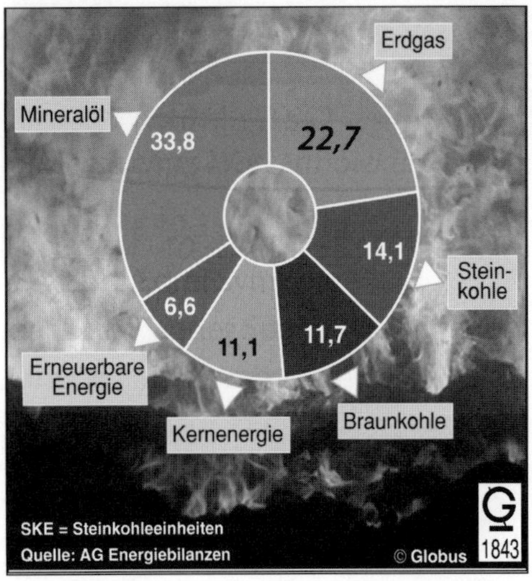

⑦ **Grafik Energiemix**

a) Wie hoch ist der prozentuale Anteil von Erdgas? Trage in die Grafik ein.

b) Stelle in einem Streifendiagramm den Einzelenergieverbrauch Deutschlands dar.

Mineralöl	*Erdgas*	*Steinkohle*	*Braunk.*	*Kernen.*	*Ern. En.*

c) Berechne den Mineralölverbrauch in SKE, wenn der Gesamtverbrauch in Deutschland zurzeit 472 Mio. t SKE beträgt.

PW = GW · p : 100 = 472 · 33,8 : 100 = 159,536 [Mio. t SKE]

M Name: ______________________ Datum: ______________

Teil A: 1. Test (1)

1. Berechne jeweils den Literpreis. 2

Apfelschorle 20 x 0,5 Ltr. ***8,80 €***	***Apfelschorle*** 9 x 1,0 Ltr. ***8,10 €***
Literpreis: ____________	Literpreis: ____________

2. Färbe 24 % der Gesamtfläche. 1

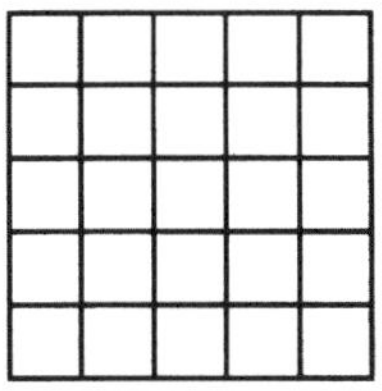

3. Setze die folgenden Zahlenreihen fort:

a) 14 13 11 8 4 −1 ________ 0,5

b) 1 9 25 49 ________ 1

4. Setze korrekt ein (< oder > oder =):

a) $1{,}2 \cdot 10^{-5}$ ☐ $0{,}0012$ 0,5

b) $4{,}2 \cdot 10^{7}$ ☐ $0{,}042 \cdot 10^{9}$ 0,5

5. Bei einem Spielwürfel beträgt die Summe der Punkte auf den gegenüberliegenden Flächen jeweils 7. Wo steht die „4", sofern das Netz einen Würfel ergibt? Trage gegebenenfalls ein. 2

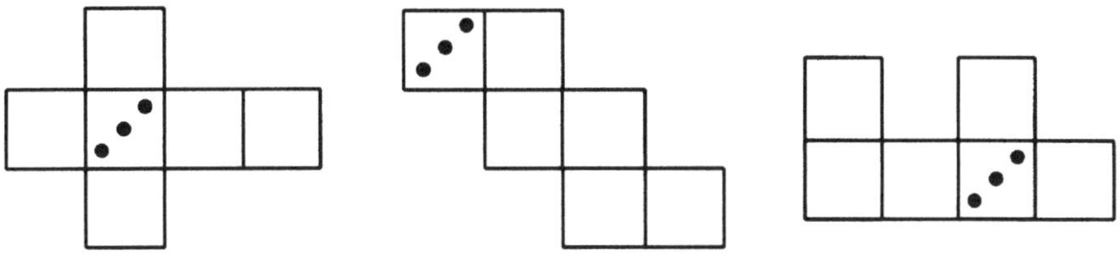

6. Fülle die Platzhalter so aus, dass die Gleichung stimmt. 1

$4 \cdot (\square \cdot x + \square) - 4 = -12 \cdot x + 20 - 4$

7. Ein Modegeschäft bietet 30 % Nachlass auf alle Kleidungsstücke. Sabrina kauft sich eine Hose, die ursprünglich 90 €, und einen Pullover, der ursprünglich 70 € gekostet hat. Wie viel muss sie insgesamt bezahlen? 1,5

Teil A: 1. Test (1)

1. Berechne jeweils den Literpreis. 2

Apfelschorle	***Apfelschorle***
20 x 0,5 Ltr.	9 x 1,0 Ltr.
8,80 €	***8,10 €***
Literpreis: *0,88 [€]*	Literpreis: *0,90 [€]*

Literpreis in €:
$20 \cdot 0{,}5 = 10$ (Liter)
$8{,}80 : 10 = \underline{0{,}88}$ [€];

$9 \cdot 1 = 9$ (Liter)
$8{,}10 : 9 = \underline{0{,}90}$ [€]

2. Färbe 24 % der Gesamtfläche. 1

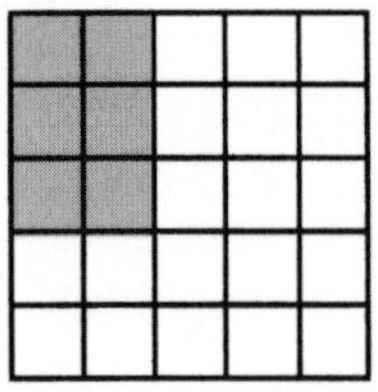

3. Setze die folgenden Zahlenreihen fort:

a) 14 13 11 8 4 –1 *–7* 0,5

b) 1 9 25 49 *81* 1

4. Setze korrekt ein (< oder > oder =):

a) $1{,}2 \cdot 10^{-5}$ [<] 0,0012 0,5

b) $4{,}2 \cdot 10^{7}$ [=] $0{,}042 \cdot 10^{9}$ 0,5

5. Bei einem Spielwürfel beträgt die Summe der Punkte auf den gegenüberliegenden Flächen jeweils 7. Wo steht die „4“, sofern das Netz einen Würfel ergibt? Trage gegebenenfalls ein. 2

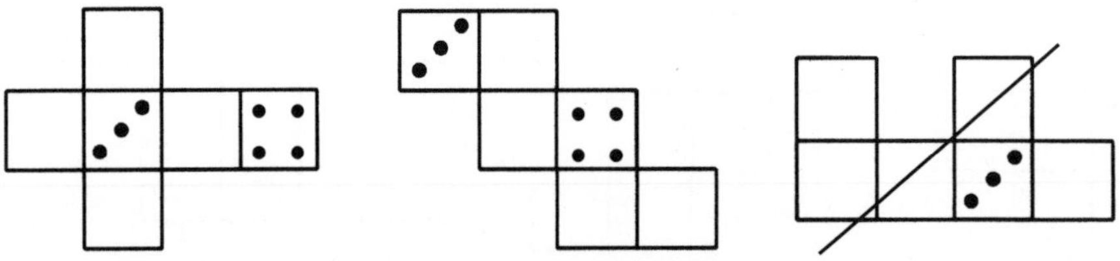

6. Fülle die Platzhalter so aus, dass die Gleichung stimmt. 1

$4 \cdot (\boxed{-3} \cdot x + \boxed{5}) - 4 = -12 \cdot x + 20 - 4$

7. Ein Modegeschäft bietet 30 % Nachlass auf alle Kleidungsstücke. Sabrina kauft sich eine Hose, die ursprünglich 90 €, und einen Pullover, der ursprünglich 70 € gekostet hat. Wie viel muss sie insgesamt bezahlen? 1,5

30 % von 90 = 27 [€];
30 % von 70 = 21 [€];

27 + 21 = 48 [€];
160 – 48 = $\underline{112}$ [€]

Sie muss insgesamt 112 Euro bezahlen.

M	Name: ______________________	Datum: ______________	

Teil A: 1. Test (2)

8. Eine Schülerin hat in den Mathematikproben folgende Noten erzielt: 1

4	2	3	1	2	?

Nach der 6. Probe beträgt ihr Notenschnitt genau 2,5. Welche Note hat sie in der 6. Probe erzielt?

9. Vervollständige den Körper zu einem Würfel. Welche Ergänzung passt: A, B, C oder D? 1

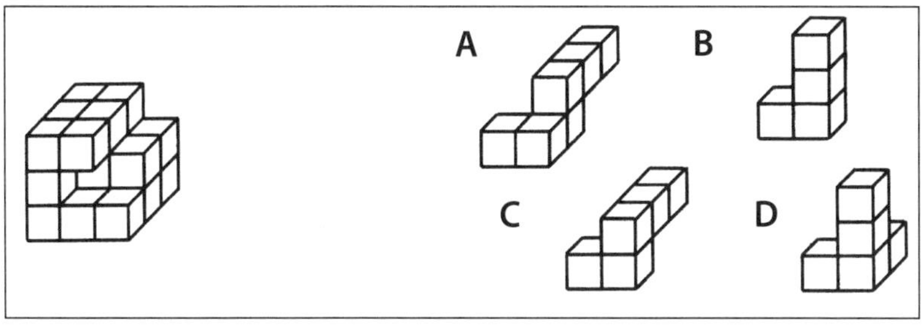

Antwort: ☐

10. Ein Tourist steht neben einer Buddha-Statue. Schätze die Höhe der Statue einschließlich des Sockels und begründe. 1

11. Die Grafik unten informiert über den Preisverfall bei Notebooks und zeigt, wie viele Notebooks in Deutschland verkauft wurden. Um wie viel Prozent hat der Preis für ein Notebook in den Jahren von 2003 bis 2006 abgenommen? Runde zum Rechnen die Zahlen auf Hunderter. 2

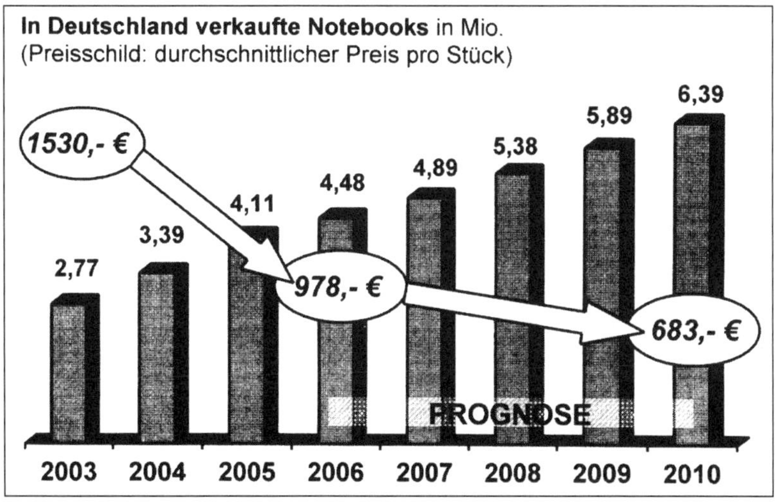

nach Focus 44/2006

12. Aus wie vielen Würfeln besteht diese vollständige Stufenpyramide? 1

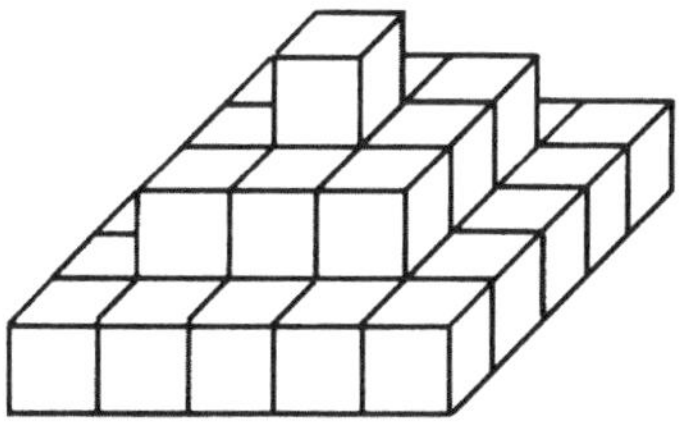

☐ Würfel

16

Teil A: 1. Test (2)

8. Eine Schülerin hat in den Mathematikproben folgende Noten erzielt: 1

4	2	3	1	2	?

Nach der 6. Probe beträgt ihr Notenschnitt genau 2,5. Welche Note hat sie in der 6. Probe erzielt?

❶ *$4 + 2 + 3 + 1 + 2 = 12$*
2,5 ➪ $6 \cdot 2{,}5 = 15$ ➪ $15 - 12 = \underline{3}$ (Note)

❷ *$(4 + 2 + 3 + 1 + 2 + x) : 6 = 2{,}5$*
$\underline{x = 3}$

9. Vervollständige den Körper zu einem Würfel. Welche Ergänzung passt: A, B, C oder D? 1

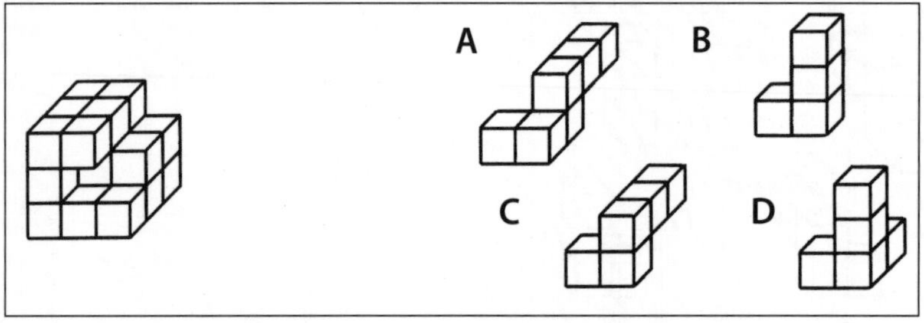

Antwort: *C*

10. Ein Tourist steht neben einer Buddha-Statue. Schätze die Höhe der Statue einschließlich des Sockels und begründe. 1

Körpergröße Tourist: ca. 1,80 m
Höhe Statue mit Sockel: 5 · Körpergröße = $\underline{9}$ [m];

Toleranz: ± 1,5 m (7,5 m bis 10,5 m)

11. Die Grafik unten informiert über den Preisverfall bei Notebooks und zeigt, wie viele Notebooks in Deutschland verkauft wurden. Um wie viel Prozent hat der Preis für ein Notebook in den Jahren von 2003 bis 2006 abgenommen? Runde zum Rechnen die Zahlen auf Hunderter. 2

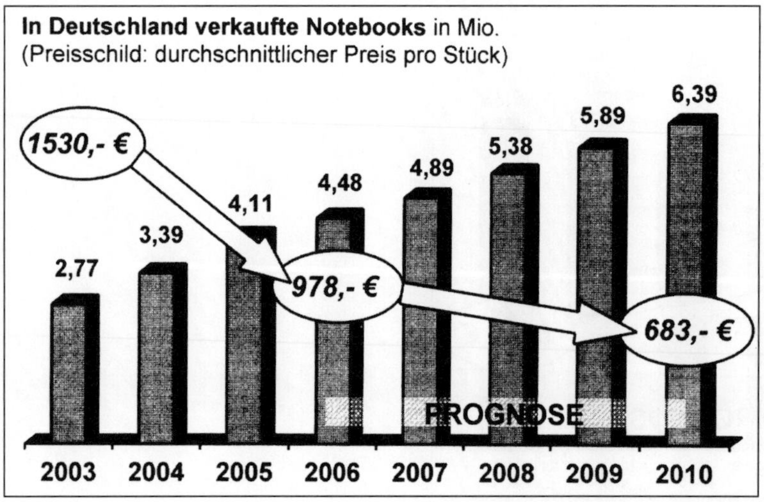

nach Focus 44/2006

Auf Hunderter runden:
$1530 \approx 1500$
$978 \approx 1000$

$1500 - 1000 = 500$

$$p = \frac{PW \cdot 100}{GW}$$

$$= \frac{500 \cdot 100}{1500}$$

$\approx \underline{33}$ [%] (Minderung)

12. Aus wie vielen Würfeln besteht diese vollständige Stufenpyramide? 1

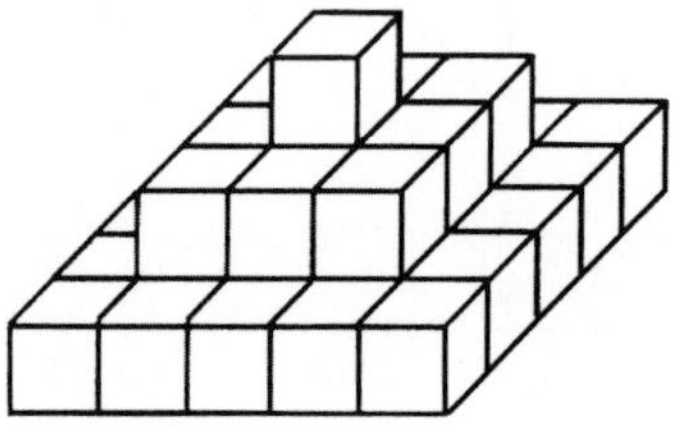

35 Würfel

16

M	Name: ______________________	Datum: ______________	

Teil A: 2. Test (1)

1. Schreibe als Dezimalbruch.
   a) $0{,}005 \cdot 10^{6}$ b) $12 \cdot 10^{-5}$ 1

2. Schreibe als Zehnerpotenz in Standardschreibweise.
   a) 0,0003707 b) 4 806 000 000 1

3. Schreibe folgende Raummaße als Dezimalbruch in der Einheit Kubikmeter.
   a) 3 m^3 12 dm^3 5 cm^3 b) 50 dm^3 14 cm^3 2 mm^3 1

4. Flächenberechnung:
   a) Um welche Figur handelt es sich? 0,5

   b) Berechne die Fläche dieser Figur. 1,5

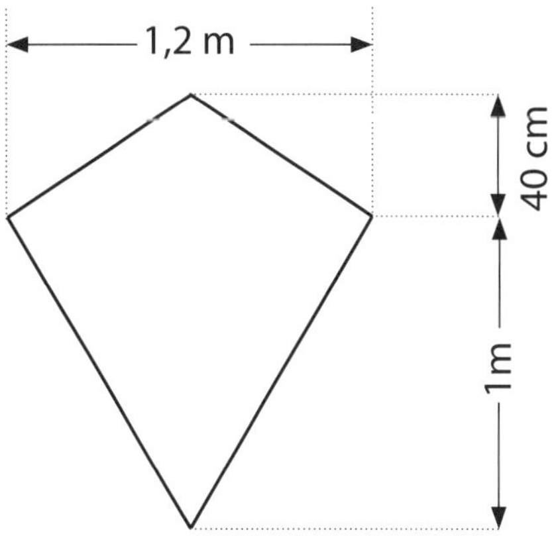

5. Welche besonderen Dreiecke entstehen? Beantworte ohne zu zeichnen. 1,5

   a) a = 4 cm; $\beta = 45°$; $\gamma = 90°$ ______________________

   b) a = 5 cm; $\alpha = 60°$; $\beta = 60°$ ______________________

   c) c = 8 cm; $\alpha = 45°$; $\beta = 45°$ ______________________

6. Welcher der Körper hat folgende Merkmale? 1
   Er hat Kanten, kann rollen und hat keine Spitze. Wie heißt er? Umrande ihn.

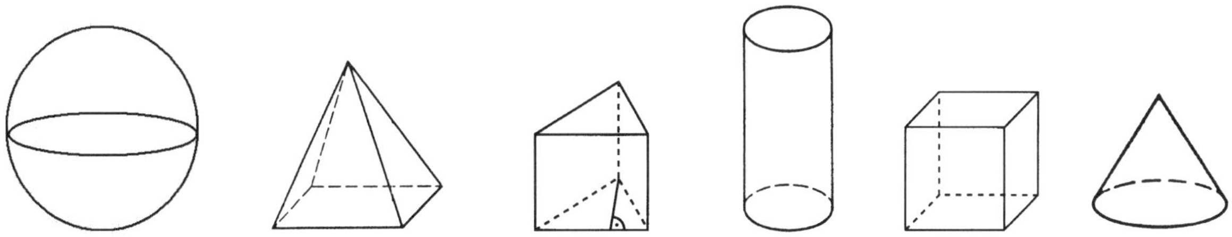

7. Wie lauten die markierten Zahlen? 1,5

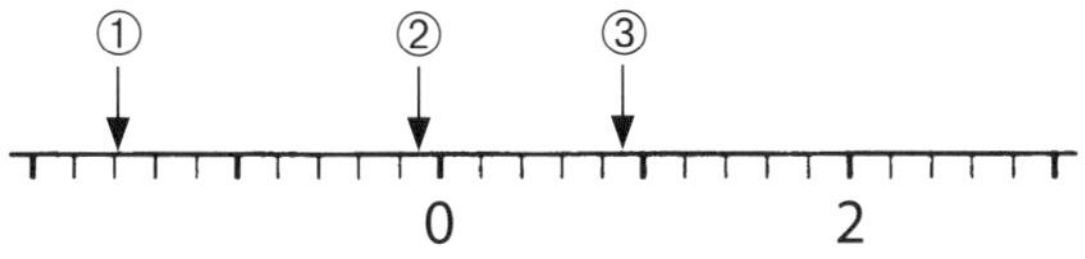

① ________

② ________

③ ________

M Lösung

Teil A: 2. Test (1)

1. Schreibe als Dezimalbruch.

a) $0{,}005 \cdot 10^6$ b) $12 \cdot 10^{-5}$ 1

$5 \cdot 10^3 = \underline{5000}$ *$1{,}2 \cdot 10^{-4} = \underline{0{,}00012}$*

2. Schreibe als Zehnerpotenz in Standardschreibweise.

a) 0,0003707 b) 4806000000 1

$3{,}707 \cdot 10^{-4}$ *$4{,}806 \cdot 10^9$*

3. Schreibe folgende Raummaße als Dezimalbruch in der Einheit Kubikmeter.

a) 3 m^3 12 dm^3 5 cm^3 b) 50 dm^3 14 cm^3 2 mm^3 1

3,012005 [m^3] *0,050014002 [m^3]*

4. Flächenberechnung:

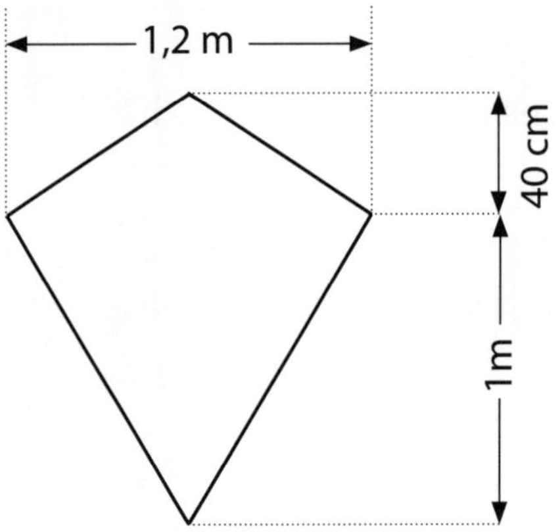

a) Um welche Figur handelt es sich? 0,5

regelmäßiger (gerader) Drachen

b) Berechne die Fläche dieser Figur. 1,5

$A_{Drachen} = A_{Dreieck} \cdot 2 =$
$g \cdot h : 2 \cdot 2 = 1{,}4 \cdot 0{,}6 : 2 \cdot 2 =$
$\underline{0{,}84}$ [m^2]

5. Welche besonderen Dreiecke entstehen? Beantworte ohne zu zeichnen. 1,5

a) a = 4 cm; β = 45°; γ = 90° *rechtwinkliges Dreieck*

b) a = 5 cm; α = 60°; β = 60° *gleichseitiges Dreieck*

c) c = 8 cm; α = 45°; β = 45° *gleichschenklig-rechtwinkliges Dreieck*

6. Welcher der Körper hat folgende Merkmale? 1

Er hat Kanten, kann rollen und hat keine Spitze. Wie heißt er? Umrande ihn.

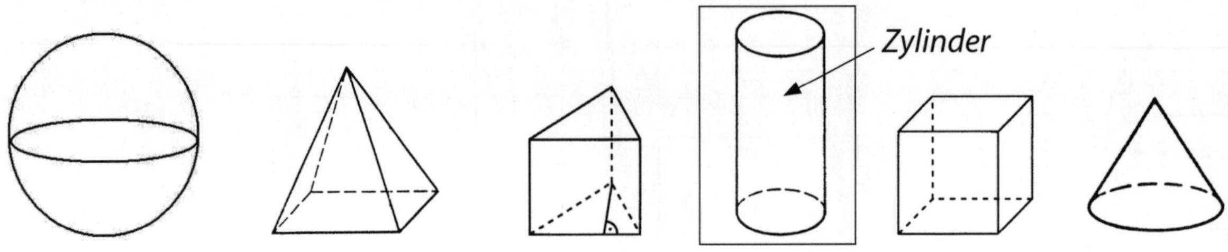

7. Wie lauten die markierten Zahlen? 1,5

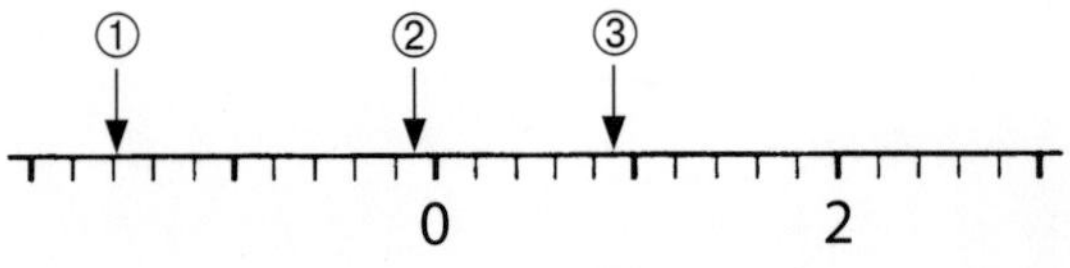

① *−1,6*
② *−0,1*
③ *0,9*

M	Name: ______________________	Datum: ______________	

Teil A: 2. Test (2)

8. Fotogeschäft Paul bietet eine Kamera mit 17 % Ermäßigung um 249,-- € an. 2

   a) Wie hoch lag der ursprüngliche Preis?

   b) Fotogeschäft Sonntag erlässt vom Ursprungspreis die Mehrwertsteuer. Wie teuer kommt diese Kamera?

9. Umkreise die beiden Fehlerstellen. 1

$$4\,(4x - 7) - 2\,(10 - 2x) = 6x - 3\,(2x - 4) + 2$$
$$16\,x - 28 - 20 + 4x = 6x - 6x - 12 + 2$$
$$20x - 48 = x - 10$$
$$19\,x = 38$$
$$x = \underline{2}$$

10. Übersetze den Text in eine Gleichung. Rechne nicht! 1
    Eine Klasse sammelt für ein Geschenk Geld ein. Gibt jeder Schüler 3 €, so bleiben 50 ct übrig, gibt jeder aber nur 2,50 €, so fehlen 8 €. Aus wie vielen Schülern besteht die Klasse?

11. Wie berechnest du die fehlende Dreieckseite? Schreibe nur den Rechenansatz auf, rechne aber nicht. 1

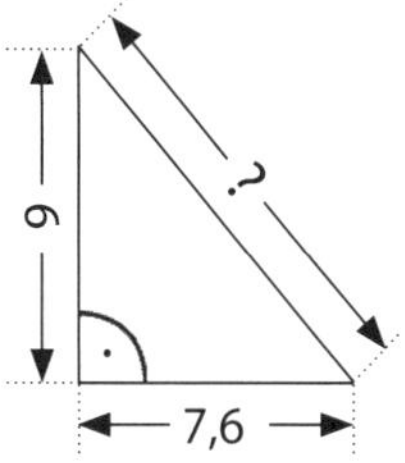

12. Die Grafik unten zeigt Deutschlands Exportpalette (Zahlen in Milliarden €). 2
    a) Wie viel macht das Gesamtexportvolumen aus? Runde die einzelnen Bereiche auf ganze Zehnmilliarden €.

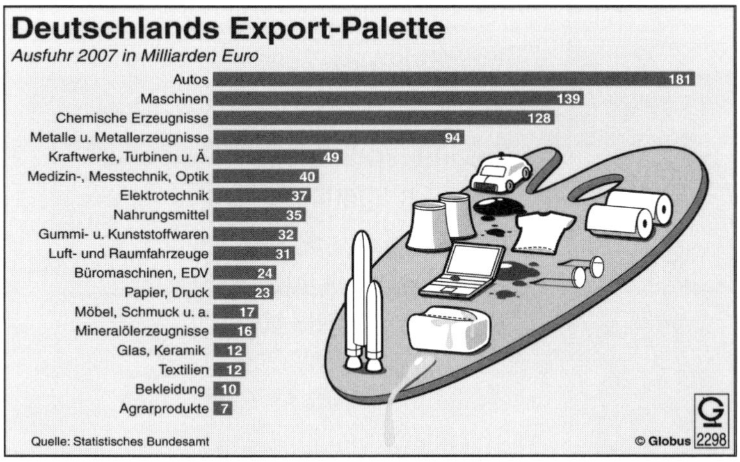

b) Welchen prozentualen Anteil vom Gesamtexport machen Autos aus? Runde auf ganze Prozent.

16

Teil A: 2. Test (2)

8. Fotogeschäft Paul bietet eine Kamera mit 17 % Ermäßigung um 249,-- € an.

   a) Wie hoch lag der ursprüngliche Preis?

$$83\,\% = 249\,€ \qquad\qquad GW = PW \cdot 100 : p$$
$$1\,\% = 3\,€ \qquad oder \qquad = 249 \cdot 100 : 83$$
$$100\,\% = \underline{300\,€} \qquad\qquad = \underline{300}\ [€]$$

   b) Fotogeschäft Sonntag erlässt vom Ursprungspreis die Mehrwertsteuer. Wie teuer kommt diese Kamera?

$$119\,\% = 300\,€ \qquad\qquad GW = PW \cdot 100 : p$$
$$1\,\% = 2,52\,€ \quad oder \qquad = 300 \cdot 100 : 119$$
$$100\,\% = \underline{252\,€} \qquad\qquad = \underline{252}\ [€]$$

2

9. Umkreise die beiden Fehlerstellen.

$$4\,(4x - 7) - 2\,(10 - 2x) = 6x - 3\,(2x - 4) + 2$$
$$16\,x - 28 - 20 + 4x = 6x - 6x\,\ominus\,12 + 2$$
$$20x - 48 = \widehat{x} - 10$$
$$19\,x = 38$$
$$x = \underline{2}$$

1

10. Übersetze den Text in eine Gleichung. Rechne nicht!
Eine Klasse sammelt für ein Geschenk Geld ein. Gibt jeder Schüler 3 €, so bleiben 50 ct übrig, gibt jeder aber nur 2,50 €, so fehlen 8 €. Aus wie vielen Schülern besteht die Klasse?

$$x \cdot 3 - 0,50 = x \cdot 2,50 + 8$$

1

11. Wie berechnest du die fehlende Dreieckseite? Schreibe nur den Rechenansatz auf, rechne aber nicht.

$$c^2 = a^2 + b^2$$
$$c^2 = 9^2 + 7,6^2$$

1

12. Die Grafik unten zeigt Deutschlands Exportpalette (Zahlen in Milliarden €).

   a) Wie viel macht das Gesamtexportvolumen aus? Runde die einzelnen Bereiche auf ganze Zehnmilliarden €.

$$180 + 140 + 130 + 90 + 50 + 40 +$$
$$40 + 40 + 30 + 30 + 20 + 20 + 20$$
$$+ 20 + 10 + 10 + 10 + 10 =$$
$$\underline{890\ Mrd.}\ [€]$$

Deutschlands Export-Palette
Ausfuhr 2007 in Milliarden Euro

Autos	181
Maschinen	139
Chemische Erzeugnisse	128
Metalle u. Metallerzeugnisse	94
Kraftwerke, Turbinen u. Ä.	49
Medizin-, Messtechnik, Optik	40
Elektrotechnik	37
Nahrungsmittel	35
Gummi- u. Kunststoffwaren	32
Luft- und Raumfahrzeuge	31
Büromaschinen, EDV	24
Papier, Druck	23
Möbel, Schmuck u. a.	17
Mineralölerzeugnisse	16
Glas, Keramik	12
Textilien	12
Bekleidung	10
Agrarprodukte	7

Quelle: Statistisches Bundesamt   © Globus 2298

   b) Welchen prozentualen Anteil vom Gesamtexport machen Autos aus? Runde auf ganze Prozent.

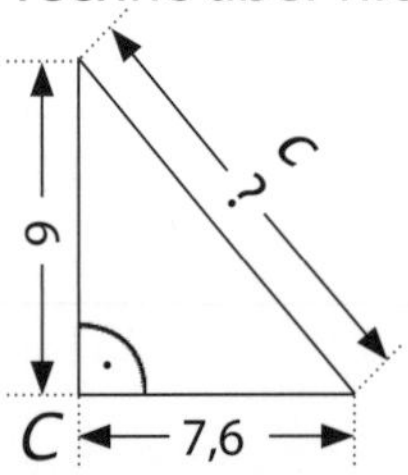

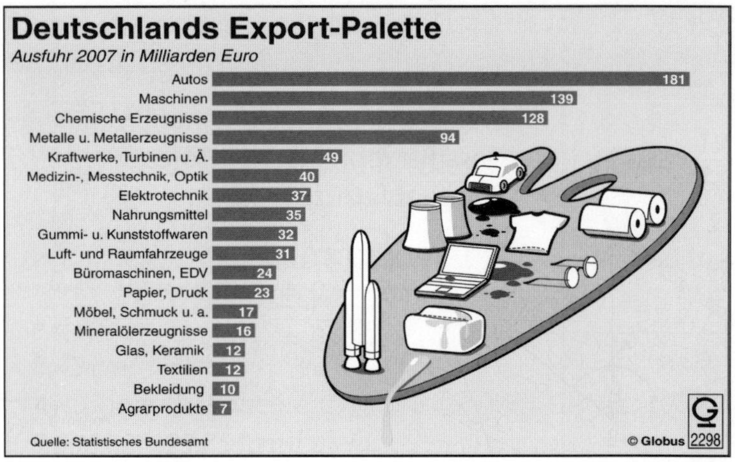

$$100\,\% = 890\ Mrd.\ €$$
$$1\,\% = 8,90\ Mrd.\ €$$
$$?\,\% = 181\ Mrd.\ €$$
$$= 181 : 8,9$$
$$= 20,337078$$
$$\approx 20\ [\%]$$

2

16

M | Name: ____________________ | Datum: ____________

Teil A: 3. Test (1)

1. Rechne aus: 1

   a) $(-2) \cdot 4 \cdot (-2) =$ b) $(-5) : (-2) + 3 =$

2. Rechne die Fläche des Parallelogramms aus. 1

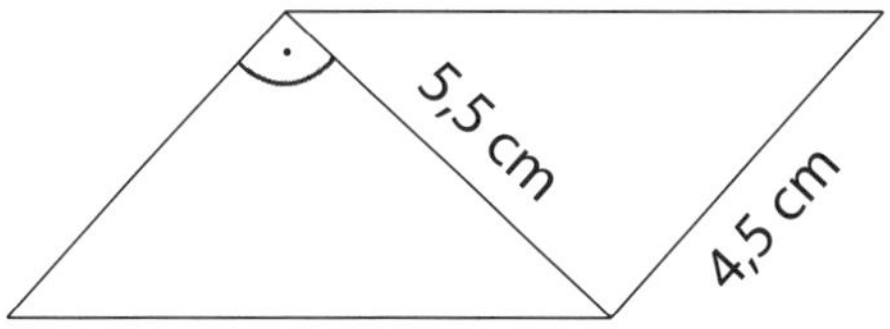

3. Grafik: Jugendliche werden größer 1

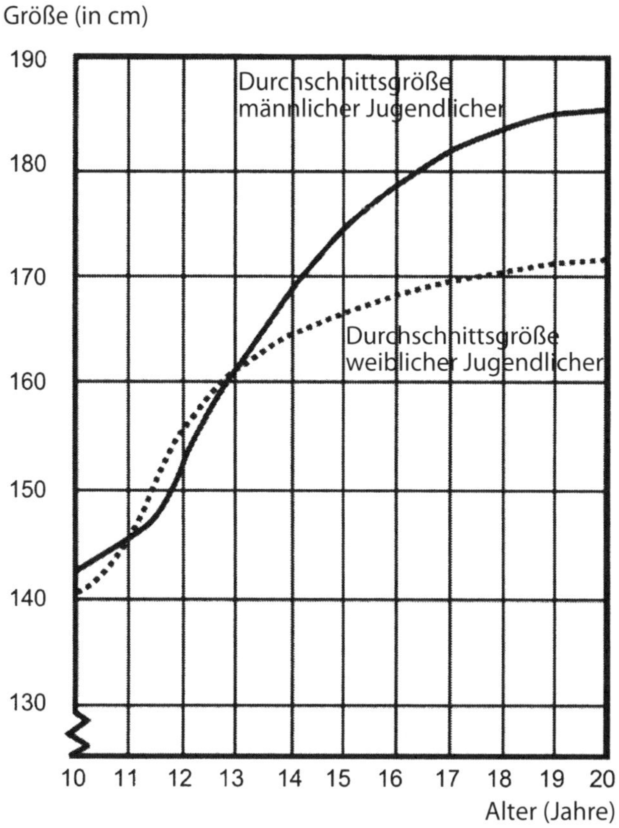

a) Seit 1980 hat die Durchschnittsgröße 20-jähriger Frauen in den Niederlanden um 2,5 cm auf 170,9 cm zugenommen. Was war die Durchschnittsgröße einer 20-jährigen Frau im Jahr 1980?

b) In welchem Lebensabschnitt sind laut Grafik weibliche Jugendliche durchschnittlich größer als ihre männlichen Altersgenossen?

4. Ermittle den Prozentanteil der schwarzen Flächen. 1

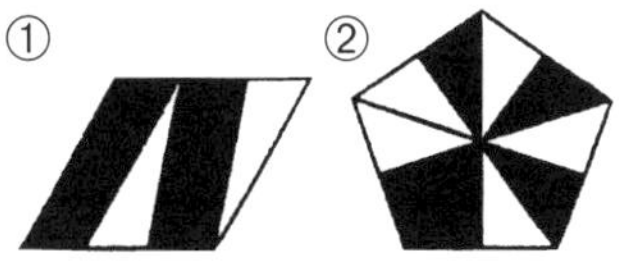

① ________ %

② ________ %

5. Berechne die Körperhöhe h_K einer quadratischen Pyramide mit a = 10 cm und V = 600 cm^3. 2

6. Ermittle den Zinssatz bei folgenden Zahlenangaben: Kapital: 50 000 €; Zinsen: 1500 €; Zeit: 90 Tage. Was meinst du zum Zinssatz? 1,5

7. Am ersten Schultag bekommt jeder der 50 Schulanfänger und jede der 65 Begleitpersonen 0,25 l Apfelsaft. Hierfür kauft die 9. Klasse, die den Getränkerverkauf organisiert, fünf Kästen mit je 6 l Saft ein. Wie viel Saft bleibt nach dem ersten Schultag übrig? 1,5

Teil A: 3. Test (1)

1. Rechne aus: 1

   a) $(-2) \cdot 4 \cdot (-2) =$ *<u>16</u>*   b) $(-5) : (-2) + 3 =$ *<u>5,5</u>*

2. Rechne die Fläche des Parallelogramms aus. 1

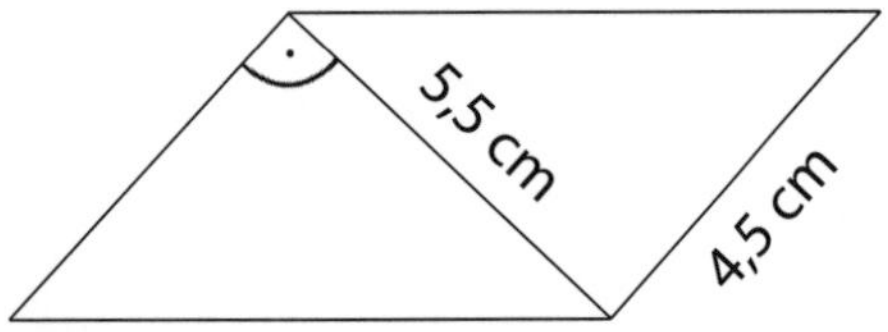

$A_{Parallelogramm} = a \cdot h$
$= 4{,}5 \cdot 5{,}5 = \underline{24{,}75}\ [cm^2]$

3. Grafik: Jugendliche werden größer 1

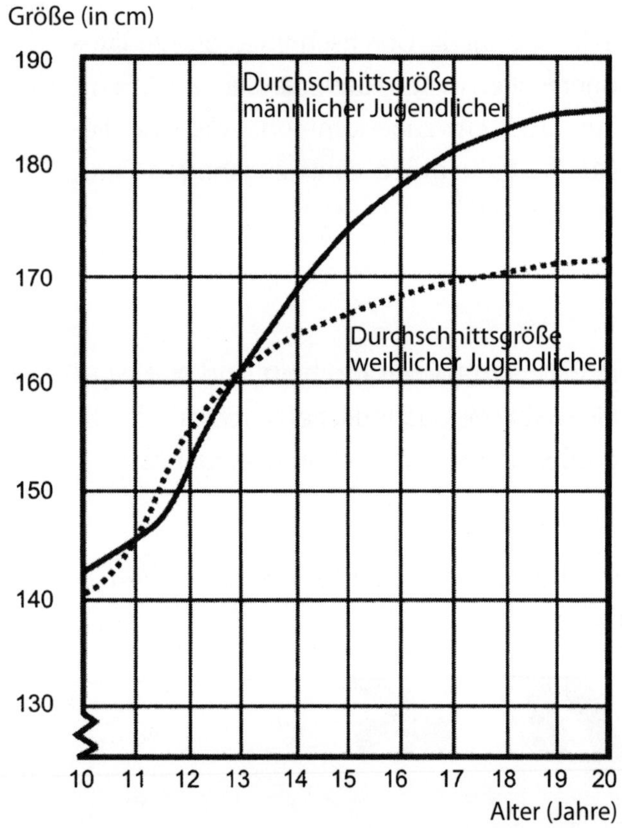

a) Seit 1980 hat die Durchschnittsgröße 20-jähriger Frauen in den Niederlanden um 2,5 cm auf 170,9 cm zugenommen. Was war die Durchschnittsgröße einer 20-jährigen Frau im Jahr 1980?

$170{,}9 - 2{,}5 = \underline{168{,}4}$ [cm]

b) In welchem Lebensabschnitt sind laut Grafik weibliche Jugendliche durchschnittlich größer als ihre männlichen Altersgenossen?

Im Alter von 11 bis 13 Jahren

4. Ermittle den Prozentanteil der schwarzen Flächen. 1

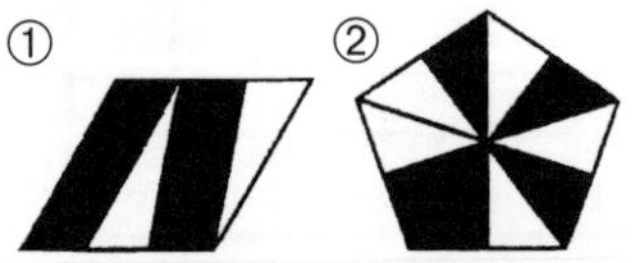

4 von 6   *5 von 10*

① *≈ 67* %

② *50* %

5. Berechne die Körperhöhe h_K einer quadratischen Pyramide mit a = 10 cm und V = 600 cm³. 2

$h_{K\ Pyramide} = 3 \cdot V : A = 3 \cdot V : a : a = 3 \cdot 600 : 10 : 10 = \underline{18}\ [cm]$

6. Ermittle den Zinssatz bei folgenden Zahlenangaben: Kapital: 50 000 €; Zinsen: 1500 €; Zeit: 90 Tage. Was meinst du zum Zinssatz? 1,5

$p = Z \cdot 100 \cdot 360 : K : t =$
$= 1500 \cdot 100 \cdot 360 : 50000 : 90 = \underline{12}\ [\%]$

7. Am ersten Schultag bekommt jeder der 50 Schulanfänger und jede der 65 Begleitpersonen 0,25 l Apfelsaft. Hierfür kauft die 9. Klasse, die den Getränkerverkauf organisiert, fünf Kästen mit je 6 l Saft ein. Wie viel Saft bleibt nach dem ersten Schultag übrig? 1,5

$(50 + 65) \cdot 0{,}25 = 28{,}75\ [l]$; $5 \cdot 6 = 30\ [l]$; $30 - 28{,}75 = \underline{1{,}25}\ [l]$

M	Name: ______________________	Datum: ______________	

Teil A: 3. Test (2)

8. Setze die fehlende Zeile der Gleichung ein. 1

$$6x + \frac{2}{3} - 2\left(x + \frac{1}{3}\right) - \left(4x - \frac{4}{5}\right) = -2(4x - 2)$$

[ ]

$$0{,}8 = -8x + 4$$

$$8x = 3{,}2$$

$$x = \underline{0{,}4}$$

9. Stelle nur eine Gleichung auf und rechne aus. 2

Hans, Uwe und Inge haben zusammen im Lotto gespielt und 8400 € gewonnen. Den Gewinn teilen sie im Verhältnis ihrer Einsätze. Hans kreuzte viermal so viele Felder an wie Uwe. Inge setzte das Doppelte von Uwe ein.

10. Firma Neuland bezieht vom Großhändler 500 Packungen Waschmittel und rechnet mit einem Selbstkostenpreis von 4 € das Stück. Zum Verkauf kommt eine Packung mit 5,95 €. Im Preis ist die Mehrwertsteuer von 19 % enthalten. Wie hoch ist der Gewinn in €? 1,5

11. Setze die Zahlenreihe logisch fort. 1

$$\frac{7}{4} \quad \frac{5}{8} \quad \frac{10}{7} \quad \frac{10}{13} \quad \frac{17}{14} \quad \frac{?}{?}$$

[ ]

12. Grafik: Kollege Roboter 1,5

a) In welchem prozentualen Verhältnis stehen die Roboter Japans und Deutschlands? Runde auf ganze Zehntausender.

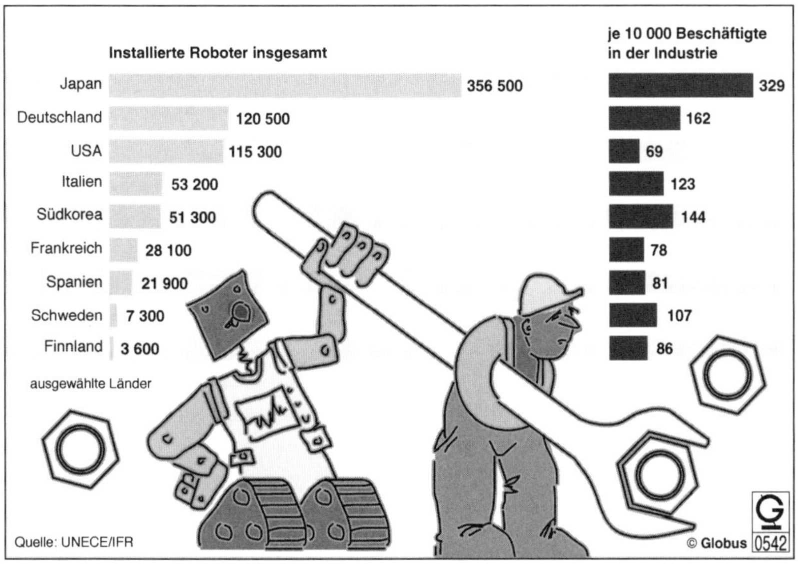

b) In welchem Bereich werden heute die meisten Roboter eingesetzt?

16

Teil A: 3. Test (2)

8. Setze die fehlende Zeile der Gleichung ein. 1

$$6x + \frac{2}{3} - 2\left(x + \frac{1}{3}\right) - \left(4x - \frac{4}{5}\right) = -2(4x - 2)$$

$$\boxed{6x + \frac{2}{3} - 2x - \frac{2}{3} - 4x + \frac{4}{5} = -8x + 4}$$

$$0{,}8 = -8x + 4$$

$$8x = 3{,}2$$

$$x = \underline{0{,}4}$$

9. Stelle nur eine Gleichung auf und rechne aus. 2

Hans, Uwe und Inge haben zusammen im Lotto gespielt und 8400 € gewonnen. Den Gewinn teilen sie im Verhältnis ihrer Einsätze. Hans kreuzte viermal so viele Felder an wie Uwe. Inge setzte das Doppelte von Uwe ein.

4x + x + 2x = 8400	*Hans:*	*4800 €*
7x = 8400	*Uwe:*	*1200 €*
x = <u>1200</u> [€];	*Inge:*	*2400 €*

10. Firma Neuland bezieht vom Großhändler 500 Packungen Waschmittel und rechnet mit einem Selbstkostenpreis von 4 € das Stück. Zum Verkauf kommt eine Packung mit 5,95 €. Im Preis ist die Mehrwertsteuer von 19 % enthalten. Wie hoch ist der Gewinn in €? 1,5

119 % = 5,95 €	*5 € – 4 € = 1 € (Gewinn pro Packung)*
1 % = 0,05 €	*Gesamtgewinn: 500 · 1 = <u>500</u> [€]*
100 % = 5,00 €	

11. Setze die Zahlenreihe logisch fort. 1

$$\frac{7}{4} \quad \frac{5}{8} \quad \frac{10}{7} \quad \frac{10}{13} \quad \frac{17}{14} \quad \frac{?}{?}$$

$$\boxed{\frac{19}{22}}$$

Die zwei Zahlenreihen wachsen im Wechsel vom Zähler zum Nenner und umgekehrt um 2, 3, 4, 5 usw.

12. Grafik: Kollege Roboter 1,5

a) In welchem prozentualen Verhältnis stehen die Roboter Japans und Deutschlands? Runde auf ganze Zehntausender.

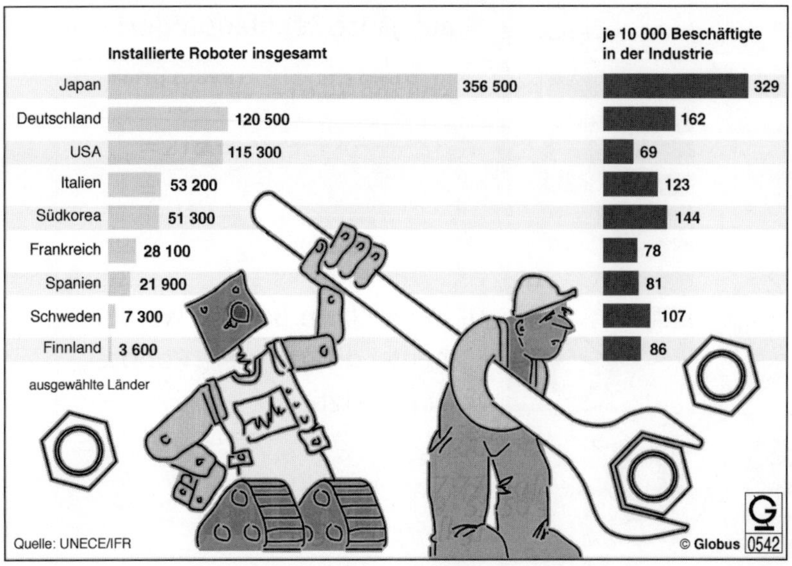

360 000 (Japan)
120 000 (Deutschland)

360 000 : 120 000 =
3 : 1 = <u>100 % : 33,3̄ %</u>

b) In welchem Bereich werden heute die meisten Roboter eingesetzt?

In der Automobilindustrie

16

M Name: ______________________ Datum: ______________

Teil A: 4. Test (1)

1. Aus wie vielen unterschiedlich großen Flächen setzt sich die Oberfläche des abgebildeten Prismas zusammen? 1

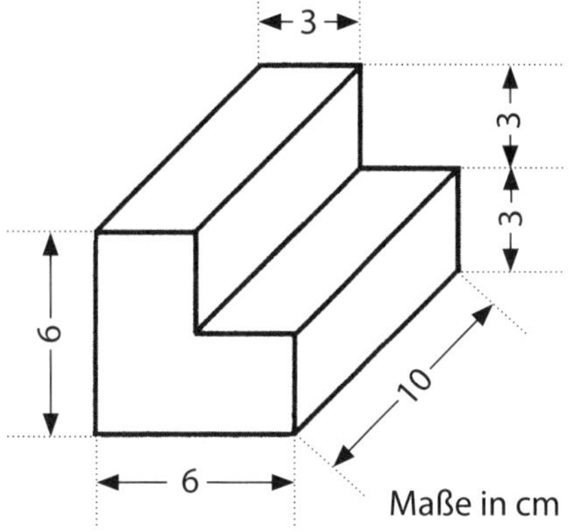

Anzahl verschiedenartiger Flächen: ☐

2. Setze die folgenden Zahlenreihen fort: 1,5

a) 4 8 6 10 8 12 10 ______

b) 1 2 –4 –8 16 32 ______

3. Kreuze an, wenn die Aussage richtig ist: . 1

O $4{,}2\ dm^3 = 42\ l$ O 132 mm = 0,00132 m O 1,25 h = 75 min

4. Berechne den Flächeninhalt der abgebildeten Figur. 2
Rechne mit $\pi = 3$.

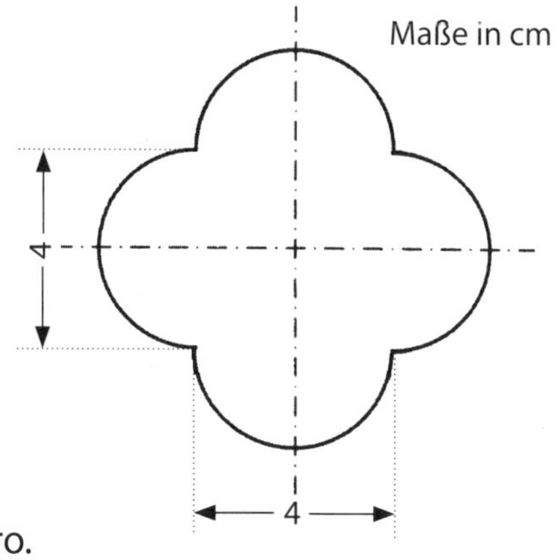

5. Einer der höchsten Lotto-Jackpots betrug 43 Millionen Euro. 1,5
Wie viele 50-Euro-Scheine ergeben zusammengerechnet diesen Betrag?
Gib als Zehnerpotenz an.

6. Gib die Länge der verwendeten Paketschnur in Meter an, rechne noch 10 cm für den Knoten hinzu. 1,5

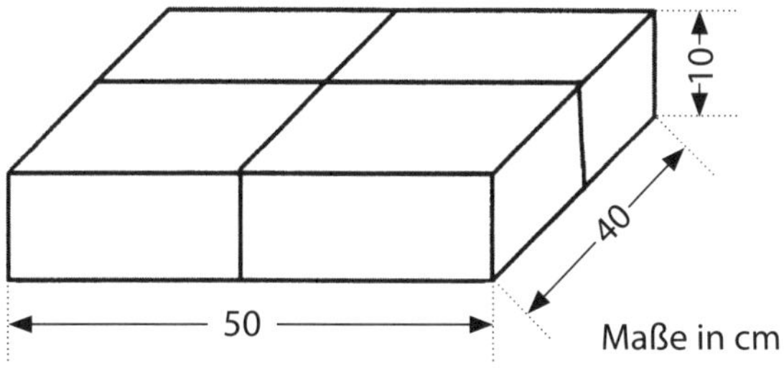

7. Der 31. Dezember 2008 ist ein Mittwoch. Auf welchen Wochentag fällt der 1. Februar 2009? 1
Beachte: Der Januar hat 31 Tage.

Teil A: 4. Test (1)

1. Aus wie vielen unterschiedlich großen Flächen setzt sich die Oberfläche des abgebildeten Prismas zusammen? 1

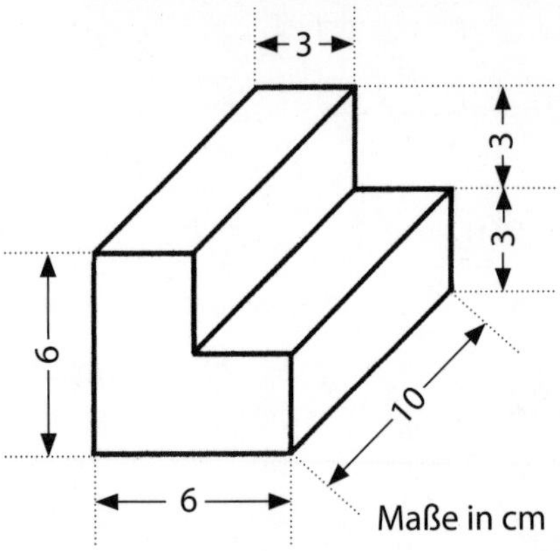

Anzahl verschiedenartiger Flächen: *3*

2. Setze die folgenden Zahlenreihen fort: 1,5

a) 4 8 6 10 8 12 10 *14*

b) 1 2 −4 −8 16 32 *−64*

3. Kreuze an, wenn die Aussage richtig ist:. 1

O $4{,}2\ dm^3 = 42\ l$ O $132\ mm = 0{,}00132\ m$ ⊗ $1{,}25\ h = 75\ min$

4. Berechne den Flächeninhalt der abgebildeten Figur. 2
Rechne mit $\pi = 3$.

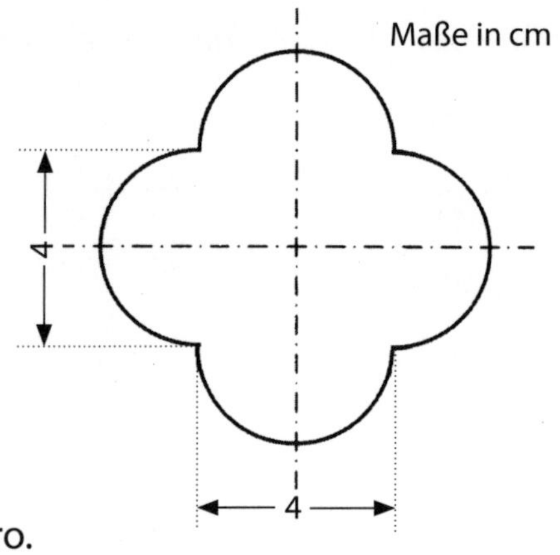

$$\begin{aligned} A_{Figur} &= 2 \cdot A_{Kreis} + A_{Quadrat} \\ &= 2 \cdot r \cdot r \cdot \pi + a \cdot a \\ &= 2 \cdot 2 \cdot 2 \cdot 3 + 4 \cdot 4 \\ &= 24 + 16 = \underline{40}\ [cm^2] \end{aligned}$$

5. Einer der höchsten Lotto-Jackpots betrug 43 Millionen Euro. 1,5
Wie viele 50-Euro-Scheine ergeben zusammengerechnet diesen Betrag?
Gib als Zehnerpotenz an.

43 000 000 : 50 = 860 000 [50-€-Scheine]; 860 000 = $\underline{8{,}6 \cdot 10^5}$

6. Gib die Länge der verwendeten Paketschnur in Meter an, rechne noch 10 cm für den Knoten hinzu. 1,5

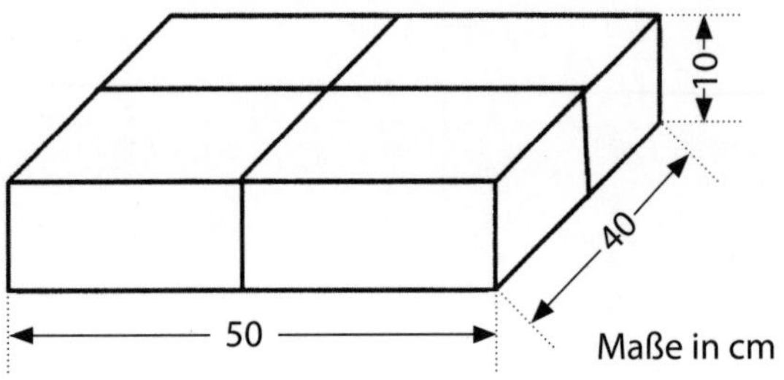

$Länge_{Paketschnur}$

$2 \cdot 0{,}5 + 2 \cdot 0{,}4 + 4 \cdot 0{,}1 + 0{,}1 =$

$\underline{2{,}3}\ [m]$

7. Der 31. Dezember 2008 ist ein Mittwoch. Auf welchen Wochentag fällt der 1. Februar 2009? 1
Beachte: Der Januar hat 31 Tage.

1. Januar: Donnerstag, 8. Januar: Donnerstag, 15. Januar: Donnerstag, 22. Januar: Donnerstag, 29. Januar: Donnerstag, 30. Januar: Freitag, 31. Januar: Samstag, 1. Februar: <u>Sonntag</u>.

Teil A: 4. Test (2)

8. Wie groß ist der Durchmesser des Kreises? | 1

Maße in dm

a
256
60°

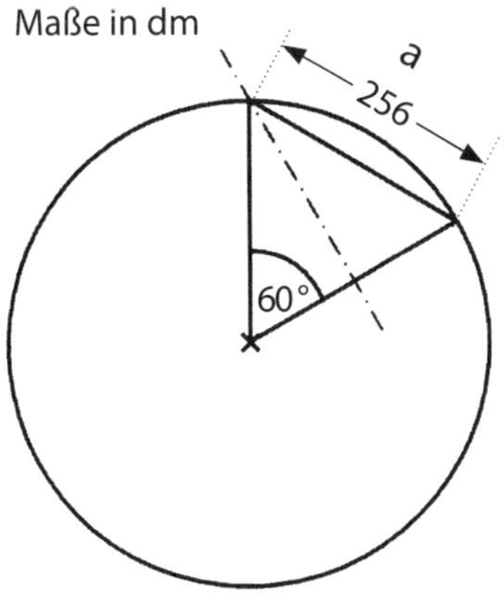

9. Streiche die Zeile durch, in der ein Fehler gemacht wurde, und verbessere nur diese Zeile. | 1

$$
\begin{array}{rcl}
(14x - 24) : 2 - 3x & = & 5x - 2 \cdot (3x + 4) \\
(14x - 24) : 2 - 3x & = & 5x - 6x - 8 \\
7x - 24 - 3x & = & -x - 8 \\
7x - 3x + x & = & -8 + 24 \\
5x & = & 16 \\
x & = & \underline{3,2}
\end{array}
$$

_____
_____
_____
_____
_____
_____

10. Im Computerladen "Game-World" findet Chris folgendes Sonderangebot. Nach kurzer Überlegung kauft sich Chris beide Computerspiele zum reduzierten Preis. | 2

Berechne die Preisminderung für beide Spiele zusammen in Prozent.

Spiel 1
alter Preis
60 €
- 40%

Spiel 2
alter Preis
40 €
- 20%

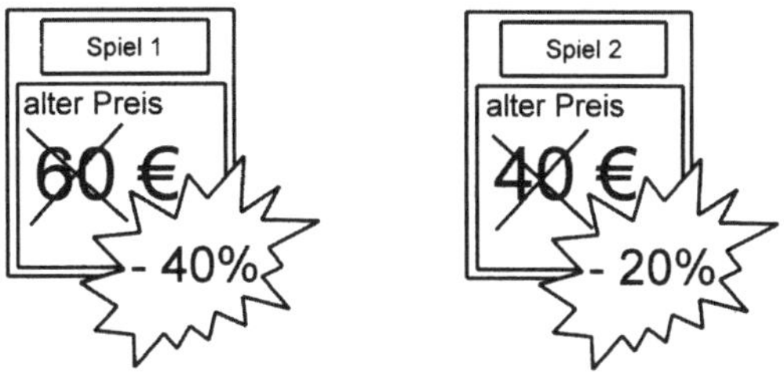

11. Ein Auto steht auf einem Sockel mit kreisförmiger Grundfläche. Welchen Umfang hat der Sockel ungefähr? Begründe. | 1,5

12. Setze die drei Symbole △ , □ , ○ so ein, dass sie in jeder Spalte und in jeder Zeile genau einmal vorkommen. | 1

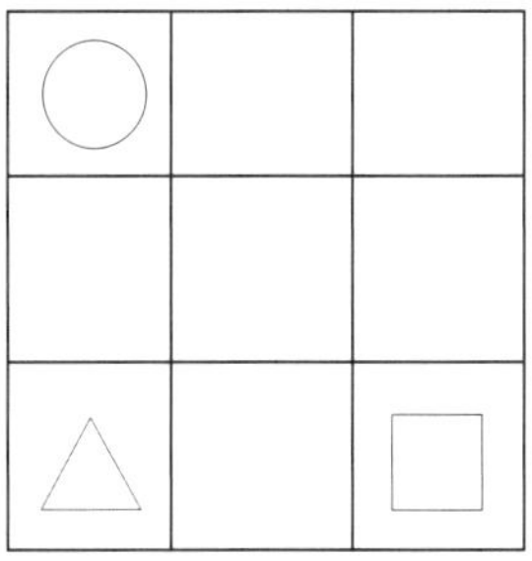

○		
△		□

| 16

Teil A: 4. Test (2)

8. Wie groß ist der Durchmesser des Kreises? 1

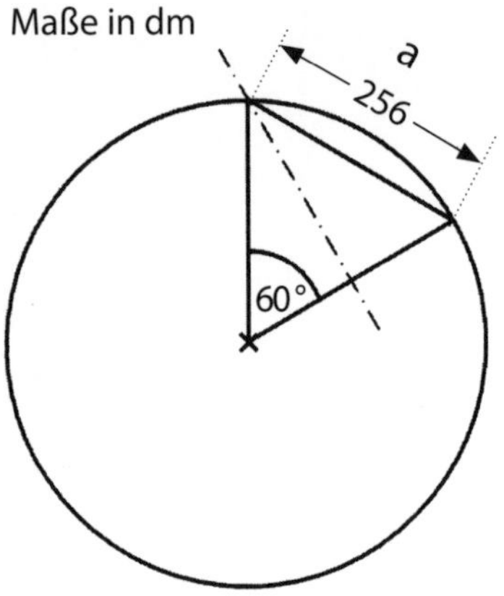

Bestimmungsdreieck = gleichseitiges Dreieck

$a = r_{Kreis}$

$d_{Kreis} = 2 \cdot r = 2 \cdot a$

$= 2 \cdot 256 = \underline{512}\ [dm^2]$

9. Streiche die Zeile durch, in der ein Fehler gemacht wurde, und verbessere nur diese Zeile. 1

$(14x - 24) : 2 - 3x$	=	$5x - 2 \cdot (3x + 4)$	
$(14x - 24) : 2 - 3x$	=	$5x - 6x - 8$	
~~7x – 24 – 3x~~	~~=~~	~~–x – 8~~	*7x – 12 – 3x = –x – 8*
$7x - 3x + x$	=	$-8 + 24$	
$5x$	=	16	
x	=	$\underline{3{,}2}$	

10. Im Computerladen "Game-World" findet Chris folgendes Sonderangebot. Nach kurzer Überlegung kauft sich Chris beide Computerspiele zum reduzierten Preis. 2

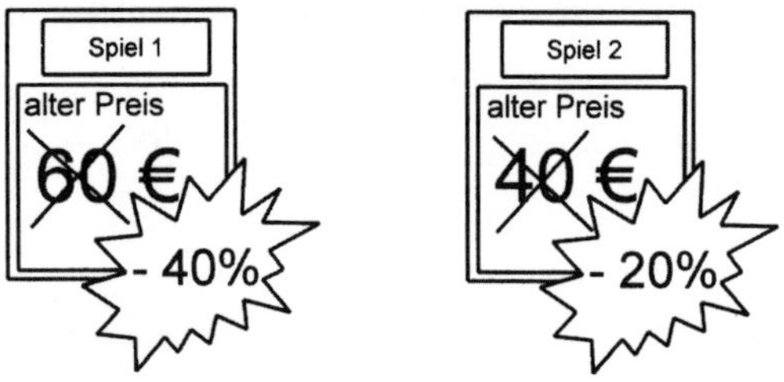

Berechne die Preisminderung für beide Spiele zusammen in Prozent.

Spiel 1: 60 – 24 = 36 [€];

Spiel 2: 40 – 8 = 32 [€];

Verminderter Preis: 68 €; 100 € – 68 € = 32 €; Minderung: $\underline{32}$ [%]

11. Ein Auto steht auf einem Sockel mit kreisförmiger Grundfläche. Welchen Umfang hat der Sockel ungefähr? Begründe. 1,5

Autolänge: ca. 4 m;

Podestdurchmesser: 4 + 1 + 1 = 6 m;

$U_{Podest} = d \cdot \pi = 6 \cdot 3{,}14$

$= 18{,}84\ [m] \approx \underline{19}\ [m]$

12. Setze die drei Symbole △, □, ○ so ein, dass sie in jeder Spalte und in jeder Zeile genau einmal vorkommen. 1

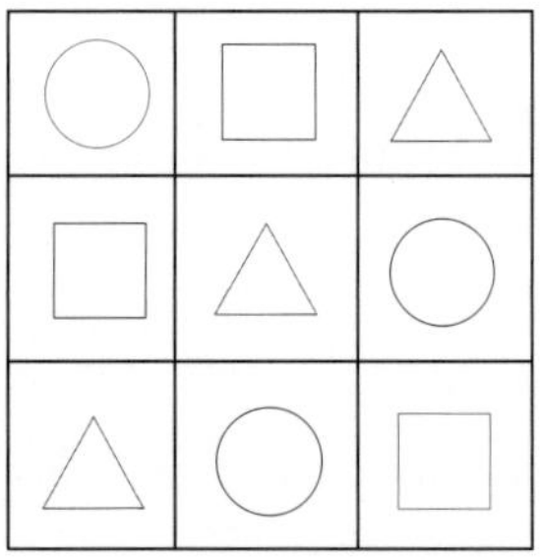

16

M Name: ______________________ Datum: ______________

Teil A: 5. Test (1)

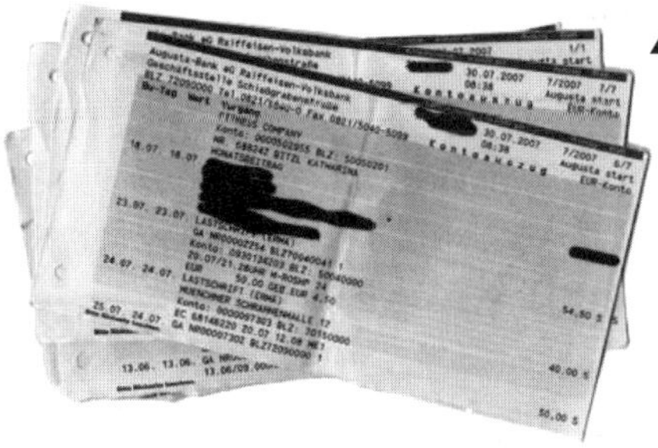

1. Berechne den neuen Kontostand: 1
   Alter Kontostand: 1256,35 €
   Kontobewegungen: – 56,50 € / + 452,85 € / – 360 €
   Neuer Kontostand: ______________ €

2. Division: 1

   5016 : 82,5 =

3. Rationale Zahlen: 1

   (7 – 17) : (–5) + (–2 – 8) · (–5) – 25 : (–5) =

4. Erfinde zu dem Graphen unten eine Textaufgabe. 2

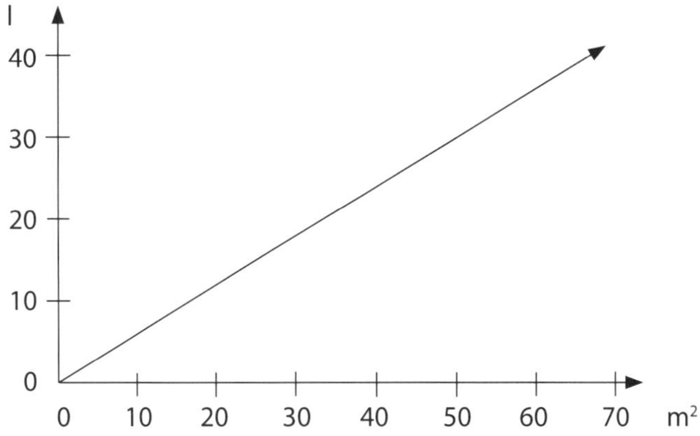

____
____
____
____
____
____
____
____

5. Rechne die folgende Gleichung aus. 2

   29 – 5 (3x – 2) = 26 – (8x – 4) : 2

6. Ein Radfahrer fährt 45 Minuten mit einer durchschnittlichen Geschwindigkeit von 48 km/h. Welche Strecke legt er zurück? 0,5

7. Wenn ein Sparbetrag von 17600 € mit 2,5 % verzinst wird, wie viele Zinsen erhält man im Vierteljahr? 0,5

M Lösung

Teil A: 5. Test (1)

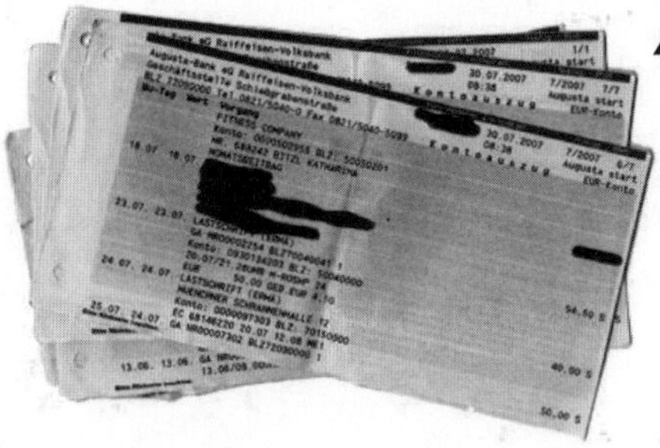

1. Berechne den neuen Kontostand: 1

   Alter Kontostand: 1256,35 €

   Kontobewegungen: – 56,50 € / + 452,85 € / – 360 €

   Neuer Kontostand: *1292,70* €

2. Division: 1

   $5016 : 82{,}5 =$

   $50160 : 825 = \underline{60{,}8}$

   $50160 : 825 = 60{,}8$
   4950
   660
   6600
   6600
   ----

3. Rationale Zahlen: 1

   $(7 - 17) : (-5) + (-2 - 8) \cdot (-5) - 25 : (-5) =$

   $(-10) : (-5) + (-10) \cdot (-5) - 25 : (-5) = 2 + 50 + 5 = \underline{57}$

4. Erfinde zu dem Graphen unten eine Textaufgabe. 2

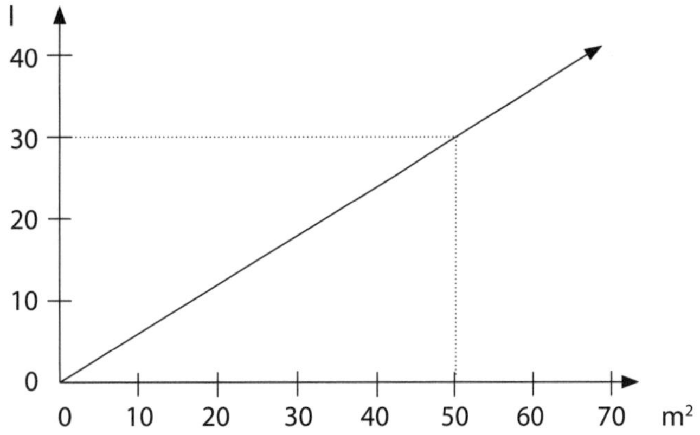

Mit drei 10-Liter-Dosen Lack kann man laut Auskunft eines Baumarkts 50 m² Holztüren streichen.
Herr Hammer hat aber nur acht Holztüren zu je 1,5 m² zu streichen.
Wie viel Farbe braucht Herr Hammer?
Kommt er mit einer 10-Liter-Dose aus?

5. Rechne die folgende Gleichung aus. 2

$$29 - 5(3x - 2) = 26 - (8x - 4) : 2$$
$$29 - 15x + 10 = 26 - 4x + 2$$
$$39 - 15x = 28 - 4x$$
$$11 = 11x$$
$$x = \underline{1}$$

6. Ein Radfahrer fährt 45 Minuten mit einer durchschnittlichen Geschwindigkeit von 48 km/h. Welche Strecke legt er zurück? 0,5

   $48 : 60 \cdot 45 = \underline{36}$ [km]

7. Wenn ein Sparbetrag von 17600 € mit 2,5 % verzinst wird, wie viele Zinsen erhält man im Vierteljahr? 0,5

   $Z = K \cdot p \cdot t : 100 : 360 =$

   $17600 \cdot 2{,}5 \cdot 90 : 100 : 360 = \underline{110}$ [€]

M	Name: ______________________	Datum: ______________	

Teil A: 5. Test (2)

8. Berechne die schwarze Fläche. 2

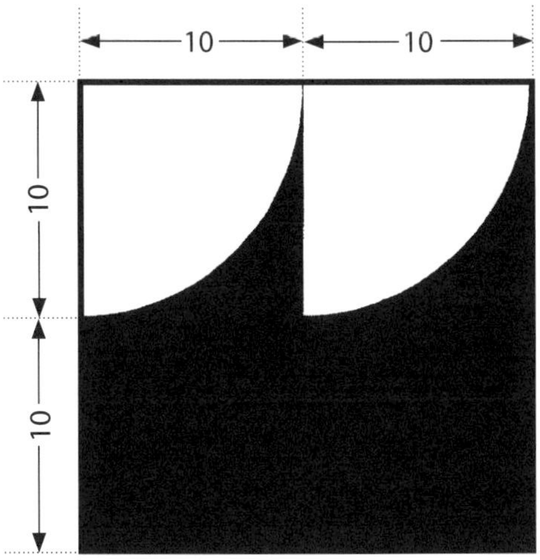

Maße in cm

9. In Deutschland sind zurzeit etwa 2 200 000 Kinder und Jugendliche bis 18 Jahre Mitglied in einem Fußballverein. 70 % der Mitglieder sind zwischen 7 und 14 Jahre alt, wovon rund 15 % der Mitglieder dieser Altersgruppe Mädchen sind. 2
   Wie viele Mädchen zwischen 7 und 14 Jahren sind Mitglied in einem Fußballverein?

10. Ordne und beginne mit der kürzesten Zeitspanne. 2
    2,5 Stunden – 100 Minuten – 12 600 Sekunden – 2 Stunden 40 Minuten – 0,1 Tag

____ < ____ < ____ < ____ < ____

11. Setze in das folgende Kästchen >, < oder =. 1

$\sqrt{25} + \sqrt{49}$ ☐ 11

12. Das größte Schaukelpferd baute der Zimmermann Nobert Kinzner aus Kematen in Österreich. Es war Teil eines Faschingsumzuges. Schätze Länge und Höhe des Schaukelpferdes. 1

16

Teil A: 5. Test (2)

8. Berechne die schwarze Fläche. 2

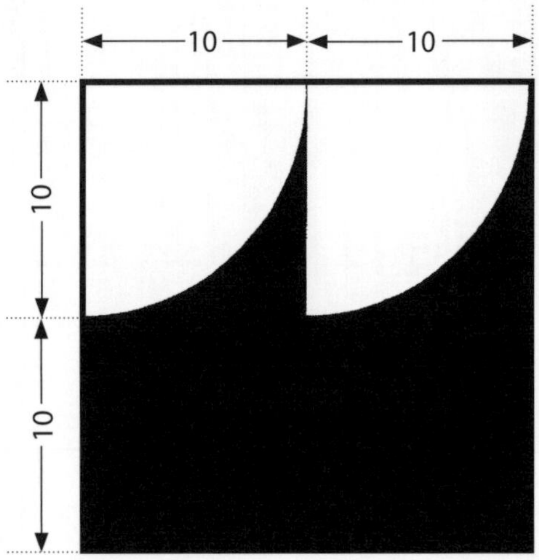

$A_{schwarz} = A_{Quadrat} - 2 \cdot A_{Viertelkreis}$
$= a \cdot a - 2 \cdot r \cdot r \cdot \pi : 4$
$= 20 \cdot 20 - 2 \cdot 10 \cdot 10 \cdot 3{,}14 : 4$
$= 400 - 157 = \underline{243}$ [cm²]

Maße in cm

9. In Deutschland sind zurzeit etwa 2 200 000 Kinder und Jugendliche bis 18 Jahre Mitglied in einem Fußballverein. 70 % der Mitglieder sind zwischen 7 und 14 Jahre alt, wovon rund 15 % der Mitglieder dieser Altersgruppe Mädchen sind. 2
Wie viele Mädchen zwischen 7 und 14 Jahren sind Mitglied in einem Fußballverein?

PW = GW · p : 100 = 2 200 000 · 70 : 100 = 1 540 000 [Mitglieder];
PW = GW · p : 100 = 1 540 000 · 15 : 100 = <u>231 000</u> [Mädchen]

10. Ordne und beginne mit der kürzesten Zeitspanne. 2
2,5 Stunden – 100 Minuten – 12 600 Sekunden – 2 Stunden 40 Minuten – 0,1 Tag

1 h 40 min < 2 h 24 min < 2 h 30 min < 2 h 40 min < 3 h 30 min

11. Setze in das folgende Kästchen >, < oder =. 1

$\sqrt{25} + \sqrt{49}$ [>] 11 *(5 + 7 = 12)*

12. Das größte Schaukelpferd baute der Zimmermann Nobert Kinzner aus Kematen in Österreich. Es war Teil eines Faschingsumzuges. Schätze Länge und Höhe des Schaukelpferdes. 1

Höhe einer Person: ca. 1,80 m
Höhe Pferd: 1,80 · 3,5 = <u>6,30</u> [m];
Länge Pferd: 1,80 · 5 = <u>9</u> [m]

Tatsächliche Länge und Höhe:
l = 10,51 m
h = 6,50 m

16

M	Name: ______________________________	Datum: ____________________

Brüche

① Trage in den Zahlenstrahl unten folgende Brüche ein:

$\frac{1}{2}$ $\frac{1}{6}$ $\frac{2}{3}$ $\frac{5}{12}$ $\frac{7}{24}$ $\frac{3}{4}$ $\frac{5}{6}$

② Gib die mit Ziffern gekennzeichneten Stellen auf dem Zahlenstrahl als Bruch und Dezimalbruch an.

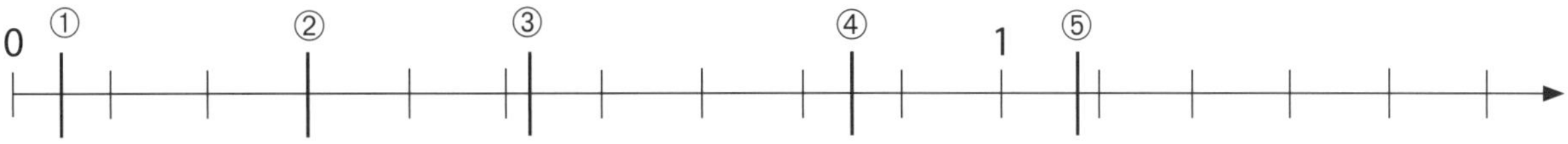

① _____/_____ ② _____/_____ ③ _____/_____ ④ _____/_____ ⑤ _____/_____

❶ Merkpunkte

① Erstelle, wo möglich, eine **Skizze**. Sie erleichtert die Lösungsfindung.
② Lies dir die gestellte Aufgabe mehrmals durch.
③ Brüche müssen nach bestimmten Regeln gelöst werden:
Gemischte Zahlen umwandeln ➪ Klammer auflösen ➪ Punkt vor Strich
- Addition und Subtraktion: Zuerst gemeinsamen Nenner suchen (Hauptnenner)
- Multiplikation: Zähler mal Zähler, Nenner mal Nenner
- Division: Beim Teiler (Divisor) den **Kehrwert** bilden, dann multiplizieren

❷ Übungsaufgaben

① Ein Stab steckt zu zwei Drittel im Boden, während 2,35 m herausschauen. Wie lang ist der Stab?

② Ein Pfahl steckt zu einem Drittel seiner Länge im Boden, zur Hälfte seiner Länge steht er im Wasser und zehn Zentimeter ragen über das Wasser hinaus. Wie lang ist der Pfahl? Erstelle zuvor eine Skizze.

③ Herr Hauser verdient netto 1800 € monatlich. Er gibt davon ein Drittel für Miete, ein Fünftel für Lebensmittel, zwei Neuntel für Kleidung und ein Fünfzehntel für Versicherungen aus. Welchen Betrag kann Herr Hauser im Jahr sparen, wenn die Zinsen unberücksichtigt bleiben?

④ Herr Leitner füllt sein 4,5 m breites, 6,4 m langes und 2,5 m tiefes Schwimmbecken durch einen Schlauch, der in der Minute 22,5 Liter Wasser liefert. Herr Lechner hat aber die Frostrisse im Beckenboden übersehen, durch die in jeder Stunde 150 Liter wieder versickern. Um wie viele Stunden verlängert sich die Füllzeit?

⑤ Aus einem alten Rechenbuch:
Ein Baum ist 36 Ellen hoch. Daran kreucht ein Würmlein hinan täglich 4 und eine halbe Elle und fällt nächtlich wieder herab 2 und drei Viertel Ellen. Des Rechners Frage ist, in wie vielen Tagen solches Würmlein des Baumes Spitze werde erreichen. (1 Elle = ca. 60 cm, regional unterschiedlich)

Brüche

① Trage in den Zahlenstrahl unten folgende Brüche ein:

$$\frac{1}{2} \quad \frac{1}{6} \quad \frac{2}{3} \quad \frac{5}{12} \quad \frac{7}{24} \quad \frac{3}{4} \quad \frac{5}{6}$$

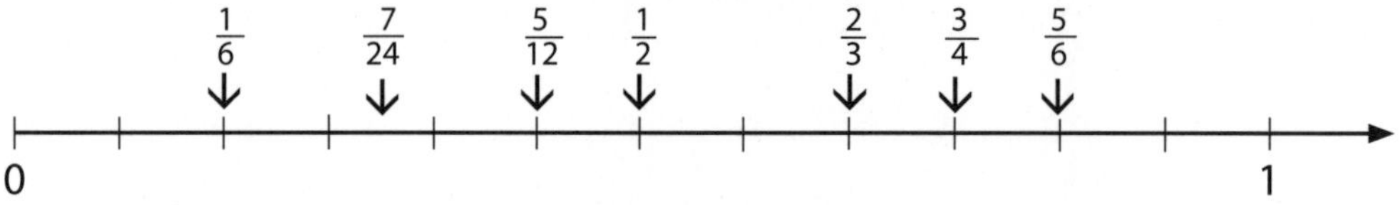

② Gib die mit Ziffern gekennzeichneten Stellen auf dem Zahlenstrahl als Bruch und Dezimalbruch an.

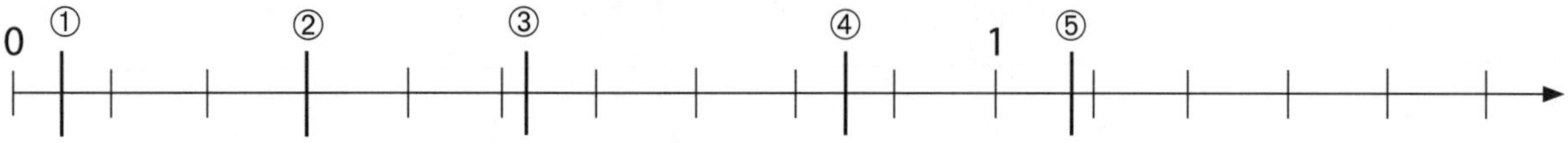

① $\frac{1}{20}$ / 0,05 ② $\frac{3}{10}$ / 0,3 ③ $\frac{21}{40}$ /0,525 ④ $\frac{17}{20}$ / 0,85 ⑤ $\frac{43}{40}$ /1,075 $(1\frac{3}{40})$

❶ Merkpunkte

① Erstelle, wo möglich, eine **Skizze**. Sie erleichtert die Lösungsfindung.
② Lies dir die gestellte Aufgabe mehrmals durch.
③ Brüche müssen nach bestimmten Regeln gelöst werden:
Gemischte Zahlen umwandeln ➪ Klammer auflösen ➪ Punkt vor Strich

- Addition und Subtraktion: Zuerst gemeinsamen Nenner suchen (Hauptnenner)
- Multiplikation: Zähler mal Zähler, Nenner mal Nenner
- Division: Beim Teiler (Divisor) den **Kehrwert** bilden, dann multiplizieren

❷ Übungsaufgaben

① $\frac{1}{3} = 2{,}35$ [m]; $\frac{3}{3} = 7{,}05$ [m]

② *x = Länge des Stabes;*

$\frac{1}{3}x + \frac{1}{2}x + 10 = x; \frac{2}{6}x + \frac{3}{6}x + 10 = \frac{6}{6}x;$

$\frac{5}{6}x + 10 = \frac{6}{6}x; \frac{1}{6}x = 10; x = \underline{60}$ [cm]

Skizze:

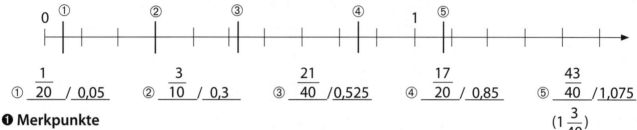

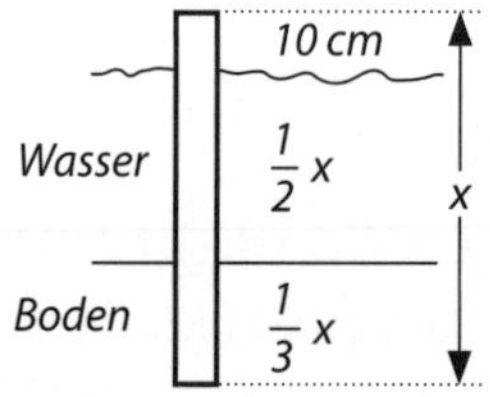

③ $\frac{1}{3}$ *von 1800 € = 600 € (Miete);* $\frac{1}{5}$ *von 1800 € = 360 € (Lebensmittel);*
$\frac{2}{9}$ *von 1800 € = 400 € (Kleidung);* $\frac{1}{15}$ *von 1800 € = 120 € (Versicherungen);*
1800 – 600 – 360 – 400 – 120 = 320 [€]; 12 · 320 = <u>3840</u> [€] (Sparsumme)

④ $Volumen_{Schwimmbecken} = a \cdot b \cdot h_K = 4{,}5 \cdot 6{,}4 \cdot 2{,}5 = \underline{72}$ [m³];
72 [m³] = 72 000 [dm³] = 72 000 [l]; 72 000 : 22,5 = 3200 [min]; 3200 : 60 = $\underline{53{,}\bar{3}}$ [h] = <u>53 h 20 min</u>;
Füllmenge pro Stunde ohne Versickerung: 60 · 22,5 = 1350 [l];
Tatsächliche Füllmenge pro Stunde: 1350 – 150 = 1200 [l];
Tatsächliche Füllzeit mit Versickerung: 72000 : 1200 = 60 [h];
Verlängerung der Füllzeit: 60 – 53 h 20 min = <u>6 h 40 min</u>

⑤ *4,5 – 2,75 = 1,75 [Ellen] (tatsächliche Kriechleistung);*
36 : 1,75 = 20,571429 ≈ 20,57 [d] = <u>20 d 13 h 41 min</u>

M Name: ______________________ Datum: ______________

Terme und Gleichungen (1)

I. Algebraische Zahlengleichungen

Übungsaufgaben		**Lösungshilfen**
① $\frac{3}{8}(12x-16)-\frac{x}{2}-12=\frac{3}{4}-\frac{5}{4}(4-x)$	⇨	$-\frac{5}{4}(4-x) \Rightarrow -\frac{20}{4}+\frac{5x}{4}$

Lösungshilfe:
1. Brüche in Dezimalbrüche umwandeln.
2. Klammern ausmultiplizieren und dabei auf das Minuszeichen vor der Klammer achten.

② $0{,}75\,(6x-32)-5\,(7-\frac{1}{3}x)=\frac{7x-39}{3}$	⇨	$-35+\frac{5}{3}x$

Lösungshilfe:
1. Zuerst Klammern ausmultiplizieren.
2. Gleichung mit 3 erweitern. Jedes Glied der Summe bzw. Differenz wird mit 3 multipliziert.

③ $10\,(x+3)+\frac{2-40x}{4}=50\frac{1}{2}-\frac{5x+20}{2}$	⇨	$-\frac{5x\oplus 20}{2} \Rightarrow -\frac{5x}{2}\ominus\frac{20}{2}$

Lösungshilfe:
1. Bruchstriche auflösen und in ganze Zahlen bzw. Dezimalbrüche umwandeln.
2. Achtung: Das Minus vor dem Bruchstrich verkehrt beim Auflösen des Bruchstrichs das Vorzeichen auf dem Bruchstrich ins Gegenteil.
3. Klammer ausmultiplizieren.

④ $2\,(x+5)+\frac{1}{8}x=3x-\frac{3\,(x-5)}{4}$	⇨	$-\frac{3x\ominus 15}{4} \Rightarrow -\frac{3x}{4}\oplus\frac{15}{4}$

Lösungshilfe:
1. Zuerst Klammern ausmultiplizieren.
2. Bruchstrich aufl ösen. Vorsicht: Minus vor dem Bruchstrich.
3. Gemeine Brüche in Dezimalbrüche umwandeln.

⑤ $\frac{7x-18}{2}-3x=\frac{2x-4}{6}-\frac{1}{8}(4x-16)+3$	⇨	$-\frac{1}{8}\cdot 4x \Rightarrow -\frac{4x}{8}$
⑥ $\frac{3{,}5}{x}+\frac{4}{x}-0{,}5=\frac{1}{4}-3\,(\frac{1}{x}-1)$	⇨	$3{,}5+4-0{,}5x=\frac{1}{4}x-3+3x$

Lösungshilfe:
1. Zuerst Klammern ausmultiplizieren.
2. Achtung: „x" im Nenner. Jedes einzelne Glied der ganzen Gleichung mit „x" erweitern.
3. Kürzen („x" im Nenner kürzt sich weg).

⑦ $3{,}5-3\,(\frac{3}{4x}-\frac{5}{6x})=\frac{1}{2x}+1\frac{7}{8}:\frac{3}{4}$	⇨	$\frac{15}{8}:\frac{3}{4} \Rightarrow \frac{15}{8}\cdot\frac{4}{3}$
⑧ $\frac{19x+10}{12}=\frac{2}{3}(\frac{x}{6}+9)-\frac{3x-6}{4}$	⇨	$\frac{2}{3}(\frac{x}{6}+\frac{9}{1}) \Rightarrow \frac{2x}{18}+\frac{18}{3}$ (Regel: $\frac{Z\cdot Z}{N\cdot N}$)

- Verwende **Dezimalbrüche**, wenn im Nenner Ziffern stehen, die durch 2, 4, 5 usw. teilbar sind.
- Verwende **gemeine Brüche**, wenn im Nenner Ziffern stehen, die durch 3, 7, 11, 13 usw. teilbar sind.

Terme und Gleichungen (1)

① $\frac{3}{8}(12x-16)-\frac{x}{2}-12=\frac{3}{4}-\frac{5}{4}(4-x)$

$$\begin{aligned}0{,}375\,(12x-16)-0{,}5x-12&=0{,}75-1{,}25\,(4-x)\\4{,}5x-6-0{,}5x-12&=0{,}75-5+1{,}25x\\4x-18&=1{,}25x-4{,}25\\2{,}75x&=13{,}75\\x&=\underline{5}\end{aligned}$$

② $0{,}75\,(6x-32)-5\,(7-\frac{1}{3}x)=\frac{7x-39}{3}$

$$\begin{aligned}4{,}5x-24-35+\frac{5}{3}x&=\frac{7}{3}x-13 &&|\cdot 3\\13{,}5x-72-105+5x&=7x-39\\18{,}5x-177&=7x-39\\11{,}5x&=138\\x&=\underline{12}\end{aligned}$$

③ $10\,(x+3)+\frac{2-40x}{4}=50\frac{1}{2}-\frac{5x+20}{2}$

$$\begin{aligned}10\,(x+3)+\frac{2}{4}-\frac{40x}{4}&=50{,}5-\frac{5x}{2}-\frac{20}{2}\\10x+30+0{,}5-10x&=50{,}5-2{,}5x-10\\30{,}5&=40{,}5-2{,}5x\\2{,}5x&=10\\x&=\underline{4}\end{aligned}$$

④ $2\,(x+5)+\frac{1}{8}x=3x-\frac{3\,(x-5)}{4}$

$$\begin{aligned}2x+10+0{,}125x&=3x-\frac{3x-15}{4}\\2x+10+0{,}125x&=3x-\frac{3x}{4}+\frac{15}{4}\\2{,}125x+10&=3x-0{,}75x+3{,}75\\2{,}125x+10&=2{,}25x+3{,}75\\6{,}25&=0{,}125x &&|:0{,}125\\x&=\underline{50}\end{aligned}$$

⑤ $\frac{7x-18}{2}-3x=\frac{2x-4}{6}-\frac{1}{8}(4x-16)+3$

$$\begin{aligned}3{,}5x-9-3x&=\frac{2}{6}x-\frac{4}{6}-\frac{4}{8}x+\frac{16}{8}+3\\0{,}5x-9&=\frac{1}{3}x-\frac{2}{3}-0{,}5x+2+3 &&|\cdot 3\\1{,}5x-27&=x-2-1{,}5x+6+9\\1{,}5x-27&=-0{,}5x+13\\2x&=40\\x&=\underline{20}\end{aligned}$$

⑥ $\frac{3{,}5}{x}+\frac{4}{x}-0{,}5=\frac{1}{4}-3\,(\frac{1}{x}-1)$

$$\begin{aligned}\frac{3{,}5}{x}+\frac{4}{x}-0{,}5&=0{,}25-\frac{3}{x}+3 &&|\cdot x\\3{,}5+4-0{,}5x&=0{,}25x-3+3x\\7{,}5-0{,}5x&=3{,}25x-3\\-3{,}75x&=-10{,}5 &&|:(-3{,}75)\\x&=\underline{2{,}8}\end{aligned}$$

⑦ $3{,}5-3\,(\frac{3}{4x}-\frac{5}{6x})=\frac{1}{2x}+1\frac{7}{8}:\frac{3}{4}$

$$\begin{aligned}3{,}5-\frac{9}{4x}+\frac{15}{6x}&=\frac{1}{2x}+\frac{15}{8}\cdot\frac{4}{3}\\3{,}5-\frac{9}{4x}+\frac{15}{6x}&=\frac{1}{2x}+2{,}5 &&|\cdot x\\3{,}5x-2{,}25+2{,}5&=0{,}5+2{,}5x\\3{,}5x+0{,}25&=0{,}5+2{,}5x\\x&=\underline{0{,}25}\end{aligned}$$

⑧ $\frac{19x+10}{12}=\frac{2}{3}(\frac{x}{6}+9)-\frac{3x-6}{4}$

$$\begin{aligned}\frac{19x}{12}+\frac{10}{12}&=\frac{2x}{18}+\frac{18}{3}-\frac{3x}{4}+\frac{6}{4} &&|\cdot 36\\57x+30&=4x+216-27x+54\\57x+30&=-23x+270\\80x&=240\\x&=\underline{3}\end{aligned}$$

M	Name: ____________________	Datum: ____________

Terme und Gleichungen (2)

II. Algebraische Textgleichungen

❶ Vorübungen und Lösungshinweise

Übersetze folgende Rechenausdrücke:

- die Summe/Differenz aus einer Zahl und 4 ____________________
- die doppelte Summe/Differenz aus 5 und einer Zahl ____________________
- die halbe Summe/Differenz aus einer Zahl und 5 ____________________
- das Doppelte einer Zahl, um 5 vermehrt/vermindert ____________________
- das Doppelte einer um 5 vermehrten/verminderten Zahl ____________________
- die Hälfte einer um 8 verminderten/vermehrten Zahl ____________________
- die dreifache Differenz aus dem Doppelten einer um 8 verminderten/vermehrten Zahl und 10 ____________________
- ... 12 mehr/weniger als das Doppelte der Zahl ____________________
- subtrahiere 5 vom Doppelten einer Zahl ____________________
- subtrahiere das Doppelte einer Zahl von 5 ____________________
- Ergebnis einer Addition/Subtraktion ____________________
- Ergebnis einer Multiplikation/Division ____________________
- zusammenzählen/abziehen ____________________
- malnehmen/teilen ____________________

❷ Übungsaufgaben

„Übersetze" die Textgleichungen und rechne „x" aus.

① Wenn ich eine Zahl um 7 vermindere und die entstehende Differenz mit 5 multipliziere, so erhalte ich halb so viel wie das Dreifache der Zahl.

② Das Doppelte der Zahl, vermehrt um 2, ist halb so viel wie das Doppelte der Zahl, vermindert um 5.

③ Subtrahierst du 7 vom Fünffachen einer Zahl, so erhältst du doppelt so viel, wie wenn du 3 zum dritten Teil der Zahl addierst.

④ Multipliziere die Differenz aus dem Achtfachen einer Zahl und 16 mit drei Viertel und subtrahiere vom Ergebnis die Summe aus der Zahl und 28, so erhältst du die Hälfte der Summe aus dem Fünffachen der gesuchten Zahl und 15.

⑤ Wenn du die Summe aus dem sechsten Teil einer gesuchten Zahl und 4 verdreifachst, erhältst du den fünften Teil der Differenz aus dem Vierfachen der Zahl und 3.

⑥ Addierst du 9 zum Fünffachen einer Zahl und multiplizierst die Summe mit 4 und verminderst das Produkt um 20, so erhältst du halb so viel, wie wenn du das Zehnfache der gesuchten Zahl von 82 subtrahierst.

⑦ Multipliziert man die Differenz aus einer Zahl und 3 mit 6 und vermindert das Produkt um 5, so erhält man die Hälfte der Differenz aus dem Fünffachen der Zahl und 11.

⑧ Subtrahiert man vom Dreifachen einer Zahl die Differenz aus dem Vierfachen der Zahl und 3, so erhält man ein Drittel der Summe aus der gesuchten Zahl und 1.

⑨ Subtrahiere 25 vom Fünffachen einer Zahl und vervielfache diese Differenz mit 6 und ziehe davon noch 105 ab, dann erhältst du 20 weniger als die fünffache Summe aus der gesuchten Zahl und 45.

⑩ Vermindere 200 um das Achtfache einer um 5 verminderten Zahl, dann erhältst du die halbe Differenz aus dem Sechzehnfachen der gesuchten Zahl und 200.

Terme und Gleichungen (2)

II. Algebraische Textgleichungen

❶ Vorübungen und Lösungshinweise

Übersetze folgende Rechenausdrücke:

• die Summe/Differenz aus einer Zahl und 4	$x + 4$	/ $x - 4$
• die doppelte Summe/Differenz aus 5 und einer Zahl	$2\,(5 + x)$	/ $2\,(5 - x)$
• die halbe Summe/Differenz aus einer Zahl und 5	$\frac{(x+5)}{2}$ oder $\frac{1}{2}(x+5)$	/ $\frac{(x-5)}{2}$ oder $\frac{1}{2}(x-5)$
• das Doppelte einer Zahl, um 5 vermehrt/vermindert	$2x + 5$	/ $2x - 5$
• das Doppelte einer um 5 vermehrten/verminderten Zahl	$2\,(x + 5)$	/ $2\,(x - 5)$
• die Hälfte einer um 8 verminderten/vermehrten Zahl	$\frac{(x-8)}{2}$ oder $\frac{1}{2}(x-8)$	/ $\frac{(x+8)}{2}$ oder $\frac{1}{2}(x+8)$
• die dreifache Differenz aus dem Doppelten einer um 8 verminderten/vermehrten Zahl und 10	$3\,[2\,(x-8) - 10]$	/ $3\,[2\,(x+8) - 10]$
• ... 12 mehr/weniger als das Doppelte der Zahl	$2x + 12$	/ $2x - 12$
• subtrahiere 5 vom Doppelten einer Zahl	$2x - 5$	
• subtrahiere das Doppelte einer Zahl von 5	$5 - 2x$	
• Ergebnis einer Addition/Subtraktion	*Summe*	/ *Differenz*
• Ergebnis einer Multiplikation/Division	*Produkt*	/ *Quotient*
• zusammenzählen/abziehen	*addieren*	/ *subtrahieren*
• malnehmen/teilen	*multiplizieren*	/ *dividieren*

❷ Übungsaufgaben

① *Ansatz:* $(x - 7) \cdot 5 = 3x : 2$; *Lösung:* $5x - 35 = 1{,}5x$; $3{,}5x = 35$; $x = \underline{10}$

② *Ansatz:* $2x + 2 = \frac{1}{2}(2x - 5)$; *oder:* $2\,(2x + 2) = 2x - 5$; *Lösung:* $4x + 4 = 2x - 5$; $2x = -9$; $x = \underline{-4{,}5}$

③ *Ansatz:* $5x - 7 = 2\,(\frac{x}{3} + 3)$; *oder:* $\frac{1}{2}(5x - 7) = \frac{x}{3} + 3$; *Lösung:* $5x - 7 = \frac{2}{3}x + 6$; $\frac{13}{3}x = 13$; $x = \underline{3}$

④ *Ansatz:* $(8x - 16) \cdot \frac{3}{4} - (x + 28) = \frac{5x + 15}{2}$; *Lösung:* $6x - 12 - x - 28 = 2{,}5x + 7{,}5$; $2{,}5x = 47{,}5$; $x = \underline{19}$

⑤ *Ansatz:* $(\frac{x}{6} + 4) \cdot 3 = \frac{4x - 3}{5}$; *Lösung:* $0{,}5x + 12 = 0{,}8x - 0{,}6$; $12{,}6 = 0{,}3x$; $x = \underline{42}$

⑥ *Ansatz:* $(5x + 9) \cdot 4 - 20 = \frac{82 - 10x}{2}$; *Lösung:* $20x + 36 - 20 = 41 - 5x$; $25x = 25$; $x = \underline{1}$

⑦ *Ansatz:* $(x - 3) \cdot 6 - 5 = \frac{5x - 11}{2}$; *Lösung:* $6x - 18 - 5 = 2{,}5x - 5{,}5$; $3{,}5x = 17{,}5$; $x = \underline{5}$

⑧ *Ansatz:* $3x - (4x + 3) = \frac{x + 1}{3}$; *Lösung:* $3x - 4x - 3 = \frac{x}{3} + \frac{1}{3}$; $-x - 3 = \frac{x}{3} + \frac{1}{3}$; $\frac{-4x}{3} = \frac{10}{3}$; $x = \underline{-2{,}5}$

⑨ *Ansatz:* $(5x - 25) \cdot 6 - 105 = 5\,(x + 45) - 20$; *Lösung:* $30x - 150 - 105 = 5x + 225 - 20$; $25x = 460$; $x = \underline{18{,}4}$

⑩ *Ansatz:* $200 - 8\,(x - 5) = \frac{16x - 200}{2}$; *Lösung:* $200 - 8x + 40 = 8x - 100$; $240 - 8x = 8x - 100$;
$16x = 340$; $x = \underline{21{,}25}$

M	Name: ______________________	Datum: ______________

Terme und Gleichungen (3)

III. Sachaufgabenbezogene Textgleichungen

❶ Lösungshinweise

Man unterscheidet zumeist drei Kategorien von Sachgleichungen:

① Sogenannte „**Verteilungsaufgaben**“ wie z. B. Geldsummen, Wählerstimmen, Flächen, Lebensalter. Dabei kann auch die Gesamtzahl gesucht werden.

a) Die gesuchte Gesamtsumme ist **eine Zahl**.
Beispiel: A: 500 €; B: 1200 €; C: 1800 €; ➪ Gesamtsumme = 3500 €

b) Die gesuchte Gesamtsumme ist **nicht errechenbar** ➪ „x“.
Beispiel: A: ein Drittel; B: 500; C: die Hälfte mehr als A und B zusammen; ➪ gesamte [Stimmen] = „x“

② Sogenannte **„Zu-viel/zu-wenig-Aufgaben**“
Die zwei sich gegenüberstehenden Terme der Gleichung sind mathematisch gleich groß.

③ Sogenannte **„Eintrittskarten-Aufgaben“**
Von der gegebenen Gesamtzahl wird ein gesuchter Teil als „x“ angenommen, der andere als Gesamtzahl minus „x“. Beispiel: Gesamt verkaufte Kinokarten: 250 Stück; 1. Platz: x; 2. Platz: 250 – x

❷ Übungsaufgaben

① Von den Schülern einer Gesamtschule kommt ein Viertel mit dem Schulbus, ein Sechstel mit dem Fahrrad und ein Achtel mit einem motorisierten Fahrzeug. 374 Schüler erreichen die Schule zu Fuß.
a) Berechne mithilfe einer Gleichung, wie viele Schüler diese Schule besuchen.
b) Wie viele Schüler kommen mit dem Bus, dem Fahrrad und einem motorisierten Fahrzeug?

② In einem Kino wurden 300 Karten der ersten und zweiten Kategorie verkauft. Die erste Preisklasse kostete 8 €, die zweite 6,50 €. An Gesamteinnahmen konnte der Kinobesitzer 2250 € verbuchen. Wie viele Karten der ersten und zweiten Kategorie konnte er verkaufen? Löse mithilfe einer Gleichung.

③ Bei einem Bundesligaspiel wurden Karten für insgesamt 1 600 000 € verkauft. Die Eintrittspreise betrugen: Sitzplatz Haupttribüne: 35 €; Sitzplatz Gegengerade: 27,50 €; Stehplatz: 12,50 €. 14 000 Personen kauften Stehplatzkarten, 45 000 Personen Sitzplatzkarten.
a) Wie viele Karten wurden für die Haupttribüne verkauft? Löse mithilfe einer Gleichung.
b) Wie viele Besucher kauften Karten für die Gegengerade?

④ Bei einer Geschwindigkeitsmessung vor dem Landratsamt fuhren ein Viertel der Autos bis zu 10 km/h schneller als zugelassen, ein Sechstel überschritt die Höchstgeschwindigkeit um mehr als 10 km/h. Weitere vier Autofahrer wurden wegen erheblicher Geschwindigkeitsübertretung von mehr als 30 km/h zur Anzeige gebracht. 192 Fahrzeuge überschritten die zulässige Geschwindigkeit nicht. Bei wie vielen Fahrzeugen wurde an diesem Tag die Geschwindigkeit gemessen?

⑤ Ein Tanklastzug wurde in einen Unfall verwickelt und der Tank beschädigt. Dabei liefen zwei Fünftel des Heizöls aus. Der Rest wurde von der Feuerwehr in andere Behälter umgefüllt, wobei ein Siebtel des Gesamtinhalts nicht ausgepumpt werden konnte. 126 Liter liefen am Unfallort aus, sodass die Feuerwehr schließlich noch 25 474 Liter abtransportieren konnte.
a) Wie viele Liter Heizöl befanden sich vor dem Unfall im Tank? Löse mithilfe einer Gleichung.
b) Wie viele Liter Heitöl verblieben im Tank?

⑥ Für ein Musical wurden bei einer Vorstellung insgesamt 763 Karten in vier Preisklassen verkauft. Die Eintrittspreise betrugen: Preisklasse 1: 80 €; Preisklasse 2: 70 €; Preisklasse 3: 55,50 €; Preisklasse 4: 44 €. 140 Besucher besaßen Karten zu 44 €. Von den Karten zu 70 € wurden zweimal soviel verkauft wie von den teuersten. Die Anzahl der verkauften Karten aus Preisklasse 3 war halb so groß wie die aus Preisklasse 1 und Preisklasse 4 zusammen.
a) Wie viele Karten von jeder Preisklasse wurden verkauft? Löse mithilfe einer Gleichung.
b) Wie hoch war die Gesamteinnahme dieser Vorstellung?

M Lösung

Terme und Gleichungen (3)

III. Sachaufgabenbezogene Textgleichungen

❷ Übungsaufgaben

① *Schüler: x; Bus:* $\frac{x}{4}$*; Fahrrad:* $\frac{x}{6}$*; motorisiert Fahrzeug:* $\frac{x}{8}$*; Fußgänger: 374*

a) Ansatz: $\frac{x}{4} + \frac{x}{6} + \frac{x}{8} + 374 = x \quad | \cdot 24$; *Lösung:* $6x + 4x + 3x + 8976 = 24x$; $13x + 8976 = 24x$;

$11x = 8976$; $x = \underline{816}$ *[Schüler]*

b) Bus: 204 Schüler; Fahrrad: 136 Schüler; motorisiertes Fahrzeug: 102 Schüler

② *1. Kategorie: x; 2. Kategorie: 300 – x;*

Ansatz:
$$\begin{aligned} x \cdot 8 + (300 - x) \cdot 6{,}50 &= 2250 \\ 8x - 6{,}5x + 1950 &= 2250 \\ 1{,}5x &= 300 \\ x &= \underline{200} \text{ [Karten]} \end{aligned}$$

1. Kategorie: *<u>200 Karten</u>*
2. Kategorie: 300 – 200 = *<u>100 Karten</u>*

③ *Sitzplatz Haupttribüne: 35 € ➪ 45 000 – x [Personen]*
Sitzplatz Gegengerade: 27,50 € ➪ x [Personen]
Stehplatz: 12,50 € ➪ 14 000 [Personen]

a) Sitzplatz Haupttribüne: *<u>25 000 Personen</u>*
b) Sitzplatz Gegengerade: *<u>20 000 Personen</u>*

Ansatz:
$$\begin{aligned} (45\,000 - x) \cdot 35 + x \cdot 27{,}50 + 14\,000 \cdot 12{,}50 &= 1\,600\,000 \\ 1\,575\,000 - 35x + 27{,}5x + 175\,000 &= 1\,600\,000 \\ 1\,750\,000 - 7{,}5x &= 1\,600\,000 \\ 150\,000 &= 7{,}5x \\ x &= \underline{20\,000} \text{ [Personen]} \end{aligned}$$

④ *Autos: x;* 😐 < 10 *km/h:* $\frac{1}{4}x$; ☹ > 10 *km/h:* $\frac{1}{6}x$; 💣 > 30 *km/h: 4;* ☺ *vorschriftsgemäß: 192;*

Ansatz: $\frac{1}{4}x + \frac{1}{6}x + 4 + 192 = x \quad | \cdot 12$

$$\begin{aligned} 3x + 2x + 48 + 2304 &= 12x \\ 2352 &= 7x \\ x &= \underline{336} \text{ [Autos]} \end{aligned}$$

⑤ *Gesamtinhalt: x; ausgelaufen:* $\frac{2}{5}x$*; nicht ausgepumpt:* $\frac{1}{7}x$*;*

Ansatz: $\frac{2}{5}x + \frac{1}{7}x + 126 + 25\,474 = x; \quad | \cdot 35$

$$\begin{aligned} 14x + 5x + 4410 + 891\,590 &= 35x \\ 19x + 896\,000 &= 35x \\ 896\,000 &= 16x \\ x &= \underline{56\,000} \text{ [Liter]} \end{aligned}$$

a) Gesamtinhalt: *<u>56 000 Liter</u>*
b) Rest im Tank: *<u>8000 Liter</u>*

⑥ *Preisklasse 1: x; Preisklasse 2: 2x; Preisklasse 3: (x + 140) : 2; Preisklasse 4: 140 Karten*

a) Ansatz:
$$\begin{aligned} x + 2x + (x + 140) : 2 + 140 &= 763 \\ 3{,}5x + 210 &= 763 \\ 3{,}5x &= 553 \\ x &= \underline{158} \text{ [Karten]} \end{aligned}$$

Preisklasse 1: *<u>158 Karten</u>*; *Preisklasse 2:* *<u>316 Karten</u>*; *Preisklasse 3:* *<u>149 Karten</u>*; *Preisklasse 4:* *<u>140 Karten</u>*

b) Ansatz: $158 \cdot 80 + 316 \cdot 70 + 149 \cdot 55{,}50 + 140 \cdot 44 = 12\,640 + 22\,120 + 8269{,}50 + 6160 = \underline{49\,189{,}50}$ *[€]*

M	Name: ______________________	Datum: ______________

Potenzen und Wurzeln (1)

❶ Lösungshinweise

① Jede Potenz besteht aus einer Basiszahl und einer Hochzahl (Exponent), z. B. $\mathbf{10^6}$.

② Bei der Standardschreibweise muss die Zahl vor der Zehnerpotenz-Basiszahl, die sogenannte Vorzahl, zwischen 1 und 10 liegen, z. B. $\mathbf{3{,}4} \cdot 10^6$.

③ Die **positive** Hochzahl bestimmt, um wie viele Stellen ich das Komma nach **rechts** rücken muss, um die Zahl auszuschreiben.

④ Die **negative** Hochzahl bestimmt, um wie viele Stellen ich das Komma nach **links** rücken muss, um die Zahl auszuschreiben.

Beachte: Wird bei positiven bzw. negativen Exponenten die Vorzahl um eine Zehnerstelle größer, so wird der Exponent um eine Zehnerstelle kleiner. Beispiele:

- $0{,}58 \cdot 10^5$ ➪ $5{,}8\,(\uparrow) \cdot 10^4\,(\downarrow)$; $58 \cdot 10^6$ ➪ $5{,}8\,(\downarrow) \cdot 10^7\,(\uparrow)$; $580 \cdot 10^2$ ➪ $5{,}8 \cdot 10^4$; $0{,}058 \cdot 10^4$ ➪ $5{,}8 \cdot 10^2$
- $0{,}32 \cdot 10^{-5}$ ➪ $3{,}2\,(\uparrow) \cdot 10^{-6}\,(\downarrow)$; $32 \cdot 10^{-7}$ ➪ $3{,}2 \cdot 10^{-6}$; $248 \cdot 10^{-3}$ ➪ $2{,}48 \cdot 10^{-1}$; $0{,}012 \cdot 10^{-2}$ ➪ $1{,}2 \cdot 10^{-4}$

❷ Vorübungen

① Schreibe als Zehnerpotenz in Standardschreibweise:

a) 12 500 000 b) 0,0007 c) 0,1 d) 30 000

② Schreibe als Dezimalbruch:

a) $7 \cdot 10^{-4}$ b) $125 \cdot 10^2$ c) $0{,}5 \cdot 10^2$ d) $4 \cdot 10^{-1}$

③ Lichtgeschwindigkeit im Vakuum: 299 800 km/s. Gib die Geschwindigkeit in Meter/Sekunde an.

④ Erdmasse: $5{,}973 \cdot 10^{27}$ g. Gib die Masse in Kilogramm und Tonnen an.

⑤ Masse eines Wasserstoffatoms: $1{,}67 \cdot 10^{-27}$ kg. Gib die Masse in Gramm an.

⑥ Größe eines Grippevirus: 100 nm. Gib die Größe in Meter an.

❸ Übungsaufgaben

① Licht legt in der Sekunde rund 300 000 Kilometer zurück. Welche Strecke legt das Licht in einem Jahr zurück?

② Der Durchmesser unserer Galaxie („Milchstraße") beträgt ca. $8{,}5 \cdot 10^{17}$ Kilometer. Wie viele Jahre braucht das Licht, um vom einen Ende zum anderen zu gelangen? Runde auf ganze Jahre.

③ Mit welcher Geschwindigkeit (in km/s) bewegt sich die Erde auf ihrer Bahn um die Sonne, wenn sie bei einer Umrundung (= 365 Tage) eine Strecke von $9{,}4608 \cdot 10^8$ Kilometer zurücklegt?

④ Ein menschliches Haar ist etwa $6 \cdot 10^{-2}$ mm dick, der Webfaden einer Spinne nur rund $5 \cdot 10^{-3}$ mm. Wie viele Spinnwebfäden müsste man nebeneinanderlegen, um die Dicke eines menschlichen Haares zu erreichen?

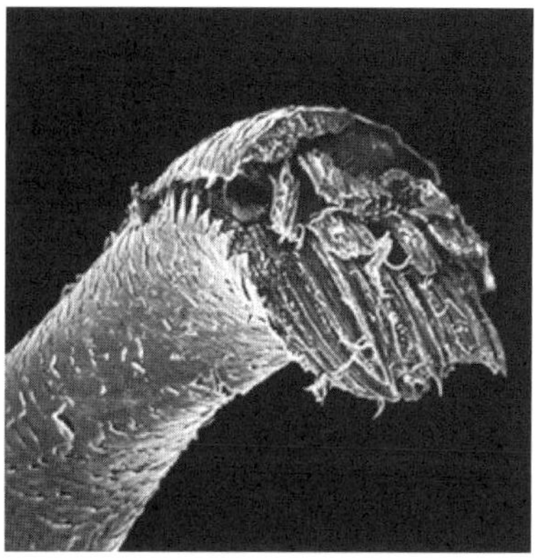

⑤ Alle bekannten Stoffe sind aus einzelnen Atomen aufgebaut. Die Stoffe unterscheiden sich nur durch die unterschiedliche Anzahl der Kernteilchen. Der Kern ist aus elektrisch positiven Protonen und etwa gleich schweren Neutronen aufgebaut.

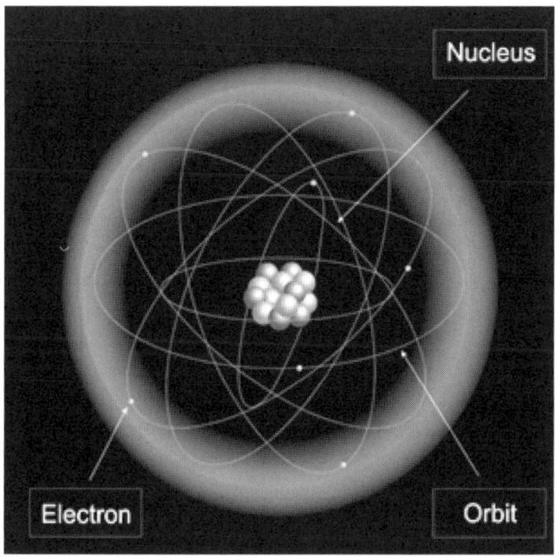

Die Masse eines Protons beträgt rund $1{,}673 \cdot 10^{-24}$ Gramm.

a) Berechne die Masse eines Elektrons.
Es wiegt den 1836-sten Teil eines Protons.

b) Der Kern eines Uranatoms besteht aus 92 Protonen und 146 Neutronen.
Berechne die Masse des Atomkerns.

Potenzen und Wurzeln (1)

❷ Vorübungen

① Schreibe als Zehnerpotenz in Standardschreibweise:

a) 12500000	b) 0,0007	c) 0,1	d) 30000
$1,25 \cdot 10^7$	*$7 \cdot 10^{-4}$*	*$(1 \cdot)\ 10^{-1}$*	*$3 \cdot 10^4$*

② Schreibe als Dezimalbruch:

a) $7 \cdot 10^{-4}$	b) $125 \cdot 10^2$	c) $0,5 \cdot 10^2$	d) $4 \cdot 10^{-1}$
0,0007	*12500*	*50*	*0,4*

③ Lichtgeschwindigkeit im Vakuum: 299800 km/s. Gib die Geschwindigkeit in Meter/Sekunde an.

$299800 \cdot 1000 = 299800000\ [m/s] = \underline{2,998 \cdot 10^8}\ [m/s]$

④ Erdmasse: $5,973 \cdot 10^{27}$ g. Gib die Masse in Kilogramm und Tonnen an.

$5,973 \cdot 10^{27} : 1000 = \underline{5,973 \cdot 10^{24}}\ [kg] : 1000 = \underline{5,973 \cdot 10^{21}}\ [t]$

⑤ Masse eines Wasserstoffatoms: $1,67 \cdot 10^{-27}$ kg. Gib die Masse in Gramm an.

$1,67 \cdot 10^{-27} \cdot 1000 = \underline{1,67 \cdot 10^{-24}}\ [g]$

⑥ Größe eines Grippevirus: 100 nm. Gib die Größe in Meter an.

$100\ [nm] : 1000 = 0,1\ [\mu m] : 1000 = 0,001\ [mm] : 1000 = \underline{0,0000001}\ [m] = (1 \cdot)\ \underline{10^{-7}}\ [m]$

❸ Übungsaufgaben

①

Lichtgeschwindigkeit:
$300000\ [km/s] \cdot 60 \cdot 60 \cdot 24 \cdot 365 = \underline{9,4608 \cdot 10^{12}}\ [km]$
Das Licht legt in einem Jahr rund 9,5 Billionen Kilometer zurück.

②

Durchquerung des Durchmessers unserer Galaxie durch das Licht:
$8,5 \cdot 10^{17}\ [km] : 9,4608 \cdot 10^{12} = 8,9844 \cdot 10^4\ [Jahre] = \underline{89844}\ [Jahre]$
Das Licht braucht 89844 Jahre.

③

Umlaufgeschwindigkeit der Erde um die Sonne:
$9,4608 \cdot 10^8\ [km/s] : 365 : 24 : 60 : 60 = 3 \cdot 10^1 = \underline{30}\ [km/s]$
Die Geschwindigkeit der Erde beträgt 30 Kilometer pro Sekunde.

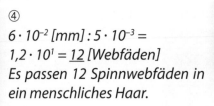

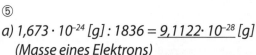

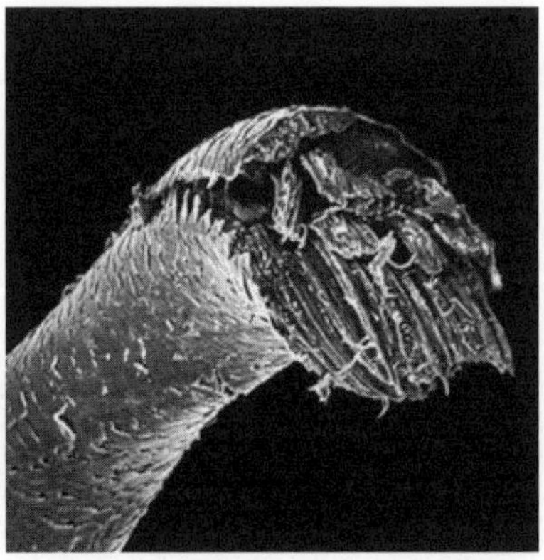

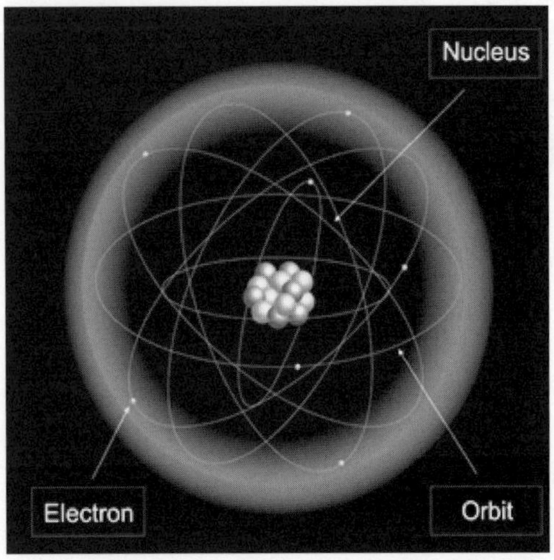

Atomkern und Elektronenhülle

④

$6 \cdot 10^{-2}\ [mm] : 5 \cdot 10^{-3} =$
$1,2 \cdot 10^1 = \underline{12}\ [Webfäden]$
Es passen 12 Spinnwebfäden in ein menschliches Haar.

⑤

a) $1,673 \cdot 10^{-24}\ [g] : 1836 = \underline{9,1122 \cdot 10^{-28}}\ [g]$
(Masse eines Elektrons)
b) $92 + 146 = 238$ [Kernteilchen];
$238 \cdot 1,673 \cdot 10^{-24}\ [g] = \underline{3,9817 \cdot 10^{-22}}\ [g]$
(Masse des Uranatomkerns)

M Name: ______________________ Datum: ______________________

Potenzen und Wurzeln (2)

① Alle Elemente unterscheiden sich nur durch die unterschiedliche Anzahl der Kernteilchen. Der Kern ist aus elektrisch positiven Protonen und etwa gleich schweren Neutronen aufgebaut. Aufgrund der sehr kleinen Zahlenwerte wird häufig die atomare Masseneinheit u ($1\ u = 1{,}661 \cdot 10^{-24}$ g) verwendet.
Der Kern eines C-Atoms besteht aus 6 Protonen und 6 Neutronen. Berechne die Masse des Kohlenstoffatoms, wenn die atomare Einheit u ein Zwölftel der Gesamtmasse beträgt.

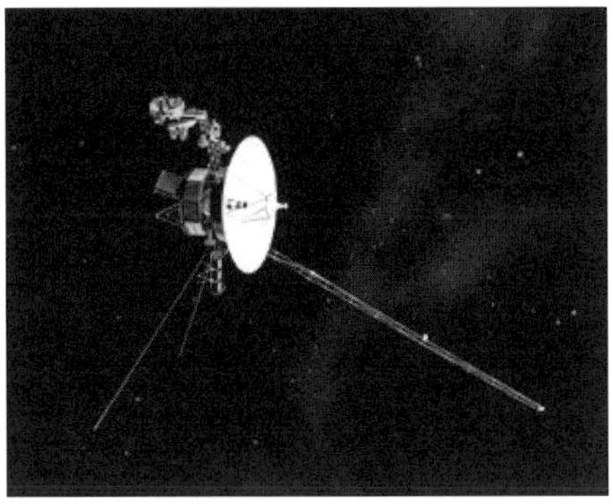

Lösungshilfe:
1. Tippe richtig ein: 1,661 [×] 10 [x^y] 24 [+/−] = $1{,}661^{-24}$
2. Alternatives Tippen: 1,661 [EXP/EE] 24 [+/−] = $1{,}661^{-24}$

② Im Weltraum sind die Entfernungen für uns unfassbar groß.
a) Das Licht der Sonne legt auf seinem Weg zur Erde rund $1{,}5 \cdot 10^8$ km zurück. Wie viele Minuten benötigt es für diese Reise, wenn die Lichtgeschwindigkeit etwa 300 000 km/s beträgt?
b) Die Raumsonde Voyager 2 sendete vom Neptun ein Funksignal zur Erde. Dieses Signal wurde mit Lichtgeschwindigkeit übertragen und erreichte die Erde nach 4 Stunden und 6 Minuten.
Welche Entfernung legte es dabei zurück? Gib das Ergebnis als große Zahl und als Zehnerpotenz an.
Lösungshilfe:
Du musst die Angabe 4 h 6 min in Sekunden umwandeln: 4 h 6 min = 4 · 60 + 6 [min] ⇨ · 60 = ... [s]

③ Eine Firma nimmt täglich die Sicherung ihrer Daten über Nacht vor. Bei einer durchschnittlich zu sichernden Datenmenge von 160 GB (Gigabyte) brauchen elf gleichzeitig laufende Computer mit gleicher Leistungsfähigkeit von 22.00 Uhr bis 6.00 Uhr morgens.
a) Wegen Wartungsarbeiten steht ein Computer nicht zur Verfügung.
Um wie viel Uhr wird die Speicherung der Daten beendet sein?
b) Heute sind ausnahmsweise 140 GB an Daten zu sichern.
Berechne, wie lange die Sicherung beim Einsatz von elf Computern dauert.

④ In 1 mm^3 Blut befinden sich ca. $5 \cdot 10^6$ rote Blutkörperchen. Ein Erwachsener besitzt ca. 6 Liter Blut.

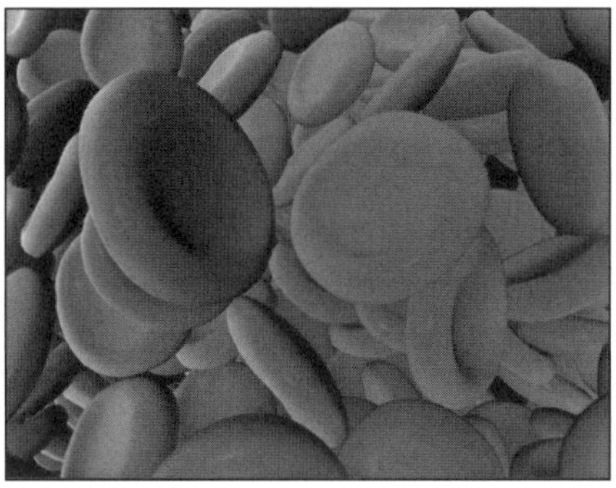

a) Wie viele rote Blutkörperchen besitzt er? Gib das Ergebnis auch als große Zahl an.
b) Ein rotes Blutkörperchen hat einen Durchmesser von $7 \cdot 10^{-3}$ mm. Wie viele Kilometer lang wäre das Band, wenn man alle roten Blutkörperchen eines Menschen aneinanderlegen würde?
c) Die durchschnittliche Lebensdauer eines roten Blutkörperchens beträgt 120 Tage. Wie viele Blutkörperchen werden im Laufe von 50 Jahren gebildet? Rechne mit 360 Tagen für ein Jahr.
Gib das Ergebnis auch als große Zahl an.
Lösungshilfe:
1 Liter = 1 dm^3 = 1000 cm^3 = 1 000 000 mm^3 = 10^6 mm^3; 1 km = 1000 m = 1 000 000 mm = 10^6 mm

⑤ Atom sind winzig klein.
a) Ein Sauerstoffatom hat eine Masse von $2{,}657 \cdot 10^{-23}$ g. Die sogenannte atomare Masseneinheit u ist der sechszehnte Teil davon. Berechne u.
b) Wasser setzt sich aus zwei H-Atomen und einem O-Atom zusammen.
• Masse des Wasserstoffs: $1{,}674 \cdot 10^{-24}$ g • Masse des Sauerstoffs: $2{,}657 \cdot 10^{-23}$ g
Berechne die Masse eines Wassermoleküls.
c) Ein Bleiatom hat eine Masse von $3{,}44 \cdot 10^{-22}$ g. Aus wie vielen Atomen bestehen 50 g Blei? Gib das Ergebnis auch als große Zahl an.
Lösungshilfe:
Wasser ist ein Molekül, dessen chemische Formel H_2O lautet.

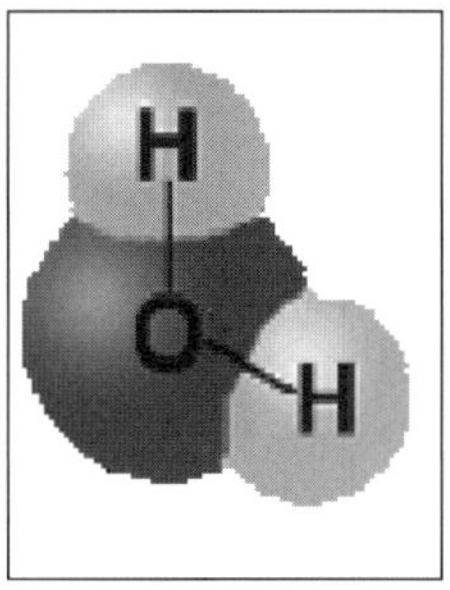

Potenzen und Wurzeln (2)

① $12 \cdot 1{,}661 \cdot 10^{-24} = \underline{1{,}9932 \cdot 10^{-23}}$ [g] (Masse Kohlenstoffatom)

② a) $1{,}5 \cdot 10^8 : 300\,000 = 5 \cdot 10^2 = \underline{500}$ [s];
$500 : 60 = 8{,}\bar{3}$ [min] $= \underline{8 \text{ min } 20 \text{ s}}$ (Zeit des Lichts von der Erde zur Sonne)

Voyager 2

b) 4 h 6 min = 246 min = 14 760 [s];
$14\,760 \cdot 300\,000 = 4{,}428 \cdot 10^9$ [km];
$4{,}428 \cdot 10^9 = 4\,428\,000\,000$ [km] = <u>4,428 Milliarden Kilometer</u>
(Signalweg von Voyager 2 zur Erde)

③ a) 11 PC ➪ 8 h
1 PC ➪ $8 \text{ h} \cdot 11 = 88 \text{ h}$
10 PC ➪ $88 \text{ h} : 10 = 8{,}8 \text{ h}$
$= 8 \text{ h} + 0{,}8 \cdot 60 \text{ min} = \underline{8 \text{ h } 48 \text{ min}}$;
Uhrzeit: 22.00 + 8 h 48 min = <u>6.48</u> [Uhr]

b) 160 GB ➪ 8 h
1 GB ➪ $8 : 160 = 0{,}05$ [h]
140 GB ➪ $0{,}05 \cdot 140 = \underline{7}$ [h]

④ a) $1 \text{ l} = 1 \text{ dm}^3 = 1000 \text{ cm}^3 = 1\,000\,000 \text{ mm}^3 = 10^6 \text{ mm}^3$;

$\underbrace{5 \cdot 10^6}_{\text{rote Blutk.}} \cdot \underbrace{6 \cdot 10^6}_{6 \text{ l in mm}^3} = 30 \cdot 10^{12} = \underline{3 \cdot 10^{13}}$ [Blutkörperchen];

$3 \cdot 10^{13} = 30\,000\,000\,000\,000$ = <u>30 Billionen Blutkörperchen</u>

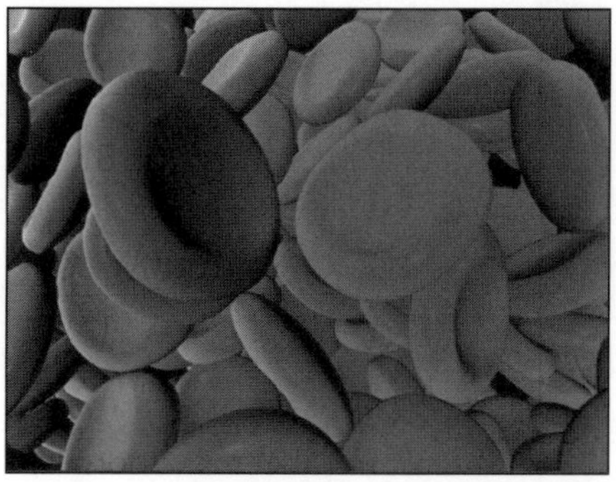
Rote Blutkörperchen

b) $1 \text{ km} = 1000 \text{ m} = 1\,000\,000 \text{ mm} = 10^6 \text{ mm}$;
$3 \cdot 10^{13} \cdot 7 \cdot 10^{-3} = 2{,}1 \cdot 10^{11}$ [mm];
$2{,}1 \cdot 10^{11} : 10^6 = 2{,}1 \cdot 10^5 = \underline{210\,000}$ [km] (rund fünfmal um den Äquator)

c) $50 \cdot 360 : 120 = 150$ [mal];
$150 \cdot 3 \cdot 10^{13} = \underline{4{,}5 \cdot 10^{15}}$ [Blutkörperchen];
$4\,500\,000\,000\,000\,000$ = <u>4,5 Billiarden Blutkörperchen</u>

⑤ a) $2{,}657 \cdot 10^{-23} : 16 = \underline{1{,}661 \cdot 10^{-24}}$ [g]
(atomare Masseneinheit u)

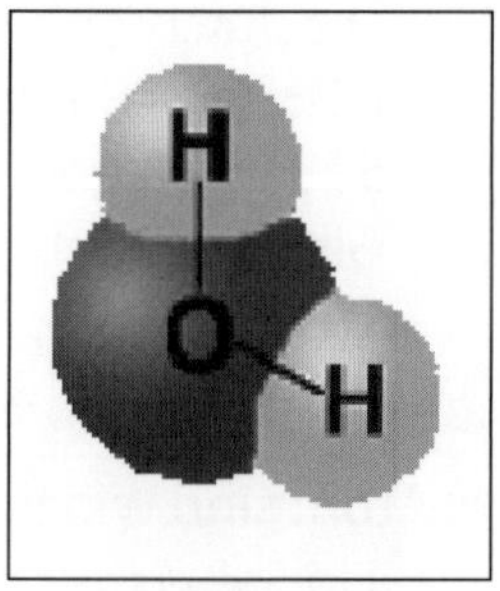

Wassermolekül

b) $2 \cdot 1{,}674 \cdot 10^{-24} + 2{,}657 \cdot 10^{-23} = \underline{2{,}9918 \cdot 10^{-23}}$ [g]
(Masse eines Wassermoleküls H_2O)

c) $50 : 3{,}44 \cdot 10^{-22} = \underline{1{,}4535 \cdot 10^{23}}$ [Stück]
(Bleiatome)
$1{,}4535 \cdot 10^{23} = 145\,350\,000\,000\,000\,000\,000\,000$
= <u>145,35 Trilliarden Bleiatome</u>

M	Name: ______________________	Datum: ______________

Prozent- und Zinsrechnung (1)

I. Prozentrechnen

❶ Lösungshinweise

① Entscheide immer zuerst, ob in der Aufgabe ein **erhöhter** oder **verminderter Grundwert** steckt. Achte dabei auf Formulierungen wie „beträgt jetzt", „im Preis enthalten", „sank auf", „erhöhte sich auf", „inklusive" u. a.
Ein erhöhter oder verminderter Grundwert bedarf des **„Rückwärtsrechnens"** auf den ursprünglichen Grundwert (100 %) hin.

- Beispiel 1 – erhöhter Grundwert: 120 % = 4800 €; 1 % = 4800 € : 120 = 40 €; 100 % = 40 € · 100 = 4000 €
- Beispiel 2 – verminderter Grundwert: 60 % = 780 €; 1 % = 780 € : 60 = 13 €; 100 % = 13 € · 100 = 1300 €

② Das Prozentrechnen im **Geschäftsleben (Kalkulation)** verwendet bestimmte Begriffe in einer bestimmten Reihenfolge. Lerne diese auswendig.

> ❶ **Bezugspreis/Einkaufspreis** (100 %) + ***Unkosten*** (20 %) ➪ **Selbstkostenpreis** (120 %)
> ❷ **Selbstkostenpreis** (100 %) + ***Gewinn*** (25 %) bzw. – ***Verlust*** (15 %) ➪ **Verkaufspreis** (125 % bzw. 85 %)
> ❸ **Verkaufspreis** (100 %) – ***Rabatt*** (10 %) ➪ **ermäßigter Verkaufspreis** (90 %)
> ❹ **Ermäßigter Verkaufspreis** (100 %) + ***Mehrwertsteuer*** (19 %) ➪ **Endpreis** (119 %)
> ❺ **Endpreis** (100 %) – ***Skonto*** (2 %) ➪ **Barzahlungspreis** (98 %)

③ Nach jedem Rechenschritt (jeder Stufe) musst du den Wert (Preis) wieder **neu mit 100 % ansetzen**, also immer wieder **mit neuem Grundwert** rechnen.

④ Dieses immer wieder neue Ansetzen des Grundwertes gilt auch bei **Wachstumsprozessen**.

❷ Übungsaufgaben

① Der Bezugspreis eines Fernsehgeräts beträgt 2400 €. Wie teuer kommt das Gerät, wenn der Händler 20 % Unkosten, 25 % Gewinn, die übliche Mehrwertsteuer aufschlägt und 10 % Rabatt gewährt?

② Ein Händler rechnet mit 15 % Geschäftsunkosten, 30 % Gewinn und 19 % Mehrwertsteuer. Bei Barzahlung erhält der Kunde 2 % Skonto. Wie viel muss er bezahlen, wenn der Bezugspreis für die Stereoanlage 1200 € beträgt? Runde das Endgergebnis auf ganze Cent.

③ Ein Fahrrad wird von drei Händlern angeboten. Welcher Händler ist am günstigsten? Fahrrad Jall mit 450 € ohne Mehrwertsteuer, Zweirad Rohrer mit 530 € abzgl. 3 % Rabatt und Biker Maurer mit 650 € ohne Mehrwertsteuer abzgl. 30 % Rabatt.

④ Ein Computer kostet 3570 €. Im Preis sind 19 % Mehrwertsteuer und 50 % Gewinn enthalten. Selbstkostenpreis?

⑤ Ein gebrauchter PKW wird mit 10 710 € angeboten. Im Preis sind 19 % Mehrwertsteuer, 25 % Verlust und 20 % Geschäftsunkosten enthalten. Wie viel € musste der Händler für den Wagen bezahlen? Kann er mit dem angebotenen Preis noch Gewinn erzielen?

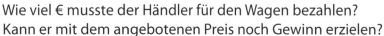

⑥ Der Selbstkostenpreis für modische Ware beträgt 45000 €. Die Hälfte davon kann mit 75 % Gewinn verkauft werden. Die andere Hälfte wird im Schlussverkauf mit 45 % Verlust als Schnäppchen angeboten.
Berechne den Gewinn in € und in Prozent.

⑦ Ein Wohnblock wird zur Zeit mit 550 000 € angeboten. Ein solventer Kunde möchte dieses Objekt nach Zuteilung seines Bausparvertrages in Höhe von 600 000 € in vier Jahren kaufen.
Reicht die Bausparsumme, wenn die jährliche Preissteigerung 3 % ausmacht?

Prozent- und Zinsrechnung (1)

❷ Übungsaufgaben

① *Endpreis Fernsehgerät:*

2400 € · 1,20 = 2880 € · 1,25 = 3600 € · 0,90 = 3240 € · 1,19 = <u>3855,60 €</u>

(100 % + 20 % = 120 % ➪ 1,20) *(100 % + 25 % = 125 % ➪ 1,25)* *(100 % – 10 % = 90 % ➪ 0,90)* *(100 % + 19 % = 119 % ➪ 1,19)*

② *Stereoanlage:*

1200 € · 1,15 (100 % + 15 % = 115 % ➪ 1,15) = 1380 € · 1,30 (100 % + 30 % = 130 % ➪ 1,30) = 1794 € · 1,19 (100 % + 19 % = 119 % ➪ 1,19) = 2134, 86 € · 0,98 (100 % - 2 % = 98 % ➪ 0,98) = <u>2092,16 €</u>

③ *Vergleich Fahrrad:*

- *Jall: 450 € · 1,19 = <u>535,50 €</u>;*
- *Rohrer: 530 € · 0,97 = <u>514,10 €</u>;*
- *Maurer: 650 € · 0,70 = 455 € · 1,19 = <u>541,45 €</u>*

Händler Rohrer ist am günstigsten.

④ *Selbstkostenpreis des Computers:*

„Rückwärtsrechnen"

Rechnen mit Operator: 3570 € : 1,19 = 3000 € : 1,50 = <u>2000 €</u>;

Rechnen mit Dreisatz:

119 % = 3570 €	*150 % = 3000 €*
1 % = 3570 : 119 = 30 €	*1 % = 3000 : 150 = 20 €*
100 % = 30 · 100 = 3000 €;	*100 % = 20 · 100 = <u>2000 €</u>*

⑤ *Gewinn PKW:*

„Rückwärtsrechnen"

10 710 € : 1,19 = 9000 € : 0,75 = 12 000 € : 1,20 = 10 000 €;

10 710 € – 10 000 € = <u>710 €</u>

Ja, der Autohändler kann noch einen Gewinn von 710 € erzielen.

⑥ *Modische Ware:*

45 000 € : 2 = 22 500 €;

1. Hälfte der Ware mit 75 % Gewinn:

22 500 € · 1,75 = 39 375 €;

2. Hälfte der Ware mit 45 % Verlust:

22 500 € · 0,55 = 12 375 €;

Gesamtverkaufspreis:

39 375 € + 12 375 € = 51 750 €;

Gewinn in €:

51 750 € – 45 000 € = <u>6750 €</u>;

Gewinn in %:

p = PW · 100 : GW = 6750 · 100 : 45 000 = <u>15</u> [%]

⑦ *Bausparsumme zum Kauf eines Wohnblocks:*

Wachstumsprozess (konstant)

550 000 € · 1,03 = 566 500 € · 1,03 = 583 495 € · 1,03 = 600 999,85 € · 1,03 = <u>619 029,85 €</u>;

Lösung über Potenzen:

550 000 € · $1,03^4$ = <u>619 029,85 €</u>

(Tippfolge Taschenrechner: 550 000 [×] 1,03 [y^x] [=] 619 029,85)

M	Name: ______________________	Datum: ______________

Prozent- und Zinsrechnung (2)

⑧ Die Grafik rechts zeigt ein Kalkulationsschema.
a) Formuliere zur Grafik eine Textaufgabe.
b) Berechne den Endpreis.
c) Was ist im Selbstkostenpreis alles enthalten? Streiche Falsches durch.
Gewinn – MwSt. – Unkosten – Verkaufspreis – Skonto – Bezugspreis

Bezugspr. 15 €	10 %		
Selbstkostenpreis		20 %	
Verkaufspreis			19 %
Endpreis			

⑨ Michaela bekommt zur Geburt von ihrem Vater 1 Cent geschenkt. Er verspricht, bei jedem Geburtstag dieses Geldgeschenk zu verdoppeln.
a) Wie viel Geld bekommt Michaela an ihrem ersten, wie viel an ihrem zehnten Geburtstag?
b) Könnte sie sich an ihrem 18. Geburtstag von diesem Geld einen Roller für 2500 € kaufen?

⑩ Die Hans-Breitling-Schule besuchen 480 Schüler. Davon kommen 192 Schüler mit dem Bus, 96 Schüler mit dem Rad und 144 zu Fuß. Der Rest wird mit dem Auto zur Schule gebracht.
a) Stelle den Sachverhalt in einem Prozentkreis (Radius = 3 cm) dar.
b) Suche eine weitere grafische Darstellungsmöglichkeit. Nimm dafür geeignete Maße.

II. Promillerechnen

❶ Lösungshinweise

① Das Promillerechnen ist nur eine Erweiterung des Prozentrechnens. Der Grundwert ist nicht 100 %, sondern 1000 ‰.

② Die drei Grundbegriffe heißen Grundwert, Promillewert und Promillesatz. Die drei Grundaufgaben mit ihren Berechnungswegen bleiben analog der Prozentrechnung gleich.

❷ Übungsaufgaben

① Für einen Bausparvertrag werden monatlich 75 € bezahlt. Das sind 2,5 ‰ der Bausparsumme.
a) Wie hoch ist die Bausparsumme?
b) Was muss der Bausparer mehr aufwenden, wenn der Vertrag um 25 000 € erhöht wird?
c) Welche monatliche Belastung hat man bei einer Bausparsumme von 120 000 €?

② Die Vorräte eines Lagerhauses werden gegen Brandschäden versichert. Der Jahresbeitrag beläuft sich auf 215 €, das sind 2,5 ‰ der Versicherungssumme. Im Jahresbeitrag ist die Versicherungssteuer bereits enthalten. Bei der Versicherungssteuer gelten zurzeit folgende Gebührensätze: Wohngebäudeversicherung mit Feuer mit 17,75 %, Wohngebäudeversicherung ohne Feuer mit 19 %, Hausratversicherung mit Feuer mit 18 % und Feuerversicherung mit 14 %.
a) Berechne die Versicherungssumme.
b) Berechne den Jahresbeitrag ohne Versicherungssteuer. Runde auf ganze Cent.

③ Einem Autofahrer werden nach einem Verkehrsunfall im Krankenhaus 4 cm^3 Blut entnommen. Dort wird ein Alkoholanteil von 2,4 mm^3 festgestellt. Welchen Promillegehalt hat der Fahrer? Hat er sich strafbar gemacht?

④ Bei einem Autofahrer werden nach einem Verkehrsunfall 2,4 ‰ Alkohol im Blut festgestellt.
Wie viel Alkohol hat der Fahrer im Blut, wenn seine Blutmenge 6,5 Liter beträgt?

⑤ Ein Ring mit einem Feingehalt von 585 wiegt 15 Gramm.
a) Wie viel Gramm reines Gold enthält er?
b) Berechne den Goldwert, wenn 1 Kilogramm Gold zurzeit etwa 18 000 € kostet.

⑥ Die beiden Orte A und B liegen 50 km voneinander entfernt. Ort A liegt 305 m über dem Meeresspiegel. Die Steigung nach Ort B beträgt 12 ‰.
Wie hoch liegt Ort B?

Prozent- und Zinsrechnung (2)

⑧ *a) Wie viel muss ein Kunde für eine DVD bezahlen, wenn der Bezugspreis des Händlers 15 € beträgt und er mit 10 % Unkosten, 20 % Gewinn und 19 % Mehrwertsteuer kalkuliert?*

Bezugspr. 15 €	10 %		
Selbstkostenpreis		20 %	
Verkaufspreis			19 %
Endpreis			

b) 15 · 1,10 (100 % + 10 % = 110 %) = 16,50 · 1,20 (100 % + 20 % = 120 %) = 19,80 · 1,19 (100 % + 19 % = 119 %) = 23,56 [€]

c) Was ist im Selbstkostenpreis alles enthalten? Streiche Falsches durch.
~~Gewinn~~ – ~~MwSt.~~ – Unkosten – ~~Verkaufspreis~~ – ~~Skonto~~ – Bezugspreis

⑨ *a) 1. Geburtstag: 1 ct Faktor: · 2*
10. Geburtstag: 1 · 2 · 2 · 2 · 2 · 2 · 2 · 2 · 2 · 2 · 2 = 2^{10} = 1024 [ct]
b) 18. Geburtstag: 1 · 2 · 2 · 2 · 2 · 2 · 2 · 2 · 2 · 2 · 2 · 2 · 2 · 2 · 2 · 2 · 2 · 2 · 2 = 2^{18} = 262 144 [ct] = 2621,44 [€]
Michaela kann den Roller kaufen.

⑩ *a) Schule Prozentkreis:*

Wie kommen die Schüler zur Hans-Breitling-Schule?

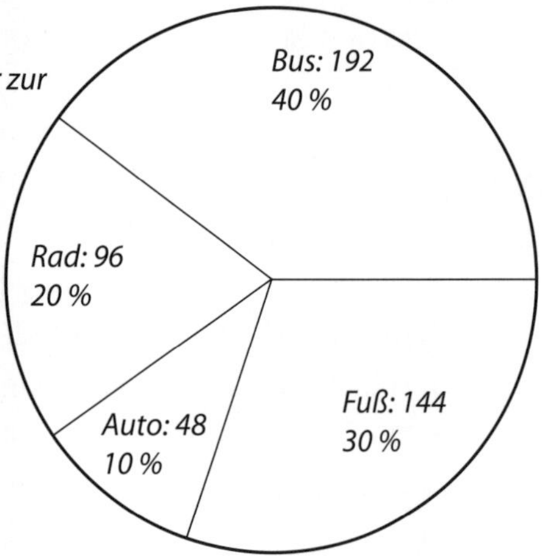

b) Schule Streifendiagramm:

Bus	Rad	Fuß	Auto
192	96	144	48

II. Promillerechnen

❷ Übungsaufgaben

① *a) GW = PW · 1000 : p = 75 · 1000 : 2,5 = 30 000 [€]*
b) PW = GW · p : 1000 = 55 000 · 2,5 : 1000 = 137,50 [€]
c) PW = GW · p : 1000 = 120 000 · 2,5 : 1000 = 300 [€]

② *a) GW = PW · 1000 : p = 215 · 1000 : 2,5 = 86 000 [€]*
b) GW = PW · 100 : p = 86 000 · 100 : 114 (100 % + 14 % = 114 %) = 75 438,596 = 75 438,60 [€]

③ *4 cm^3 = 4000 mm^3;*
p = PW · 1000 : GW = 2,4 · 1000 : 4000 = 0,6 [‰]
Der Fahrer hat sich strafbar gemacht, die erlaubte Grenze liegt bei 0,5 Promille.

④ *6,5 l = 6,5 dm^3 = 6500 cm^3;*
PW = GW · p : 1000 = 6500 · 2,4 : 1000 = 15,6 [cm^3]

⑤ *a) PW = GW · p : 1000 = 15 · 585 : 1000 = 8,775 [g]*
Der Ring enthält 8,775 Gramm reines Gold.
b) 18 000 €/kg : 1000 = 18 [€/g];
8,775 g · 18 € = 157,95 [€]
Der Goldwert des Ringes beläuft sich auf 157,95 Euro.

⑥ *50 km = 50 000 m;*
PW = GW · p : 1000 = 50 000 · 12 : 1000 = 600 [m]
Die Steigung beträgt 600 Meter.
Höhe Ort B:
305 + 600 = 905 [m]

M | Name: ______________________ | Datum: ______________________

Prozent- und Zinsrechnung (3)

III. Zinsrechnen

❶ Lösungshinweise

① Das Zinsrechnen ist ein um den Faktor „Zeit" erweitertes Prozentrechnen.
② Grundbegriffe: Grundwert = Kapital K (Darlehen, Hypothek, Guthaben, Schuldsumme), Prozentwert = Zinsen Z (Habenzinsen, Sollzinsen), Prozentsatz = Zinssatz p (Zinsfuß), Zeit t.
③ Ein Zinsjahr hat 360 Tage, ein Zinsmonat 30 Tage.
④ Es werden nur ganze €-Beträge verzinst.
⑤ Bei der Berechnung der Zinsen werden der erste und letzte Tag zusammen als ein Zinstag gerechnet.

❷ Übungsaufgaben

① Darlehen 1 von 8100 € wird zu 8 % und Darlehen 2 von 4100 € wird zu 6 % ausgeliehen. Für beide Darlehen zusammen müssen 720 € Zinsen bezahlt werden.
Auf das größere Darlehen entfallen zwei Drittel des Gesamtzinses.
a) Berechne die Zinszeit der beiden Darlehen. Runde auf ganze Zahlen.
b) Wie lange ist die jeweilige Laufzeit, wenn für jedes Darlehen 280 € Zinsen bezahlt werden müssen?

② Ein Bauherr hatte ein Baudarlehen von 200 000 € zu 7 % Zins und 1 % Tilgung für eine Laufzeit von fünf Jahren aufgenommen. Nach dieser Zeit beträgt die Schuld noch 185 000 €, über die ein neuer Vertrag abgeschlossen werden muss. Der Zinssatz beträgt jetzt 13,5 %, die Tilgung bleibt in ihrer Höhe erhalten.
a) Berechne die Jahreszinsen und die Jahrestilgung für das Fünf-Jahres-Darlehen im ersten Jahr.
b) Berechne die Jahreszinsen und die Jahrestilgung für das Verlängerungsdarlehen im ersten Jahr des neuen Vertragsabschlusses.
c) Wie hoch ist die monatliche Belastung beim Fünf-Jahres-Darlehen?
d) Wie teuer kommt das Verlängerungsdarlehen im Monat?
e) Um wieviel Prozent hat sich die monatliche Belastung für den Bauherrn erhöht?

③ Durch eine Erbschaft fielen Herrn Schmidt 150 000 € zu. Er legt das Geld in einer 90 m^2 großen Eigentumswohnung an. Da sich die Baukosten auf 2300 €/m^2 belaufen, kann die Wohnung durch die Erbschaft allein nicht finanziert werden.
a) Wie hoch ist das nötige Darlehen?
b) Der geliehene Betrag verursacht jährlich 6 % Zinsen und 8 % Tilgung. Berechne die monatliche Belastung.
c) Zu einem Preis von 8,50 €/m^2 vermietet Herr Schmidt die Wohnung. Ist dieser Mietpreis rentabel?
d) Trotz des Gewinnes ist der Wohnungskauf unrentabel. Die Erbschaft hätte weitaus gewinnbringender eingesetzt werden können, etwa bei der Bank zu einem Zinssatz von 9,5 %. Berechne den Gewinn im ersten Jahr.

④ Frau Schulz hat zu Jahresbeginn einen Kredit in Höhe von 24 000 € zu einem Zinssatz von 6,75 % aufgenommen. Die Laufzeit soll drei Jahre dauern. Fünf Monate nach der Kreditaufnahme schuldet Frau Schulz um. Sie hat nun einen Kreditgeber gefunden, der nur 6 % Zins verlangt.
a) Wie teuer kam der Kredit mit dem Zinssatz von 6,75 %?
b) Wie teuer kommt der Kredit mit dem Zinssatz von 6 % im laufenden Jahr noch?
c) Wie teuer wäre der höhere Kredit im ersten Jahr gekommen?
d) Berechne die Einsparung von Frau Schulz.

⑤ Erstelle einen Tilgungsplan für die ersten vier Jahre.
Schuldsumme: 60 000 € bei 6 % Zinsen und 11 % Tilgung.

Prozent- und Zinsrechnung (3)

❷ Übungsaufgaben

① *Darlehen 1: 8100 € zu 8 %; Darlehen 2: 4100 € zu 6 %*

a) Darlehen 1: Zwei Drittel von 720 € = 720 € : 3 · 2 = 480 €;
Zeit $t_1 = Z \cdot 100 \cdot 360 : K : p = 480 \cdot 100 \cdot 360 : 8100 : 8 = 266{,}\bar{6} \approx \underline{267}$ *[d];*
Darlehen 2: Ein Drittel von 720 € = 720 € : 3 = 240 €;
Zeit $t_2 = Z \cdot 100 \cdot 360 : K : p = 240 \cdot 100 \cdot 360 : 4100 : 6 = 351{,}21951 \approx \underline{351}$ *[d]*
b) Zeit $t_1 = 280 \cdot 100 \cdot 360 : 8100 : 8 = 155{,}5 \approx \underline{156}$ *[d];*
Zeit $t_2 = 280 \cdot 100 \cdot 360 : 4100 : 6 = 409{,}7561 \approx \underline{410}$ *[d]*

② *a) Darlehen 200 000 €:* *Zinsen: 200 000 · 7 : 100 = <u>14 000</u> [€];*
Tilgung: 200 000 · 1 : 100 = <u>2000</u> [€]
b) Darlehen 185 000 €: *Zinsen: 185 000 · 13,5 : 100 = <u>24 975</u> [€];*
Tilgung: 185 000 · 1 : 100 = <u>1850</u> [€]
c) 14 000 + 2000 = 16 000 [€]; 16 000 : 12 = <u>1333,33</u> [€];
d) 26825 : 12 = 2235,4167 ≈ <u>2235,42</u> [€]
e) p = PW · 100 : GW = 2235,42 · 100 : 1333,33 = 167, 65692 ≈ 167,7 [%];
167,7 – 100 = <u>67,7</u> [%] (Erhöhung)

③ *Erbschaft: 150 000 €*
Baukosten: 90 $[m^2] \cdot 2300\ [€/m^2] = \underline{207\,000}$ *[€]*
a) Darlehen: 207 000 – 150 000 = <u>57 000</u> [€]
b) Jährliche Belastung: Z = K · p : 100 = 57 000 · 14 (6 % + 8 % = 14 %) : 100 = 7980 [€];
Monatliche Belastung: 7980 : 12 = <u>665</u> [€]
c) $90\ m^2 \cdot 8{,}50\ €/m^2 = \underline{765}$ *[€];*
765 – 665 = <u>100</u> [€]
Der Mietpreis ist rentabel.
d) Z = K · p : 100 = 150 000 · 9,5 : 100 = 14 250 [€];
Zinsen/Jahr – Mieterträg/Jahr = 14 250 – 9180 = <u>5070</u> [€]
Der Gewinn hätte im ersten Jahr 5070 Euro betragen.

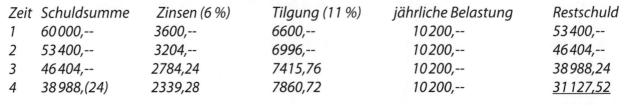

④ *Kredit von Frau Schulz: 24 000 €*
a) Z = K · p · t : 100 : 12 = 24000 · 6,75 · 5 : 100 : 12 = <u>675</u> [€]
b) Z = K · p · t : 100 : 12 = 24000 · 6 · 7 : 100 : 12 = <u>840</u> [€]
c) Z = K · p : 100 = 24000 · 6,75 : 100 = <u>1620</u> [€]
d) Einsparung:
675 + 840 = 1515 [€];
1620 – 1515 = <u>105</u> [€]

⑤ *Erstelle einen Tilgungsplan für die ersten vier Jahre.*
Schuldsumme: 60 000 €
6 % Zinsen
11 % Tilgung

Zeit	Schuldsumme	Zinsen (6 %)	Tilgung (11 %)	jährliche Belastung	Restschuld
1	60 000,--	3600,--	6600,--	10 200,--	53 400,--
2	53 400,--	3204,--	6996,--	10 200,--	46 404,--
3	46 404,--	2784,24	7415,76	10 200,--	38 988,24
4	38 988,(24)	2339,28	7860,72	10 200,--	<u>31 127,52</u>

Merke: Die jährliche Belastung setzt sich aus den Zinsen und der Tilgung im 1. Jahr zusammen und bleibt die ganze Laufzeit über gleich.

M | Name: ______________________ | Datum: ______________

Konstruktionen (1)

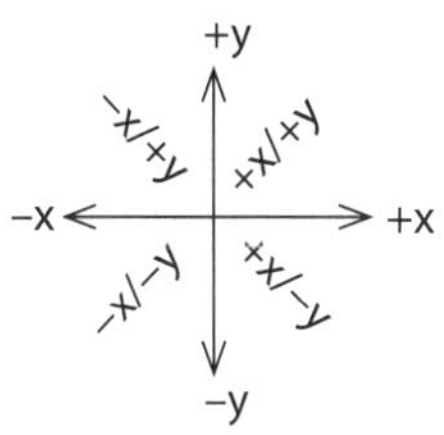

❶ Lösungshinweise

① Voraussetzung ist die Beherrschung der Grundkonstruktionen.

② Oft erfordern Konstruktionen das Zeichnen eines Koordinatensystems. Dieses hat vier Quadranten. ☞ Beachte dabei die Vorzeichen.

❷ Übungsaufgaben

① Der Dachstuhl eines Hauses hat folgende Maße: Hausbreite c: 11,20 m; Dachschräge a: 8,50 m; Dachschräge b: 6,50 m. In dem Siedlungsgebiet, in welchem dieses Haus stehen soll, müssen die Neigungswinkel α und β zwischen 30° und 50° liegen. Konstruiere dieses Dreieck im Maßstab 1 : 100 und miss nach, ob die beiden Neigungswinkel der Bauvorschrift entsprechen.

Lösungshilfe:

1. Maßstabsberechnung:

*Maßeinheit der Konstruktion in **Zentimeter** ⇨ Maße, wenn notwendig, in Zentimeter umwandeln:*
11,20 m = 1120 cm – Maßstab 1 : 100 ⇨ 1120 : 100 (Divisor des Maßstabs) = 11,2 [cm];
8,50 m = 850 cm – z. B. im Maßstab 1 : 200 ⇨ 850 : 200 = 4,25 [cm];
6,50 m = 650 cm – z. B. im Maßstab 1 : 50 ⇨ 650 : 50 = 13 [cm]

2. Mit dem Zirkel konstruieren:

*Beim Dreieck die **Seite a in Ecke B** und die **Seite b in Ecke A** einstechen und Kreisbögen ziehen. Der Schnittpunkt der Kreisbögen ist die Ecke C.*

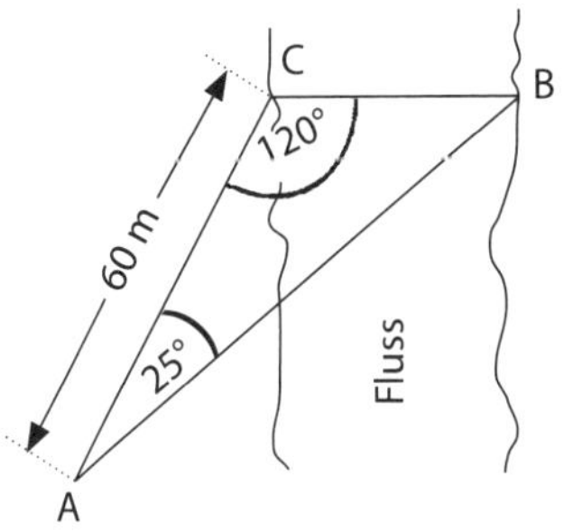

② Um die Breite eines Flusses zu bestimmen, kann man von einem Punkt A aus die Punkte B und C anpeilen. Die Werte der Peilung werden in einer Skizze festgehalten. Ermittle die Flussbreite mithilfe einer entsprechenden Dreieckskonstruktion. Achte auf einen sinnvollen Maßstab.

Lösungshilfe:

1. Ein sinnvoller Maßstab liegt vor, wenn die gegebene Größe von 60 m in der Konstruktion nicht kleiner als 5 cm und nicht größer als 15 cm ist.

2. Beginne deine Konstruktion mit der Seite b.

③ Eine 5,20 m lange Leiter ist an eine senkrechte Hauswand gelehnt. Aus Sicherheitsgründen soll sie zum Erdboden einen Winkel von höchstens 75° bilden. Wie hoch reicht die Leiter?

Lösungshilfe:

1. Beginne mit der Seite c (Bodenseite), die du beliebig lang zeichnen kannst.

2. Lege an einem beliebigen Punkt A den Winkel α = 75° an.

④ Ein Drachen hat folgende Maße:
a = 4 cm; die Hälfte der Diagonale f = 2,5 cm; β = 120°.

a) Zeichne eine Planfigur und fertige eine Konstruktionsbeschreibung.

b) Konstruiere mit Zirkel und Geodreieck.

c) Berechne die Fläche. Entnimm die notwendigen Maße deiner Konstruktion.

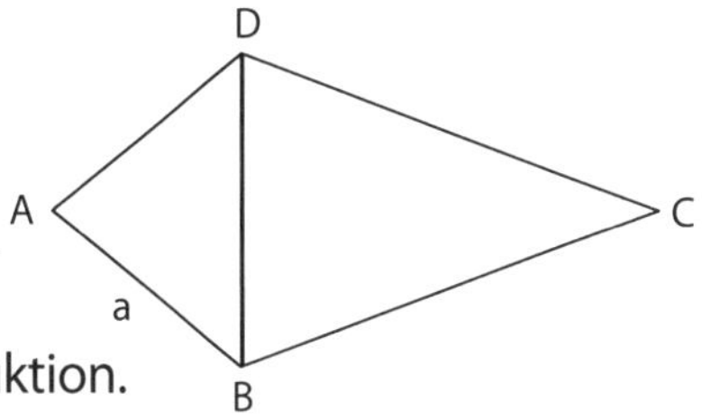

Lösungshilfe:

1. Vervollständige die Planfi gur rechts.

2. Beginne mit der Seite a.

⑤ Zeichne die Punkte A (1/–2) und C (–3/6) in ein Koordinatensystem ein. Die beiden Punkte sind Eckpunkte des Vierecks ABCD.

a) Konstruiere die Mittelsenkrechte f zu Strecke $\overline{AC}$. Bezeichne den Schnittpunkt der Strecke $\overline{AC}$ und der Diagonalen f mit M. Gib die Koordinaten von M an.

b) Zeichne einen Kreis um C durch den Punkt S (–0,5/1).

c) Die Schnittpunkte des Kreises mit der Geraden f sind die Eckpunkte B und D des Vierecks. Gib ihre Koordinaten an und verbinde die Punkte A, B, C und D zum Viereck.

d) Konstruiere den Punkt N so, dass das Rechteck MBNC entsteht. Gib die Koordinaten von N an.

Konstruktionen (1)

❷ Übungsaufgaben

① *Dachneigung:*

Planfigur:

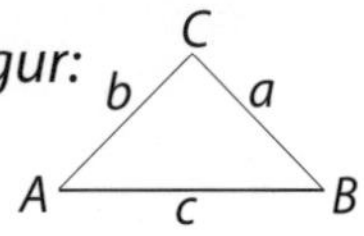

c = 11,2 cm
a = 8,5 cm
b = 6,5 cm

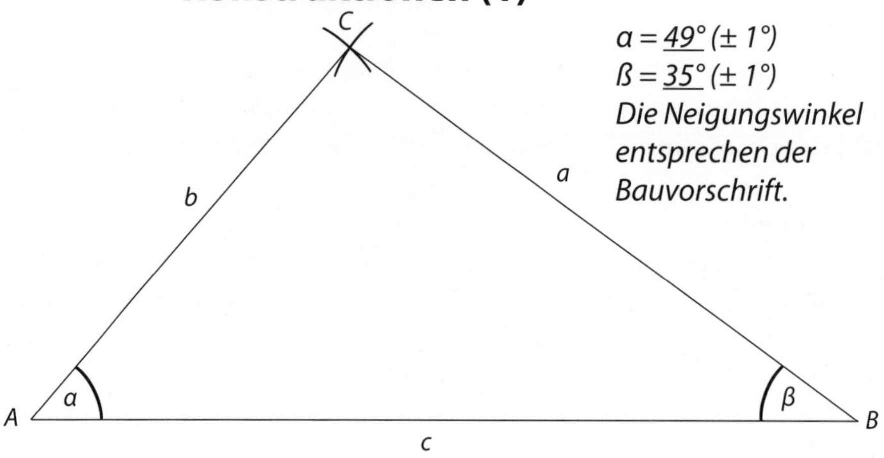

α = 49° (± 1°)
ß = 35° (± 1°)
Die Neigungswinkel entsprechen der Bauvorschrift.

② *Flussbreite:*

Skizze:

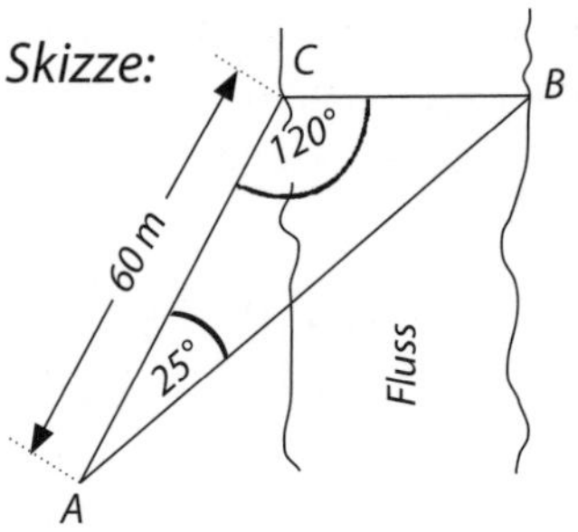

Maßstab: 1 : 1000

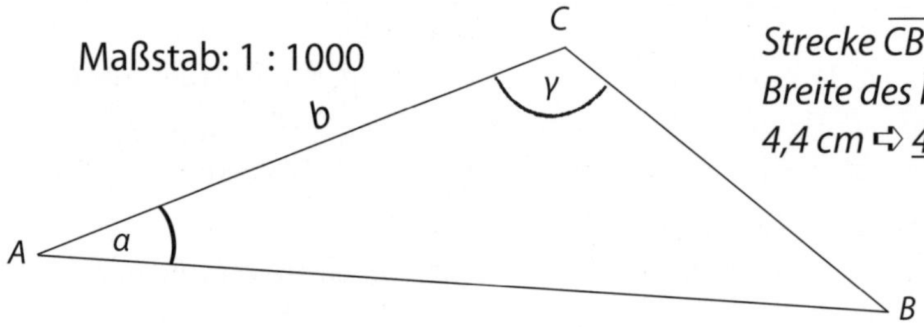

Strecke $\overline{CB}$ = Breite des Flusses = 4,4 cm ➪ 44 m

③ *Leiter:*

a = a'
= 75 °

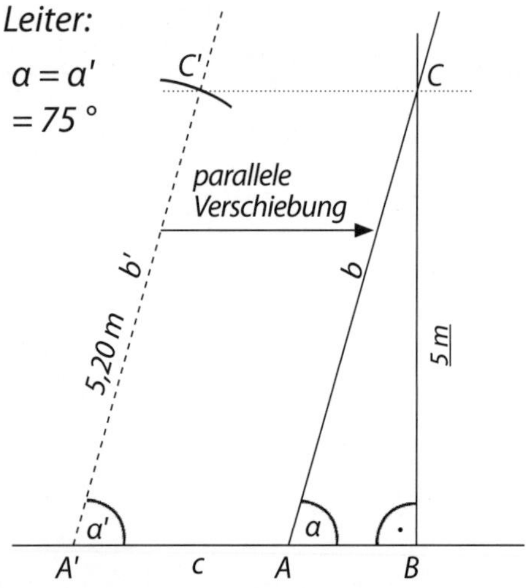

④ *Drachen:*

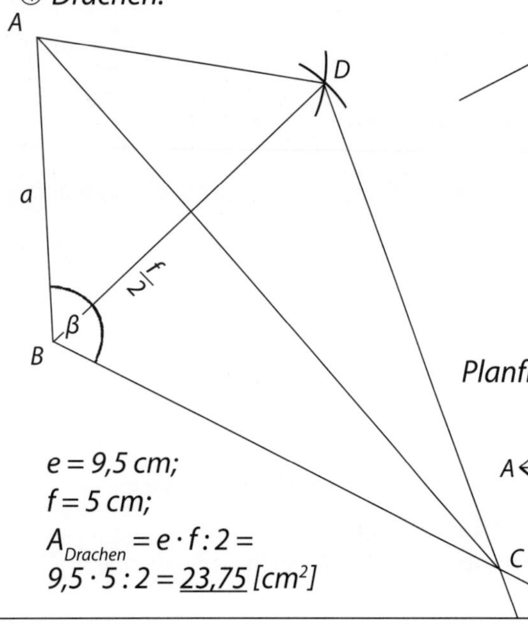

e = 9,5 cm;
f = 5 cm;
$A_{Drachen} = e \cdot f : 2 =$
$9{,}5 \cdot 5 : 2 = \underline{23{,}75}$ [cm²]

Planfigur:

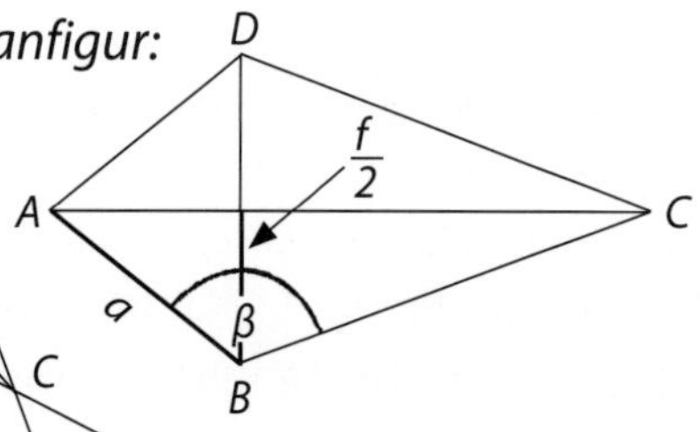

⑤ *Konstruktion:*

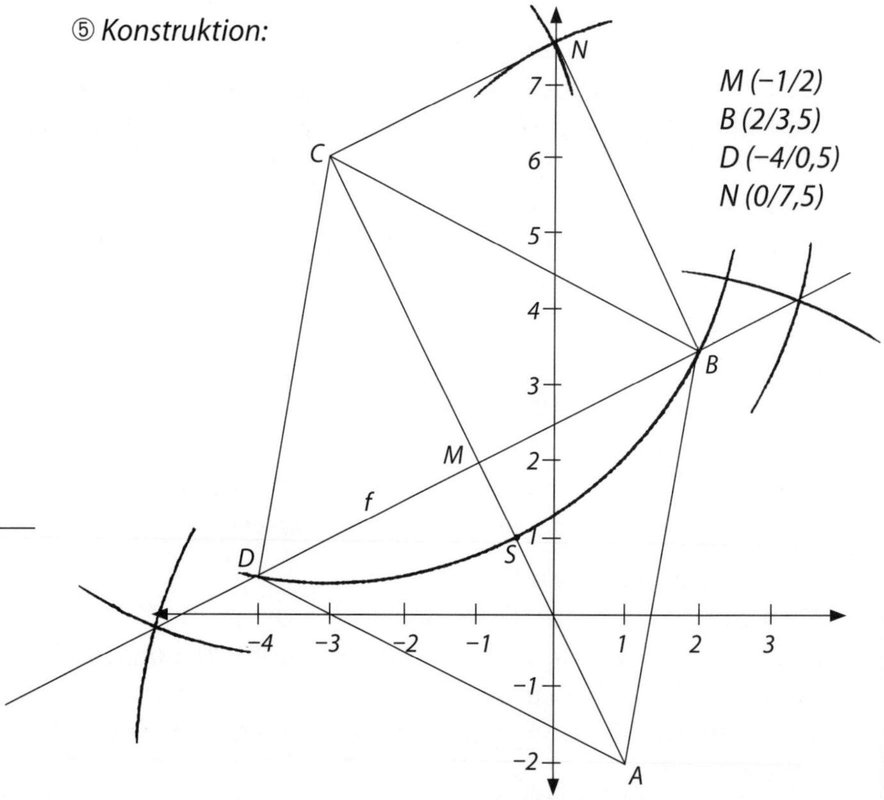

M (−1/2)
B (2/3,5)
D (−4/0,5)
N (0/7,5)

1. *Seite a = 4 cm antragen ➪ A und B*
2. *Kreis um B mit Radius r = 5 cm ➪ Diagonale f*
3. *Kreis um A mit Radius r = a = d = 4 cm ➪ Schnittpunkt ergibt D*
4. *Winkel β = 120° in B antragen*
5. *Winkel δ = 120° in D antragen ➪ Schnittpunkt ergibt C*
6. *Verbinden und beschriften*

M Name: ______________________ Datum: ______________________

Konstruktionen (2)

⑥ Lege ein Koordinatensystem an mit x- und y-Achse jeweils 15 cm.

a) Markiere die Punkte M (6/5,5) und A (1,5/5,5) und ziehe so einen Kreisbogen um M, dass A auf diesem Kreisbogen liegt.

b) Verlängere die Strecke $\overline{AM}$ und du erhältst den Schnittpunkt C auf der Kreislinie.

c) Die Strecke $\overline{AC}$ ist die Diagonale des Quadrats ABCD. Konstruiere dieses Quadrat. Wo liegen die Punkte B und D? Gib deren Koordinaten an.

d) Konstruiere über der Strecke $\overline{CD}$ ein gleichseitiges Dreieck CDE. Gib die Koordinaten des Punktes E an.

Lösungshilfe:

1. Die Ecken des Quadrats ABCD werden ***gegen den Uhrzeigersinn*** *gelesen und angeordnet.*

2. Bei einem gleichseitigen Dreieck sind alle drei Seiten gleich groß.

⑦ Wie hoch schwebt der Ballon über der Kirchturmspitze? Konstruiere und miss ab.

Maßstab: 1 : 50 000.

Skizze:

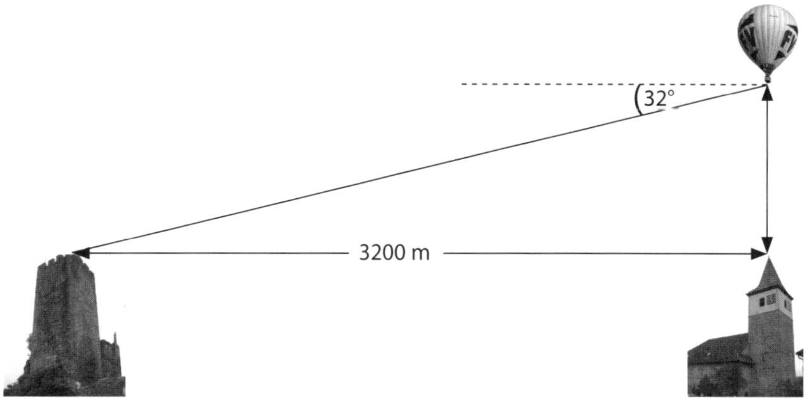

Lösungshilfe:

1. Wandle die 3200 Meter in Zentimeter um. Du musst nun dividieren, um den Maßstab zu erhalten.

2. Wechselwinkel oder z-Winkel sind gleich groß. Wo liegt der zu 32° passende z- Winkel?

⑧ Wie groß ist der Abstand vom Fußpunkt A des Turmes bis zum Punkt B?

Konstruiere im Maßstab 1 : 500. Daneben gibt es auch noch eine rechnerische Lösung. Finde sie heraus.

Skizze:

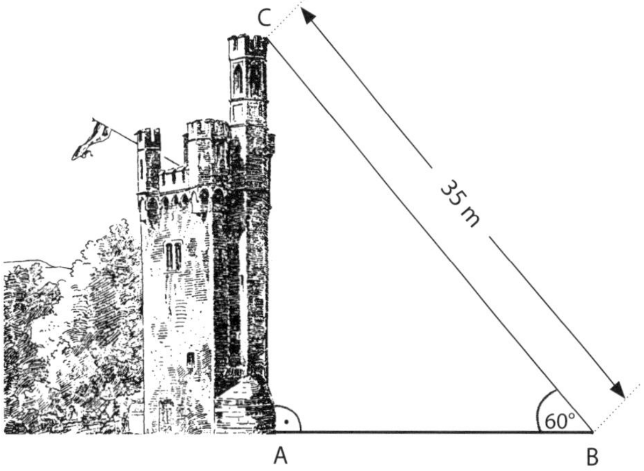

Lösungshilfe:

1. Den Winkel γ bei der Ecke C kannst du berechnen.

2. Beachte bei der rechnerischen Lösung: Das Dreieck ABC ist ein ***halbes gleichseitiges Dreieck.***

Konstruktionen (2)

⑥ *Konstruktion:*

Die Punkte B und D liegen auf dem Kreisbogen.

Koordinaten:
B (6/1)
D (6/10)
E (12/11,5)

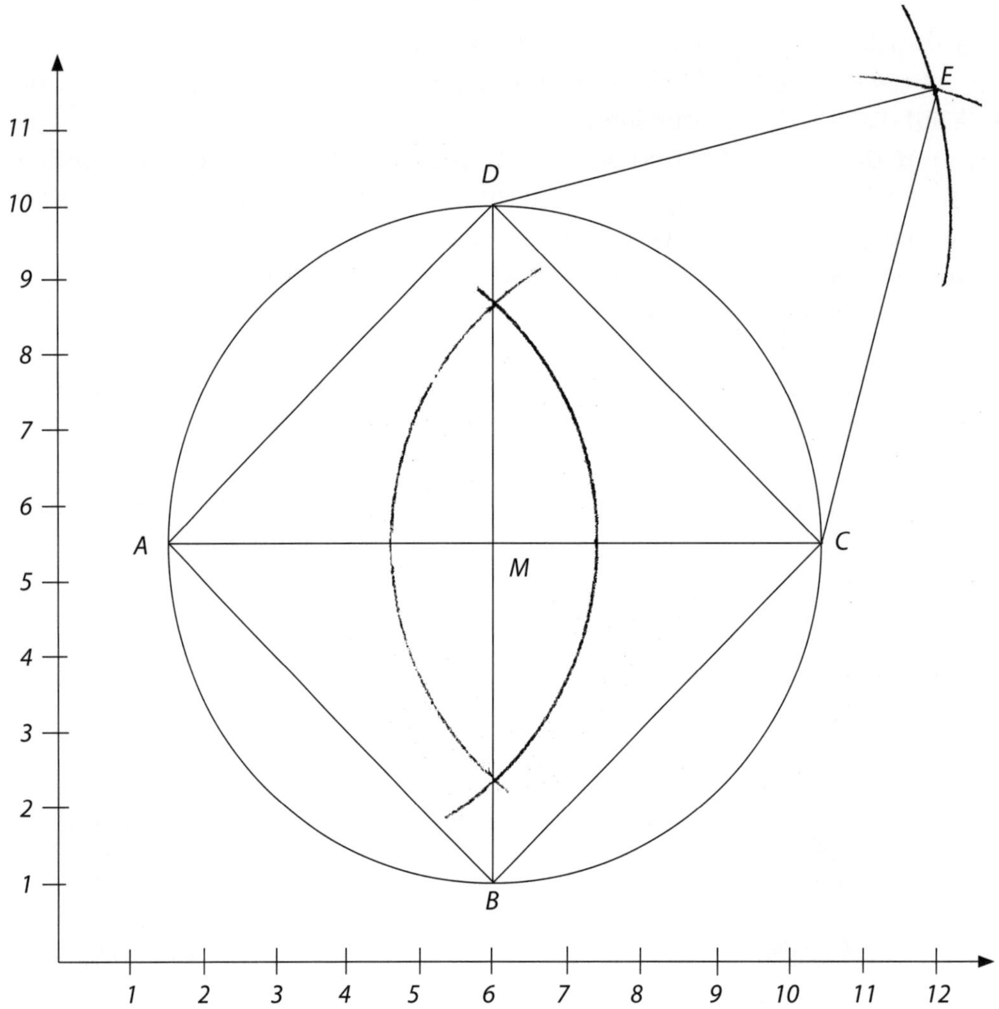

⑦ *Ballon:*

3200 m = 320 000 cm;
320 000 cm : 50 000 = 6,4 cm;
γ: 90° – 32° = 58°;
α: 180° – 90° – 58° = 32°

Abmessen der Höhe:
4 cm ➪ <u>2000 m</u>

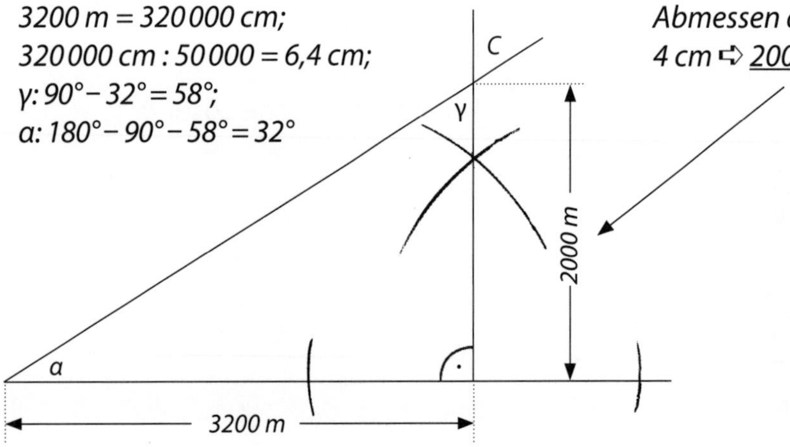

⑧ *Turm:*

Rechnerische Lösung:
60°-Winkel ➪ gleichseitiges Dreieck.
Im halben gleichseitigen Dreieck ist die Strecke $\overline{AB}$ die Hälfte der Strecke $\overline{BC}$:
35 : 2 = <u>17,5</u> [m]

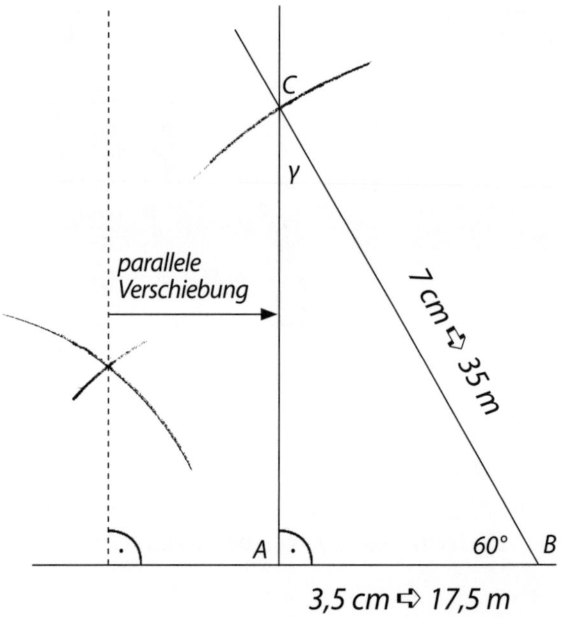

M	Name: ______________________	Datum: ______________

Flächen (1)

❶ Merkpunkte

① Erstelle eine Skizze und beschrifte diese, falls keine vorgegeben ist.
② Zerlege komplexe Fläche in ihre Einzelflächen wie z. B. Dreieck, Quadrat, Rechteck, Seckseck, Kreis u. a. Beachte dabei, ob die Fläche zusammengesetzt oder ob aus ihr etwas „herausgeschnitten" ist.
③ Oft musst du mit den angegebenen Maßen neue Maße errechnen.
④ Berücksichtige die Einheit der Benennungen, z. B. mm – mm², cm – cm² ; dm – dm² ; m – m², 10 m – a (Ar), 100 m – ha (Hektar), 1000 m – km². Sei beim Umrechnen aufmerksam. Bewege dich beim Ausrechnen immer auf der gleichen Benennungsebene. Vergiss nicht zum Schluss die Benennungen.
⑤ Beachte beim Umrechnen die Umrechnungszahlen: Strecken – 10; Flächen – 100. Umrechnungszahlen müssen von Stufe zu Stufe neu angesetzt werden.
⑥ Achte auf den Lehrsatz des Pythagoras, der oft in Flächen „versteckt" ist.
⑦ Manchmal musst du Formeln auch umstellen. Löse solche Umstellungen mithilfe einer Gleichung.

❷ Übungsaufgaben

① Die nebenstehende Figur setzt sich aus einem regelmäßigen Sechseck und einem Halbkreis zusammen. Der Flächeninhalt des Halbkreises beträgt 25,12 dm². Berechne die Fläche des regelmäßigen Sechsecks.

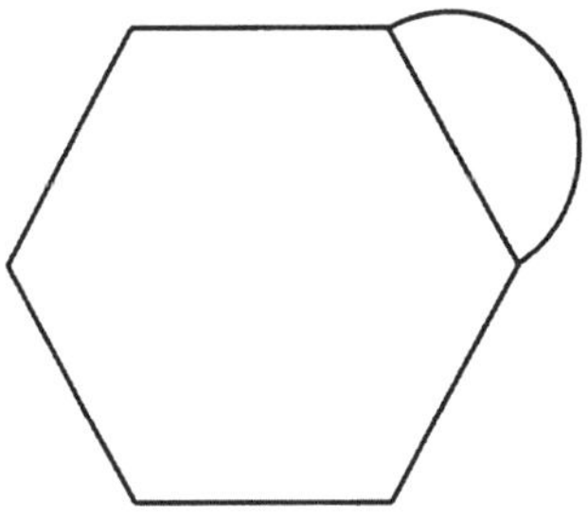

Lösungshilfe:
*1. Du musst **„rückwärts"** rechnen: Fläche Kreis ➪ Radius (3 Rechenschritte).*
2. Der Durchmesser des Halbkreises entspricht der Basisseite des Sechsecks.
3. Zur Berechnung der Höhe des Bestimmungsdreiecks brauchst du den Pythagoras. Zeichne das „Pythagorasdreieck" in die Skizze ein.

② Aus Bandstahl mit einer Dicke von 5 Millimetern werden Bauelemente gestanzt (siehe Skizze unten). Berechne die Masse eines Bauelements (Dichte Stahl $\rho = 7{,}8$ g/cm³). Rechne mit $\pi = 3{,}14$.

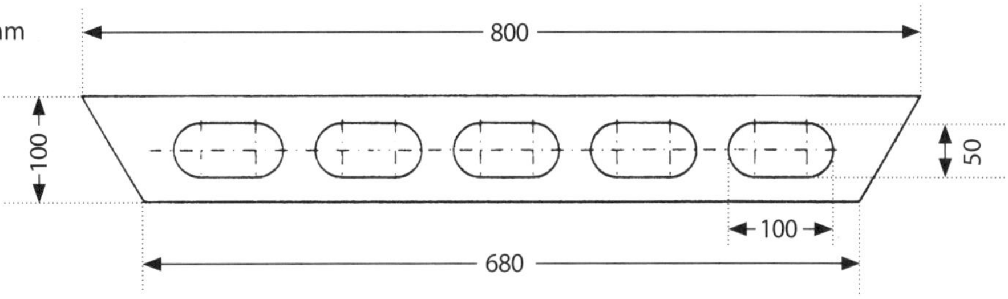

Lösungshilfe:
1. Verwechsle nicht Durchmesser und Radius. Zur Berechnung der ausgestanzten ovalen Flächen brauchst du auch den Radius.
2. Beachte, dass mit der Dicke des Bauelements die Körperhöhe gemeint ist.

③ Aus einem 1,20 m langen Balken aus Eichenholz werden der Länge nach zwei gleich große Kehlungen und eine Schwalbenschwanznut in Form eines gleichschenkligen Trapezes (h_{Trapez} = 3,74 cm) herausgefräst (siehe Querschnittsskizze rechts). Berechne die Masse des fertigen Werkstücks in Kilogramm (Dichte Eichenholz $\rho = 0{,}86$ g/cm³). Rechne mit $\pi = 3{,}14$. Runde alle Ergebnisse – auch Zwischenergebnisse – auf zwei Dezimalstellen.

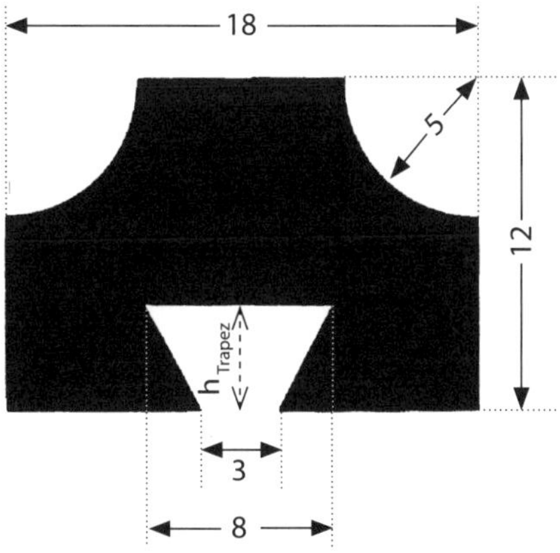

Maße in cm

Lösungshilfe:
1. Du brauchst zur Berechnung folgende Formeln:
$(a + c) : 2 \cdot h$ / $a \cdot b$ / $r \cdot r \cdot \pi : 4$ / $m = V \cdot \rho$
2. Die Länge von 1,20 m entspricht der Körperhöhe des Werkstücks.

Flächen (1)

① *Flächeninhalt regelmäßiges Sechseck:*

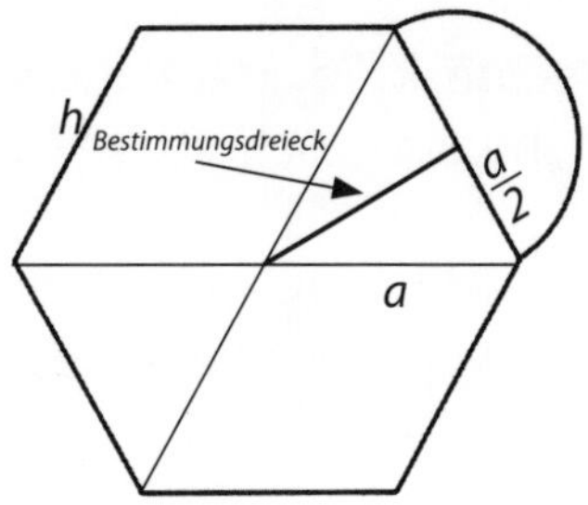

$A_{Halbkreis} \cdot 2 = 25{,}12 \cdot 2 = 50{,}24\ [dm^2]$

$A_{Kreis} = r^2 \cdot \pi$

$A : \pi = r^2$

$\sqrt{A : \pi} = r$

$r = \sqrt{50{,}24 : 3{,}14} = \sqrt{16} = 4\ [dm]$

$d = 4 \cdot 2 = 8\ [dm]$

Der Durchmesser entspricht der Basisseite des Sechsecks.

Pythagoras:

$h^2 = a^2 - (a : 2)^2$

$h^2 = 8^2 - 4^2 = 64 - 16 = 48$

$h = \sqrt{48} = 6{,}928 = 6{,}9\ [dm]$

$A_{Sechseck} = g \cdot h : 2 \cdot 6 = 8 \cdot 6{,}9 : 2 \cdot 6 = \underline{165{,}6}\ [dm^2]$

② *Bauelement:*

Maße in mm

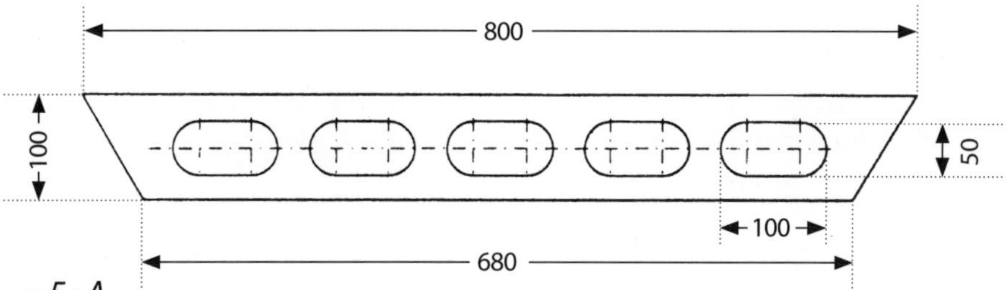

$A_{Bauelement} = A_{Trapez} - 5 \cdot A_{ovale\ Ausstanzungen}$

$A_{Bauelement} = (a + c) : 2 \cdot h - 5 \cdot (r \cdot r \cdot \pi + a \cdot a)$ $\qquad A_{ovale\ Ausstanzungen} = 2 \cdot \text{Halbkreis} + \text{Quadrat}$

$A_{Bauelement} = (800 + 680) : 2 \cdot 100 - 5 \cdot (1962{,}50 + 2500)$

$A_{Bauelement} = 74\,000 - 22\,312{,}50 = 51\,687{,}50\ [mm^2];$

$V_{Bauelement} = A \cdot h_K = 51\,687{,}50 \cdot 5 = 258\,437{,}50\ [mm^3] = 258{,}4375\ [cm^3];$

$m_{Bauelement} = V \cdot \rho = 258{,}4375 \cdot 7{,}8 = 2015{,}8125\ [g] = \underline{2{,}0158125}\ [kg] \approx \underline{2}\ [kg]$

③ *Werkstück:*

$A_{Werkstück} = A_{Rechteck} - 2 \cdot A_{Viertelkreis} - A_{Trapez}$

$A_{Werkstück} = a \cdot b - 2 \cdot r \cdot r \cdot \pi : 4 - (a + c) : 2 \cdot h$

$A_{Werkstück} = 18 \cdot 12 - 2 \cdot 5 \cdot 5 \cdot 3{,}14 : 4 - (8 + 3) : 2 \cdot 3{,}74$

$A_{Werkstück} = 216 - 39{,}25 - 20{,}57$

$A_{Werkstück} = 156{,}18\ [cm^2];$

$V_{Werkstück} = A \cdot h_K$

$V_{Werkstück} = 156{,}18 \cdot 120$

$V_{Werkstück} = 18\,741{,}6\ [cm^3];$

$m_{Werkstück} = V \cdot \rho$

$m_{Werkstück} = 18\,741{,}6 \cdot 0{,}86 = 16\,117{,}776\ [g] = 16\,117{,}78\ [g];$

$m_{Werkstück} = 16{,}11778\ [kg] \approx \underline{16{,}12}\ [kg]$

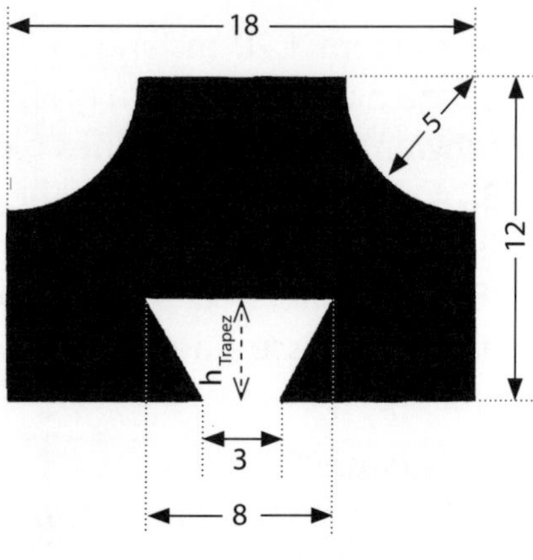

Maße in cm

M	Name: ______________________________	Datum: ____________________

Flächen (2)

④

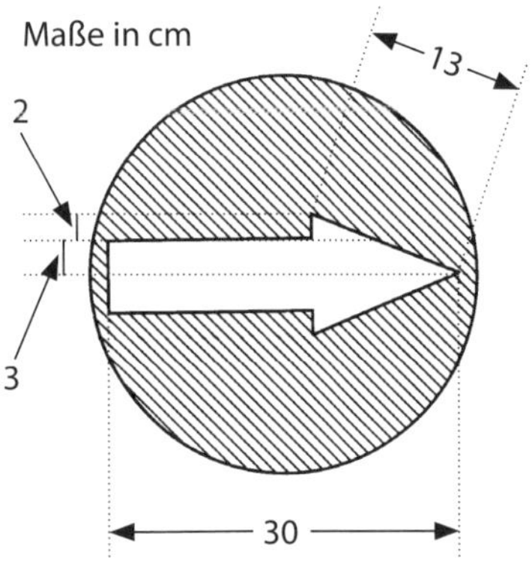

Für eine Ausstellung werden 20 Schilder aus weißem Kunststoff hergestellt. Die schraffierte Fläche soll blau lackiert werden. Berechne die insgesamt zu lackierende Fläche aller Schilder, wenn nur die Vorderseiten lackiert werden. Der Umfang des Schildes beträgt 109,9 cm. Rechne mit π = 3,14.

Lösungshilfe:

1. *Du musst „rückwärts" rechnen: Umfang U_{Schild} ➪ Radius r_{Schild}*
2. *Beachte: Du brauchst den Pythagoras, wenn du die weiße Pfeilspitze ausrechnen willst.*
3. *Vergiss nicht die Gesamtzahl der Schilder auszurechnen.*

⑤ Wie lang ist die mit x bezeichnete Seitenlänge des Vierecks?

Lösungshilfe:

Du brauchst zweimal den Pythagoras.

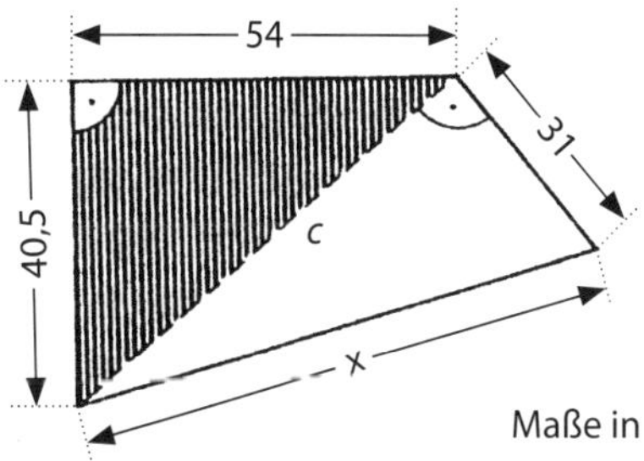

⑥ Der künstliche Bewässerungsgraben eines Weihers hat die Form eines gleichschenkligen Trapezes. An der Sohle ist der Graben 80 cm breit, die Böschungsoberkanten sind 1,70 m weit auseinander. Der Graben ist 1,30 m tief und 540 m lang.

a) Trage in die Skizze vom Querschnitt des Grabens die gegebenen Maße ein.

b) Grabensohle und Böschungswände sollen gepflastert werden. Wie viele m² Platten werden benötigt?

Lösungshilfe:

1. *Achte auf die Einheit der Benennungen.*
2. *Du brauchst zur Berechnung der Böschungswände den Pythagoras. Trage das „Pythagorasdreieck" in die Skizze ein.*

Maße in m

⑦ Azubi Wolfgang soll den Treppenaufgang zu einer Terrasse betonieren. Berechne, welche Menge Beton der Lehrling braucht, wenn die Treppe 1,50 m breit werden soll. Runde alle Ergebnisse – auch Zwischenergebnisse – auf zwei Stellen nach dem Komma.

Lösungshilfe:

1. *Für die Berechnung der Tiefe einer Stufe brauchst du den Pythagoras. Zeichne das „Pythagorasdreieck" in die Skizze rechts ein.*
2. *Beachte für die Berechnung des Parallelogramms die Skizze in der Mitte (Fläche A = a · h).*

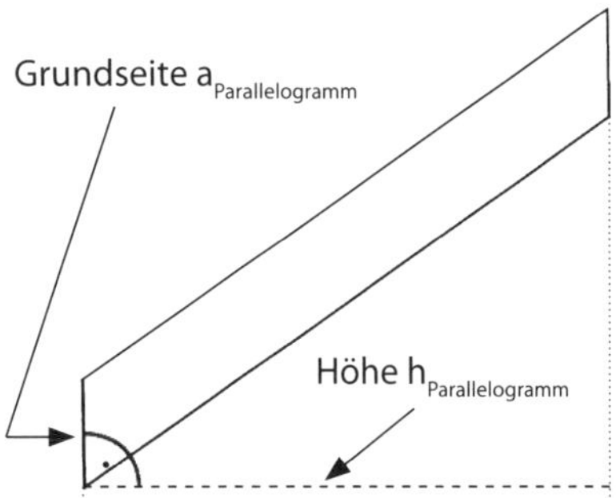

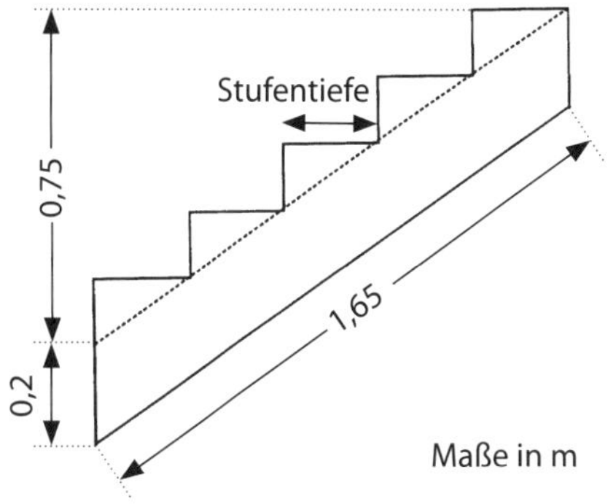

⑧

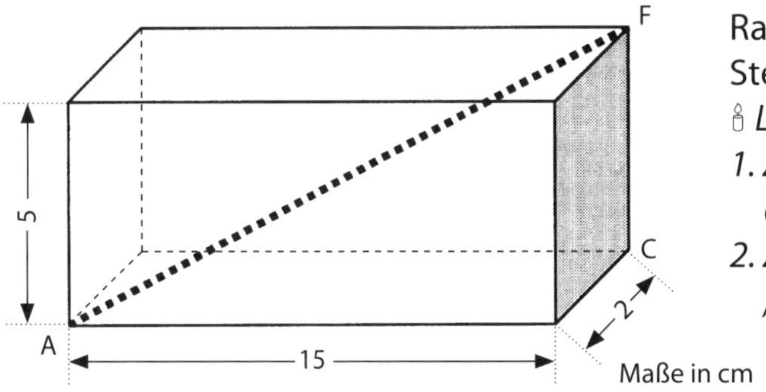

Berechne in dem links abgebildeten Quader die Raumdiagonale $\overline{AF}$. Runde alle Ergebnisse auf zwei Stellen nach dem Komma.

Lösungshilfe:

1. *Zeichne die Flächendiagonale $\overline{AC}$ in die Skizze links ein.*
2. *Zeichne die beiden zur Berechnung notwendigen „Pythagorasdreiecke" farbig ein.*

Flächen (2)

④

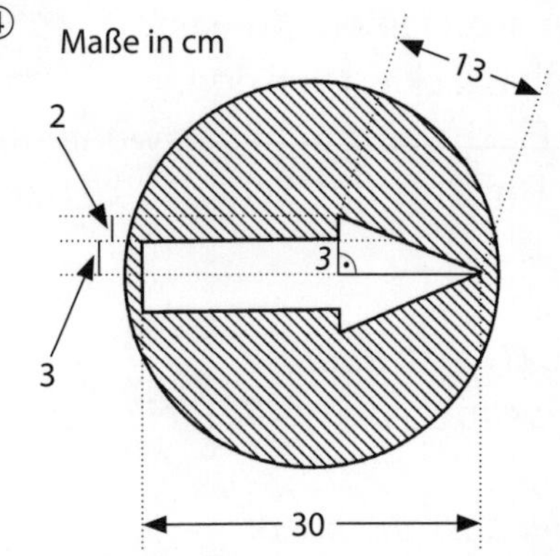

$U_{Kreis} = d \cdot \pi;\ d = U : \pi = 109{,}9 : 3{,}14 = \underline{35}\ [cm];$

$r_{Kreis} = d : 2 = 35 : 2 = 17{,}5\ [cm];$

$h^2_{Pfeildreieck} = 13^2 - 5^2 = 169 - 25 = 144$

$h_{Pfeildreieck} = \sqrt{144} = 12\ [cm];$

$$\begin{aligned} A_{blauer\ Lack} &= A_{Schild} - A_{Pfeil} \\ &= r \cdot r \cdot \pi - a \cdot b - g \cdot h : 2 \\ &= 17{,}5 \cdot 17{,}5 \cdot 3{,}14 - (30 - 12) \cdot 6 - (3 + 2 + 3 + 2) \cdot 12 : 2 \\ &= 961{,}625 - 108 - 60 = 793{,}625\ [cm^2]; \\ A_{Lack\ gesamt} &= 20 \cdot 793{,}625 = 15\,872{,}5\ [cm^2] = \underline{1{,}58725}\ [m^2] \end{aligned}$$

⑤ *1. Pythagoras:*

$c^2 = 54^2 + 40{,}5^2$

$c^2 = 2916 + 1640{,}25 = 4556{,}25$

$c = \sqrt{4556{,}25} = 67{,}5\ [cm];$

2. Pythagoras:

$x^2 = 67{,}5^2 + 31^2$

$x^2 = 4556{,}25 + 961 = 5517{,}25$

$x = \sqrt{5517{,}25} = 74{,}278193 \approx \underline{74{,}3}\ [cm]$

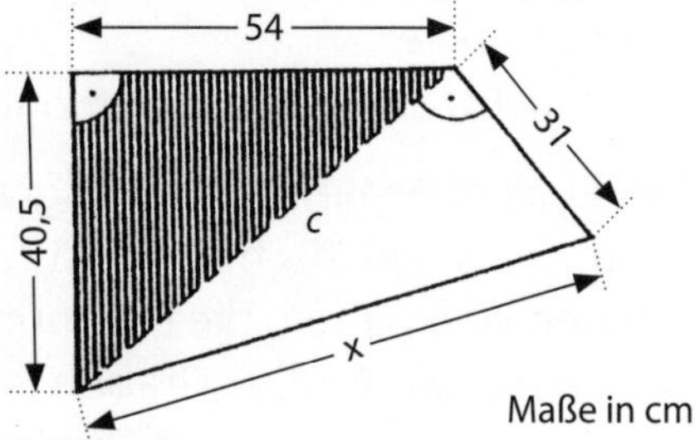

⑥ *Pflasterung des Grabens:*

$A_{Pflasterung} = A_{Rechteck\ Boden} + 2 \cdot A_{Rechteck\ Böschungswände}$

$= a \cdot b + 2 \cdot a \cdot b$

$= a \cdot h_K + 2 \cdot x \cdot h_K$

$= 0{,}8 \cdot 540 + 2 \cdot 1{,}38 \cdot 540$

$= 432 + 1490{,}4$

$= \underline{1922{,}4}\ [m^2];$

Es werden 1923 m² Platten benötigt.

Pythagoras:

$x^2 = 1{,}30^2 + [(1{,}70 - 0{,}80) : 2]^2$

$x^2 = 1{,}30^2 + 0{,}45^2$

$x^2 = 1{,}69 + 0{,}2025 = 1{,}8925$

$x = \sqrt{1{,}8925} = 1{,}3756816\ [m]$

$x \approx 1{,}38\ [m];$

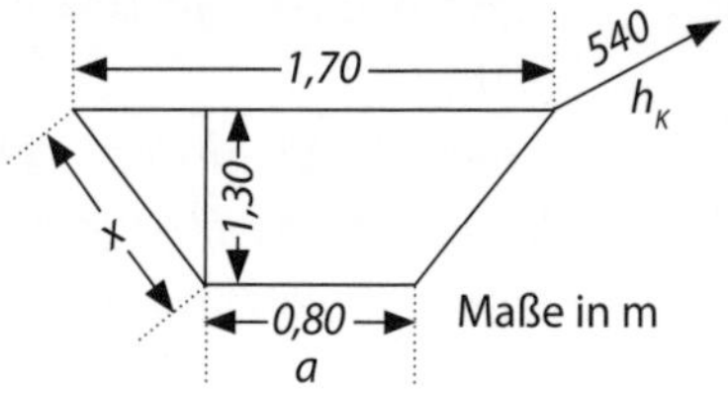

⑦ *Treppenbetonierung:*

Tiefe aller Stufen: $b^2 = c^2 - a^2 = 1{,}65^2 - 0{,}75^2 = 2{,}7225 - 0{,}5625 = 2{,}16$

$b = \sqrt{2{,}16} = 1{,}4696\ [m] \approx 1{,}47\ [m];$

Tiefe einer Stufe: $1{,}47 : 5 = 0{,}294\ [m] \approx 0{,}29\ [m];$

Höhe einer Stufe: $0{,}75 : 5 = 0{,}15\ [m];$

$V_{Parallelogrammsäule}$:

$V = a \cdot h \cdot h_K = 1{,}47 \cdot 0{,}2 \cdot 1{,}5$

$V = 0{,}441\ [m^3] \approx 0{,}44\ [m^3];$

$V_{Dreiecksäule}$:

$V = g \cdot h : 2 \cdot h_K \cdot 5 =$

$V = 0{,}15 \cdot 0{,}29 : 2 \cdot 1{,}5 \cdot 5 =$

$V = 0{,}163125\ [m^3] \approx 0{,}16\ [m^3];$

Gesamtvolumen:

$V = 0{,}44 + 0{,}16 = \underline{0{,}6}\ [m^3]$

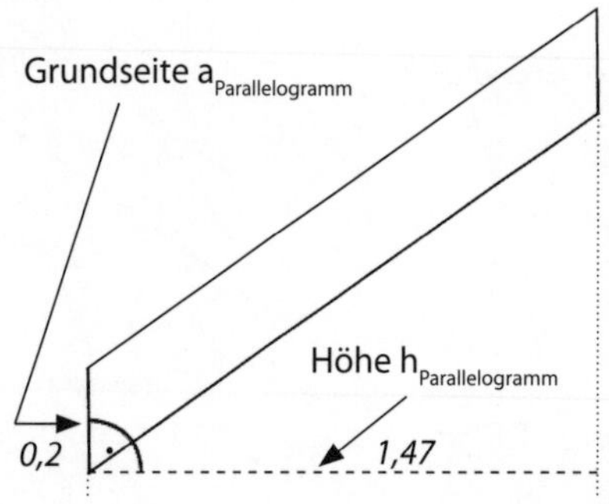

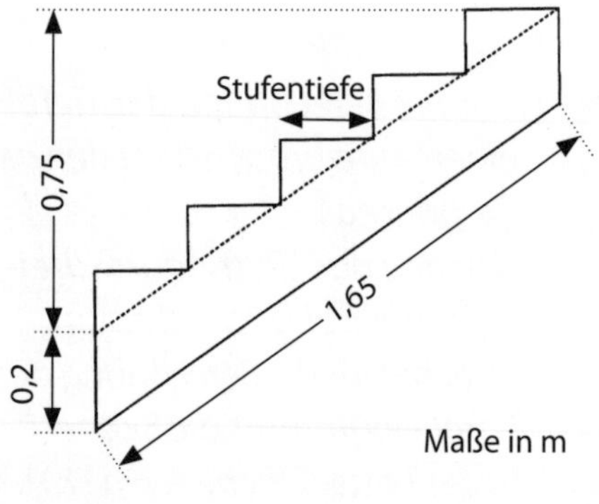

⑧

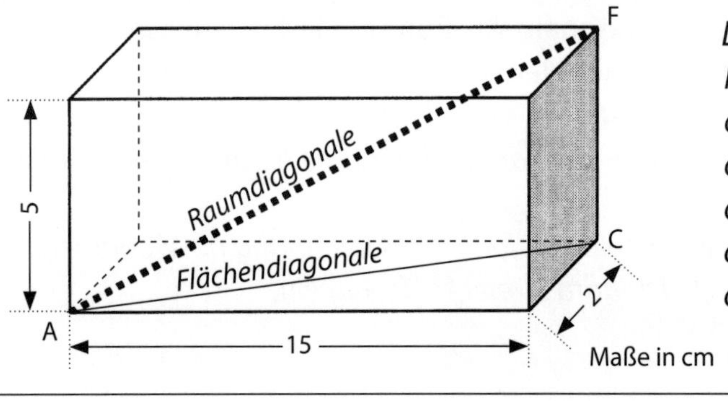

Länge der Raumdiagonale:

Flächendiagonale:

$c^2 = a^2 + b^2$

$c^2 = 15^2 + 2^2$

$c^2 = 225 + 4 = 229$

$c = \sqrt{229}$

$c = 15{,}13\ [cm];$

Raumdiagonale:

$c^2 = a^2 + b^2$

$c^2 = 15{,}13^2 + 5^2$

$c^2 = 229 + 25 = 254$

$c = \sqrt{254}$

$c = 15{,}93737745$

$c = \underline{15{,}94}\ [cm]$

M	Name: ______________________________	Datum: ____________________

Körper (1)

❶ Merkpunkte

① Erstelle eine **Skizze** und beschrifte diese, falls keine vorgegeben ist.
② Zerlege komplexe Körper in ihre **Einzelbausteine** wie z. B. Dreiecksäule, Würfel, Quadratsäule, Rechtecksäule (Quader), Rundsäule (Zylinder), Secksecksäule, Pyramide und Kegel. Beachte dabei, ob die Figur zusammengesetzt oder ob aus ihr etwas „herausgeschnitten" ist.
③ Oft musst du mit den angegebenen Maßen **neue Maße errechnen**.
④ Berücksichtige die **Einheit der Benennungen**, z. B. cm – cm^2 – cm^3 – g; dm – dm^2 – dm^3 (l) – kg; m – m^2 – m^3 – t. Sei beim Umrechnen aufmerksam. Bewege dich beim Ausrechnen immer **auf der gleichen Benennungsebene**. Vergiss nicht zum Schluss die Benennungen.
⑤ Beachte beim Umrechnen die **Umrechnungszahlen**: Strecken – 10; Flächen – 100; Inhalte (Volumen) – 1000; Gewichte – 1000. Umrechnungszahlen müssen von Stufe zu Stufe **neu angesetzt** werden.
⑥ Achte auf den Lehrsatz des **Pythagoras**, der oft in Flächen oder in Körpern „versteckt" ist.
⑦ Manchmal musst du Formeln auch **umstellen**. Löse solche Umstellungen mithilfe einer **Gleichung**.

❷ Übungsaufgaben

① Der nebenstehende Körper ist aus Eisen gefertigt. Berechne seine Masse in kg, wenn 1 cm^3 Eisen 7,8 g wiegt.
Runde bei der Berechnung das Endergebnis auf eine Stelle nach dem Komma.

Lösungshilfe:
1. Zerlege die Figur in ihre Einzelbestandteile: Es sind drei Körper. Markiere sie in der Skizze.
2. Bei der Pyramide fehlt dir zur Volumenberechnung eine Maßangabe. Überlege: Körperhöhe oder Seitenhöhe?
3. Die Masse kannst du so berechnen: Masse = Volumen · Dichte.
4. Wandle zuletzt Gramm in Kilogramm um.

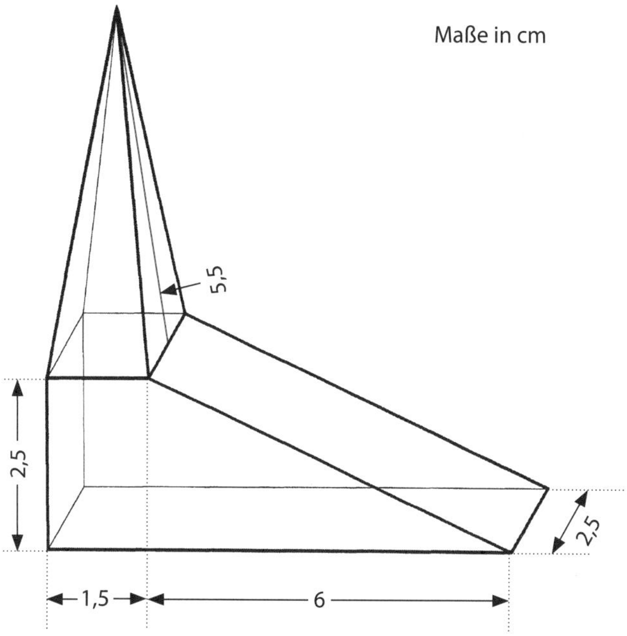

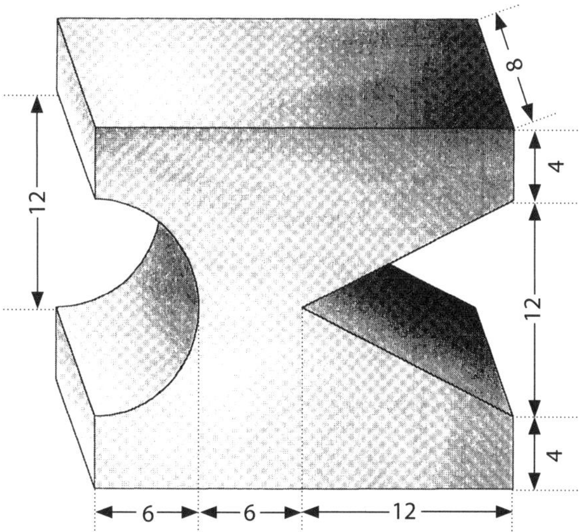

② Aus einem Quader wird durch Herausfräsen nebenstehende Figur gefertigt. Berechne das Volumen des Körpers. Wie viel Prozent Abfall fällt an?
Die Maße sind in Zentimetern angegeben.

Lösungshilfe:
1. Mit vier Rechenschritten kannst du das Volumen berechnen.
2. Wie heißen die beiden herausgefrästen Körper? Streiche die falschen Begriffe durch.
Zylinder – Pyramide – Dreiecksäule – Würfel – Dreieck – Quader – Halbzylinder – Kreis – Quadratsäule – Halbkreis
3. Den Abfall berechnest du am besten mit der Prozentformel p = PW · 100 : GW.

③ Rechne „rückwärts"! Lerne diese Rechenschritte auswendig.
- Von der Fläche des Quadrats zur Seite?
- Vom Umfang des Quadrats zur Seite?
- Von der Fläche des Kreises zum Radius?
- Vom Umfang des Kreises zum Radius?

$r \cdot r \cdot \pi$
$4 \cdot a$
$a \cdot a$
$d \cdot \pi$

Körper (1)

❷ Übungsaufgaben

① *Masse Körper:*

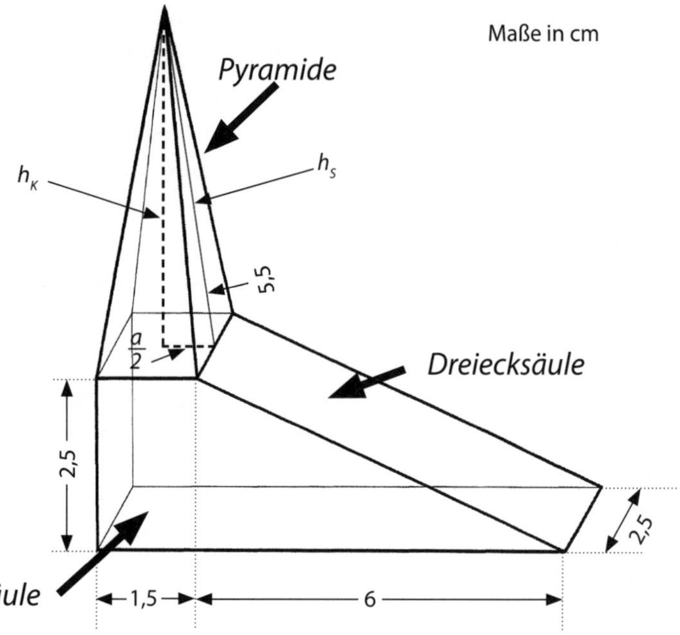

Pythagoras:

$$h_K^2 = h_S^2 - (a:2)^2$$
$$= 5{,}5^2 - 0{,}75^2$$
$$= 30{,}25 - 0{,}5625 = 29{,}6875$$
$$h_K = 5{,}4486237 \approx 5{,}4\ [cm]$$

$$V_{Körper} = V_{Pyramide} + V_{Quadratsäule} + V_{Dreiecksäule}$$
$$= a \cdot a \cdot h_K : 3 + a \cdot a \cdot h_K + g \cdot h : 2 \cdot h_K$$
$$= 1{,}5 \cdot 1{,}5 \cdot 5{,}4 : 3 + 2{,}5 \cdot 2{,}5 \cdot 1{,}5 +$$
$$6 \cdot 2{,}5 : 2 \cdot 2{,}5$$
$$= 4{,}05 + 9{,}375 + 18{,}75$$
$$= 32{,}175\ [cm^3];$$

$$m_{Körper} = V \cdot \rho$$
$$= 32{,}175 \cdot 7{,}8$$
$$= 250{,}965\ [g] \approx \underline{251}\ [g] \approx \underline{0{,}251}\ [kg]$$

② *Volumen Körper:*

$$V_{Körper} = V_{Quader} - V_{Dreiecksäule} - V_{Halbzylinder}$$
$$= a \cdot b \cdot h_K - g \cdot h : 2 \cdot h_K - r \cdot r \cdot \pi \cdot h_K : 2$$
$$= (6 + 6 + 12) \cdot 8 \cdot (4 + 12 + 4) - 12 \cdot 12 : 2 \cdot 8 - 6 \cdot 6 \cdot 3{,}14 \cdot 8 : 2$$
$$= 24 \cdot 8 \cdot 20 - 12 \cdot 12 : 2 \cdot 8 - 6 \cdot 6 \cdot 3{,}14 \cdot 8 : 2$$
$$= 3840 - 576 - 452{,}16 = 2811{,}84\ [cm^3];$$

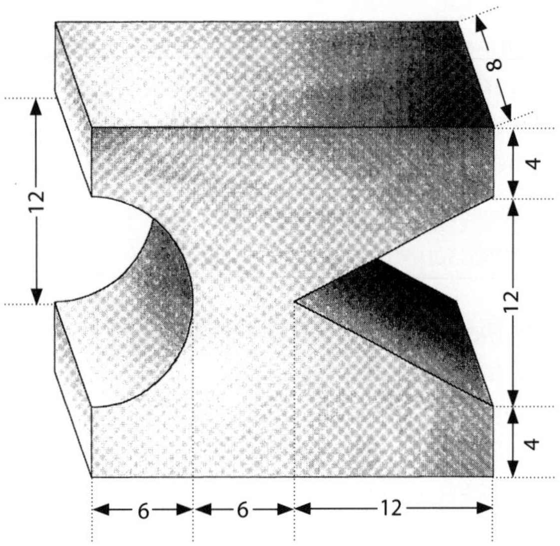

$$V_{Abfall} = V_{Dreiecksäule} + V_{Halbzylinder}$$
$$= 576 + 452{,}16 = 1028{,}16\ [cm^3];$$

Abfall in Prozent:

$$p = PW \cdot 100 : GW = 1028{,}16 \cdot 100 : 3840 =$$
$$= 26{,}775\ [\%] \approx \underline{26{,}8}\ [\%]$$

Wie heißen die beiden herausgefrästen Körper? Streiche die falschen Begriffe durch.

~~Zylinder~~ – ~~Pyramide~~ – Dreiecksäule – ~~Würfel~~ – ~~Dreieck~~ – ~~Quader~~ – Halbzylinder – ~~Kreis~~ – ~~Quadratsäule~~ – ~~Halbkreis~~

③ Von der Fläche des Quadrats zur Seite a ➪ $a = \sqrt{A}$
Vom Umfang des Quadrats zur Seite a ➪ $a = U:4$
Von der Fläche des Kreises zum Radius ➪ $r = \sqrt{A:\pi}$
Vom Umfang des Kreises zum Radius ➪ $r = U:\pi:2$

M	Name: ______________________	Datum: ______________

Körper (2)

① Aus einer Blechtafel aus einer Nickellegierung (Dicke s = 2 mm; Breite: 142 cm) sollen Rohlinge mit Mittelloch für die Münzprägung gestanzt werden (siehe Skizzen).

a) Welche Länge muss das Blech haben, wenn 50000 Rohlinge benötigt werden?

b) Berechne das Volumen eines Rohlings. Runde auf ganze Kubikzentimeter.

c) Welche Dichte hat die Nickellegierung, wenn eine Scheibe 9,2 Gramm Masse hat?

Lösungshilfe:

1. Berechne, wie viele Rohlinge in die Breite des Blechs passen.

2. Wie viele Reihen Rohlinge erhältst du? Daraus kannst du auf die Länge des Blechs schließen.

3. Beachte, dass ρ gesucht ist (ρ = m : V).

Maße in mm

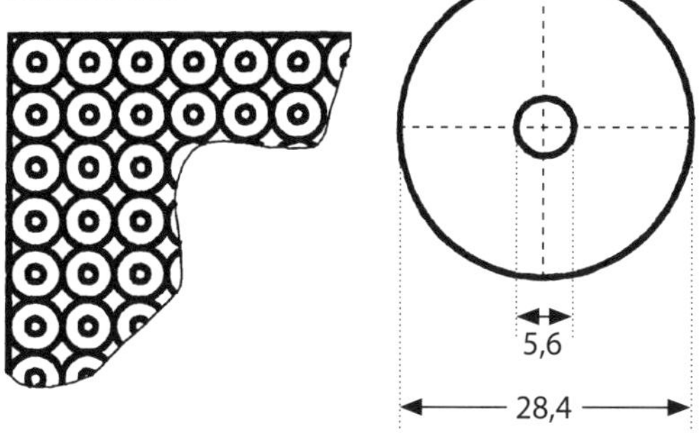

② Das Therapiebecken eines Thermalbades soll mit einer 1 m breiten Fliesenumrandung versehen werden (siehe Skizze). Die beauftragte Firma berechnet 184,90 € pro m^2. Der besondere Aufwand beim Verlegen der Fliesen wird mit einer Kostenpauschale von 4 % der Gesamtkosten in Rechnung gestellt.

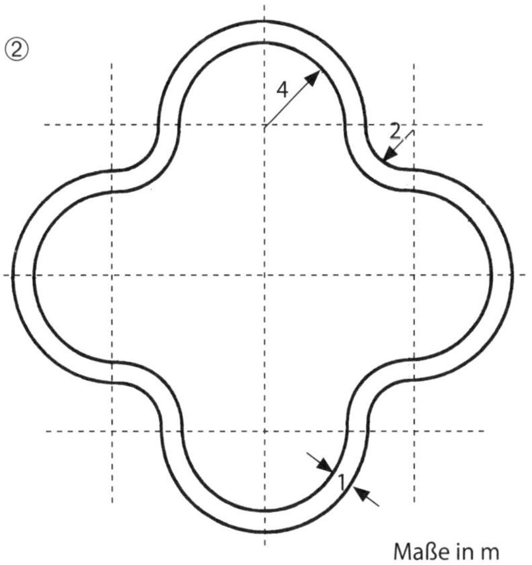

Maße in m

a) Berechne die Fläche, auf der die Fliesen verlegt werden sollen, und die Kosten der Baumaßnahme.

b) Berechne das Volumen bei einer Tiefe von 1,50 Meter.

Lösungshilfe:

1. Du musst mit verschiedenen Kreisringen rechnen.

2. Rechne, wo möglich, vorteilhaft.

3. Vergiss nicht die Breite der Fliesenumrandung.

4. Die Kostenpauschale wird zum Preis hinzugerechnet.

③ Welche Masse hat die abgebildete Steintreppe, wenn ein Kubikmeter des verwendeten Steines 2,7 Tonnen wiegt?

Lösungshilfe:

Achte auf die Einheit der Benennungen.

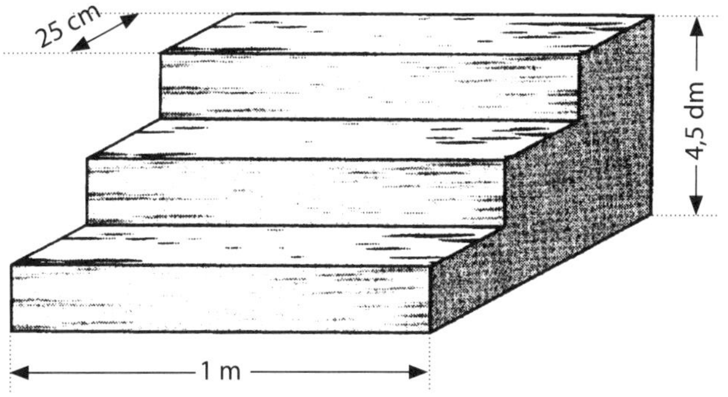

④ Berechne Volumen und Oberfläche des links unten abgebildeten Werkstückes.

Lösungshilfe:

Rechne bei der Oberfl äche vorteilhaft (Oberfl äche Quader + Mantel Würfel).

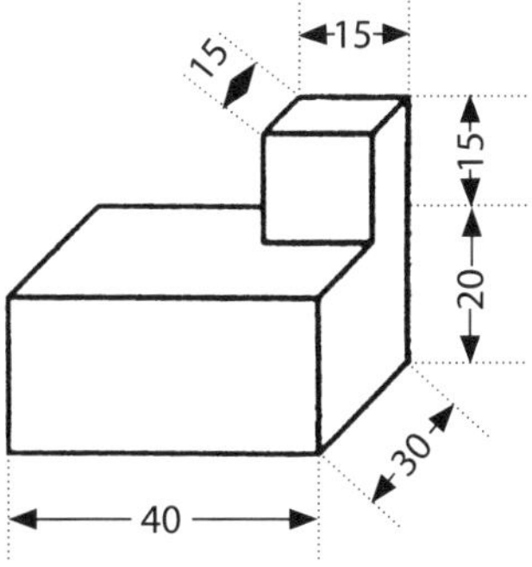

Maße in cm

⑤ Eine quadratische Pyramide aus Holz ($\rho = 0{,}75\ g/cm^3$) hat eine Grundseite a = 32 cm und eine Körperhöhe $h_K = 42$ cm.

a) Zeichne ein Schrägbild der Pyramide im Maßstab 1 : 10.

b) Berechne die Masse der Pyramide.

c) Berechne die Mantelfläche der Pyramide.

Lösungshilfe:

1. Die Berechnung der Masse setzt die Berechnung des Volumens voraus.

2. Um den Mantel (Seitenhöhe) zu berechnen, brauchst du den Pythagoras.

Körper (2)

① *Münzprägung:*

a) Anzahl der Rohlinge = Blechbreite b : Durchmesser $d_{Rohlinge}$ = 142 cm : 2,84 cm = 50 [Stück];
Anzahl der Reihen: 50 000 : 50 = 1000 [Reihen];
Blechlänge: 1000 · 2,84 = 2840 [cm] = 28,40 [m]

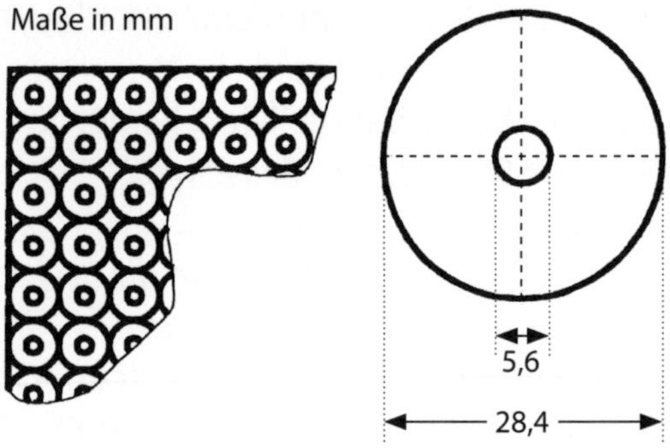

b) $V_{Rohling} = (r_a \cdot r_a \cdot \pi - r_i \cdot r_i \cdot \pi) \cdot h_K$
$= (14{,}2 \cdot 14{,}2 \cdot 3{,}14 - 2{,}8 \cdot 2{,}8 \cdot 3{,}14) \cdot 2$
$= (633{,}1496 - 24{,}6176) \cdot 2$
$= 608{,}532 \cdot 2 = 1217{,}064\ [mm^3]$
$\approx 1217\ [mm^3] = \underline{1{,}217}\ [cm^3]$

c) $\rho_{Legierung} = m : V = 9{,}2\ [g] : 1{,}217\ [cm^3] = \underline{7{,}559}\ [g/cm^3]$

②

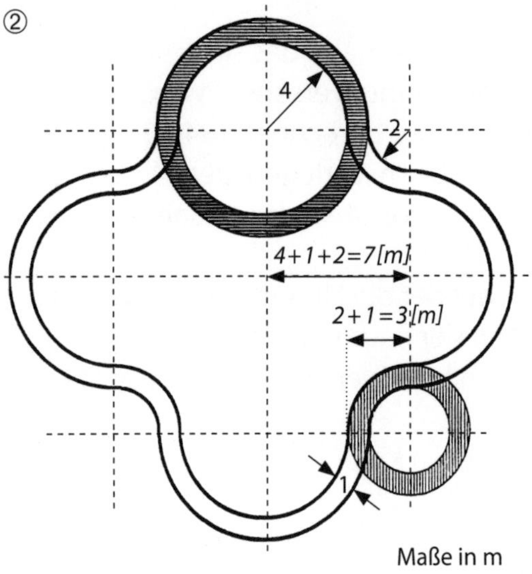

Therapiebecken:

a) $A_{Umrandung} = 2 \cdot A_{großer\ Kreisring} + A_{kleiner\ Kreisring}$
$= 2 \cdot (r_a \cdot r_a \cdot \pi - r_i \cdot r_i \cdot \pi) + (r_a \cdot r_a \cdot \pi - r_i \cdot r_i \cdot \pi)$
$= 2 \cdot (5 \cdot 5 \cdot 3{,}14 - 4 \cdot 4 \cdot 3{,}14) +$
$(3 \cdot 3 \cdot 3{,}14 - 2 \cdot 2 \cdot 3{,}14)$
$= 2 \cdot (78{,}5 - 50{,}24) + (28{,}26 - 12{,}56)$
$= 2 \cdot 28{,}26 + 15{,}7 = 72{,}22\ [m^2]$;

Kosten: 184,90 · 72,22 · 1,04 = 13887,617 ≈ 13887,62 [€]

b) $V_{Becken} = (4 \cdot A_{Halbkreis} + 4 \cdot A_{Quadrat} - 4 \cdot A_{Viertelkreis}) \cdot h_K$
$= (4 \cdot r \cdot r \cdot \pi : 2 + 4 \cdot a \cdot a - 4 \cdot r \cdot r \cdot \pi : 4) \cdot h_K$
$= (4 \cdot 4 \cdot 4 \cdot 3{,}14 : 2 + 4 \cdot 7 \cdot 7 -$
$4 \cdot 3 \cdot 3 \cdot 3{,}14 : 4) \cdot 1{,}5$
$= (100{,}48 + 196 - 28{,}26) \cdot 1{,}5$
$= 268{,}22 \cdot 1{,}5 = \underline{402{,}33}\ [m^3]$

③ *Masse der Steintreppe:*

$V_{Treppe} = 6 \cdot a \cdot b \cdot h_K = 6 \cdot 10 \cdot 2{,}5 \cdot 1{,}5 = 225\ [dm^3]$;
$m_{Treppe} = V \cdot \rho = 225 \cdot 2{,}7 = 607{,}5\ [kg] = \underline{0{,}6075}\ [t]$

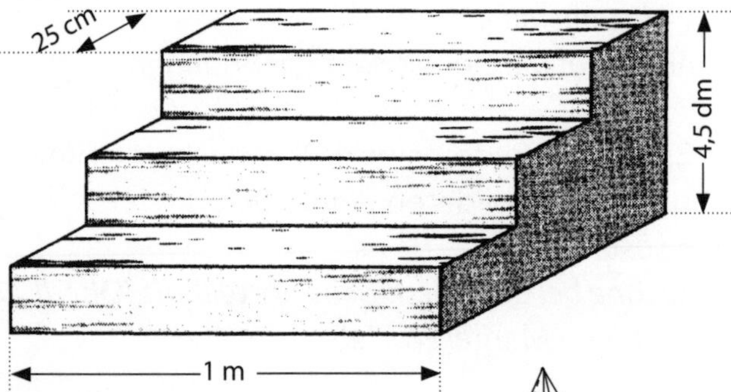

④ *Werkstück:*

$V_{Werkstück} = V_{Quader} + V_{Würfel}$
$= a \cdot b \cdot h_K + a^3 = 40 \cdot 30 \cdot 20 + 15^3 = \underline{27375}\ [cm^3]$
$O_{Werkstück} = O_{Quader} + M_{Würfel}$
$= 2 \cdot a \cdot b + (2 \cdot a + 2 \cdot b) \cdot h_K + 4 \cdot a \cdot h_K$
$= 2 \cdot 40 \cdot 30 + 140 \cdot 20 + 4 \cdot 15 \cdot 15 = \underline{6100}\ [cm^2]$

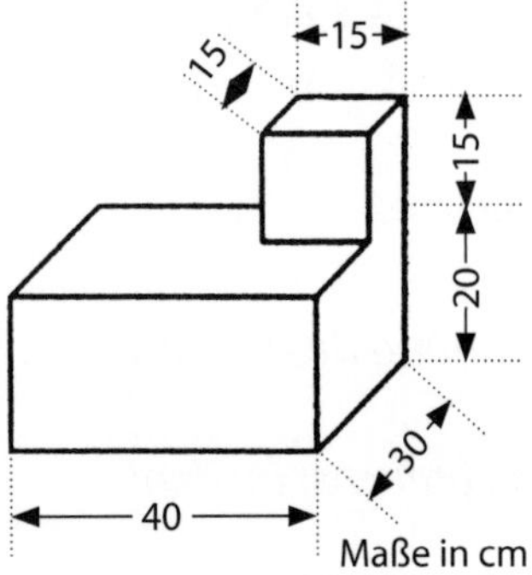

⑤ *Quadratische Pyramide:*

a) Skizze

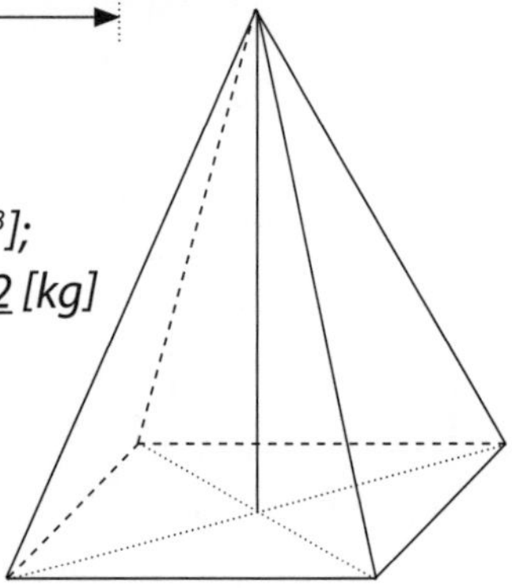

b) $V = a \cdot a \cdot h_K : 3 = 32 \cdot 32 \cdot 42 : 3 = 14336\ [cm^3]$;
$m = V \cdot \rho = 14336 \cdot 0{,}75 = 10752\ [g] = \underline{10{,}752}\ [kg]$

c) $h_S^2 = h_K^2 + (a : 2)^2 =$
$= 42^2 + 16^2 = 1764 + 256 = 2020$
$h_S = 44{,}94441 \approx 45\ [cm]$;
$M = 4 \cdot a \cdot h_S : 2 = 4 \cdot 32 \cdot 45 : 2 = \underline{2880}\ [cm^2]$

Körper (3)

⑥ Berechne Volumen und Oberfläche des Werkstücks rechts. Runde alle Ergebnisse auf zwei Stellen nach dem Komma.

Lösungshilfe:

1. Zur Berechnung des Volumens fehlt dir eine Größe, die du mit dem Pythagoras herausfi nden musst.

2. Rechne bei der Oberfl äche vorteilhaft. Der Boden des Zylinders im Inneren des Kegels entspricht der Öffnung des Zylinders auf der Außenseite des Kegels.

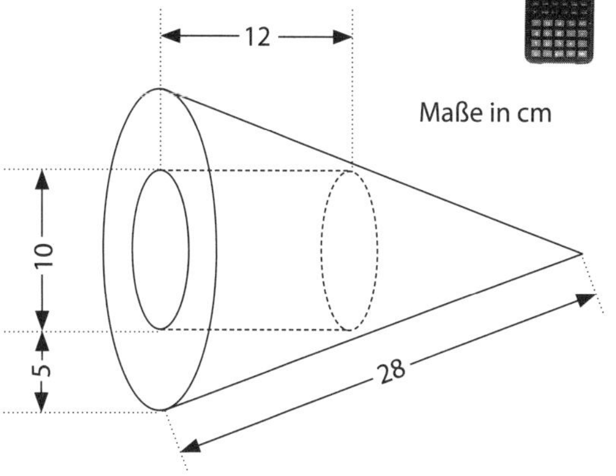

Maße in cm

⑦ Die Skizze zeigt ein Werkstück aus Aluminium. Es besteht aus einer quadratischen Pyramide mit einer kegelförmigen Vertiefung. Die Höhe des Kegels beträgt drei Siebtel der Höhe der Pyramide.

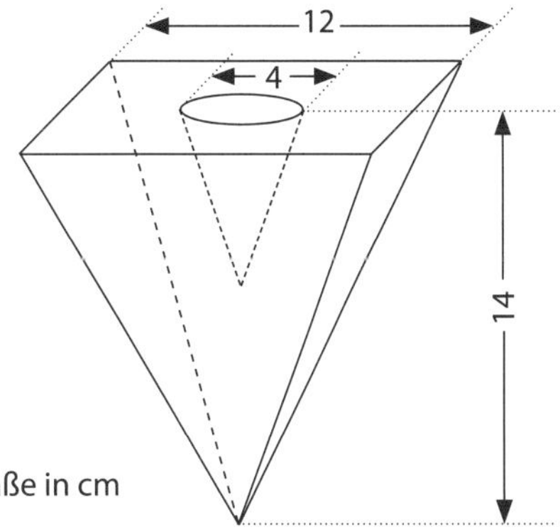

Maße in cm

a) Berechne das Volumen des Werkstücks. Rechne mit $\pi = 3{,}14$.

b) Wie groß ist die Masse des Werkstücks in Gramm ($\rho = 2{,}7\ g/cm^3$)?

c) Zur Herstellung mehrerer Werkstücke wird ein Aluminiumquader mit den Maßen a = 0,7 m, b = 0,8 m und h_K = 46,2 cm eingeschmolzen. Wie viele ganze Werkstücke können daraus gegossen werden?

Lösungshilfe:

1. Drei Siebtel von 14 cm ➪ 14 : 7 · 3

2. Achte beim Quader auf einheitliche Benennungen.

3. Die Masse kann man mit der Formel $m = V \cdot \rho$ berechnen.

⑧ Die Grundfläche eines Kegels hat einen Umfang U von 251,2 cm, das Volumen V beträgt 50 240 cm^3. Berechne die Körperhöhe h_K des Kegels.

⑨ Die Diagonale d der Grundfläche einer quadratischen Pyramide misst 18 cm, die Körperhöhe h_K misst 24 cm. Runde alle Ergebnisse – auch Zwischenergebnisse – auf eine Stelle nach dem Komma.

a) Fertige eine Skizze an und trage die Maße ein.

b) Berechne die Oberfläche des Körpers.

Lösungshilfe:

Beachte: Du brauchst zur Lösung der Aufgabe zweimal den „Pythagoras".

⑩ Die Skizze rechts zeigt ein Werkstück, welches aus einem zylindrischen Mittelteil besteht, dem oben und unten jeweils gleich große Kegel aufgesetzt sind.

Folgende Maße sind gegeben:

- Der Abstand der Kegelspitzen beträgt 33 cm.
- Der Durchmesser des Zylinders misst 18 cm.
- Die Höhe des Zylinders beträgt 9 cm.

a) Trage die Maße von oben in die Skizze ein.

b) Berechne das Volumen des Werkstücks.

c) Berechne die Oberfläche des Werkstücks.

Rechne mit $\pi = 3{,}14$.

Lösungshilfe:

1. Vergiss nicht, dass beim Volumen von spitzen Körpern im Vergleich zu geraden Prismen nur ein Drittel zu nehmen ist.

2. Die Berechnung des Kegelmantels verlangt von dir den Pythagoras.

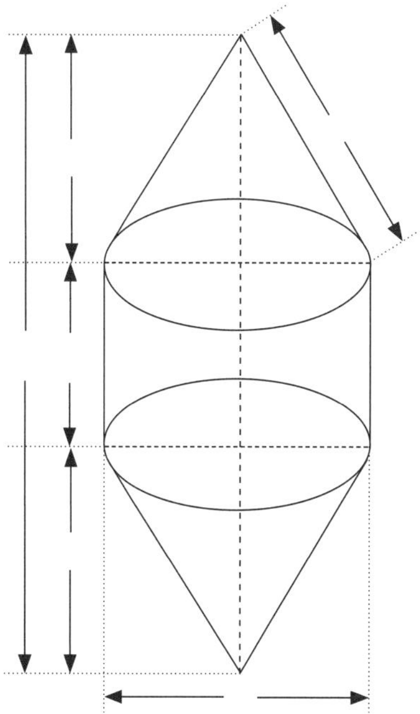

Körper (3)

⑥ *Volumen und Oberfläche Werkstück:*

$V = V_{Kegel} - V_{Zylinder}$
$= r \cdot r \cdot 3{,}14 \cdot h_K : 3 - r \cdot r \cdot 3{,}14 \cdot h_K$
$= 10 \cdot 10 \cdot 3{,}14 \cdot 26{,}15 : 3$
$- 5 \cdot 5 \cdot 3{,}14 \cdot 12$
$= 2737{,}03 - 942 = \underline{1795{,}03}\ [cm^3];$

Pythagoras:
$h_K^2 = h_S^2 - r^2$
$= 28^2 - 10^2$
$= 684$
$h_K = 26{,}15339$
$\approx 26{,}15\ [cm];$

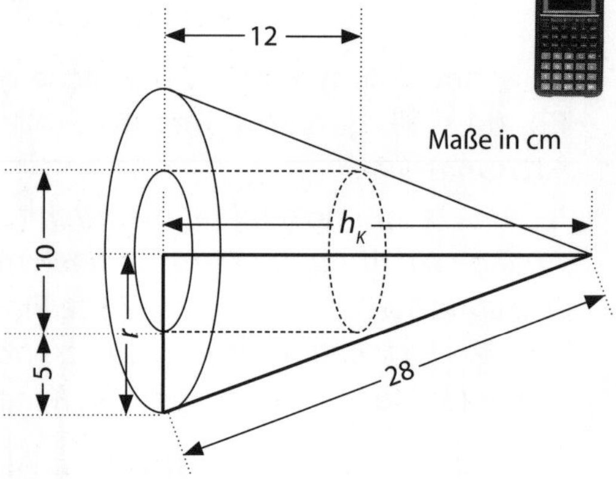

$O = O_{Kegel} + M_{Zylinder}$
$= A_{Kreis} + M_{Kegel} + M_{Zylinder}$
$= r \cdot r \cdot \pi + d \cdot \pi \cdot h_S : 2 + d \cdot \pi \cdot h_K$
$= 10 \cdot 10 \cdot 3{,}14 + 20 \cdot 3{,}14 \cdot 28 : 2 + 10 \cdot 3{,}14 \cdot 12 = 314 + 879{,}2 + 376{,}8 = \underline{1570}\ [cm^2]$

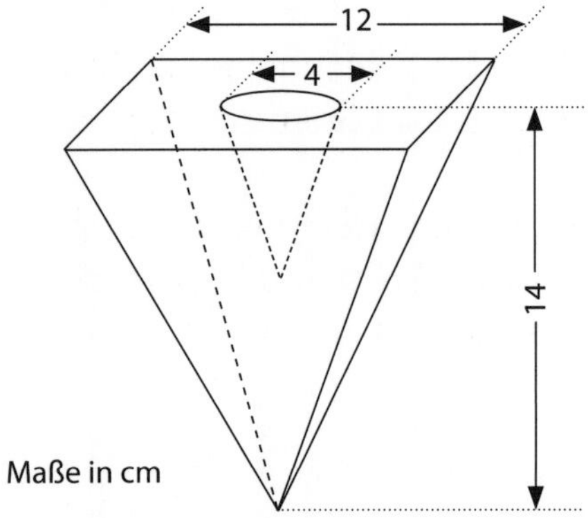

⑦ *Volumen und Masse Werkstück:*

a) $V_{Werkstück} = V_{Quadratische\ Pyramide} - V_{Kegel}$
$= a \cdot a \cdot h_K : 3 - r \cdot r \cdot \pi \cdot h_K : 3$
$= 12 \cdot 12 \cdot 14 : 3 - 2 \cdot 2 \cdot 3{,}14 \cdot 6 : 3$
$= 672 - 25{,}12 = \underline{646{,}88}\ [cm^3];$

h_K *Kegel:*
$14 : 7 \cdot 3$
$= 6\ [cm]$

b) $m_{Werkstück} = V \cdot \rho$
$= 646{,}88 \cdot 2{,}7 = \underline{1746{,}576}\ [g]$

c) $V_{Quader} = a \cdot b \cdot h_K = 70 \cdot 80 \cdot 46{,}2 = 258\,720\ [cm^3];$
Anzahl $= 258720 : 646{,}88 = 399{,}9505$ [Stück] $\approx \underline{399}$ [Stück]

⑧ *Körperhöhe Kegel:*

$d = U : \pi = 251{,}2 : 3{,}14 = 80\ [cm]; r = d : 2 = 40\ [cm]; A_{Kegel} = r \cdot r \cdot \pi = 40 \cdot 40 \cdot 3{,}14 = 5024\ [cm^2];$
$h_K = 3 \cdot V : A = 3 \cdot 50240 : 5024 = \underline{30}\ [cm]$

⑨ *Oberfläche quadratische Pyramide:*

a)

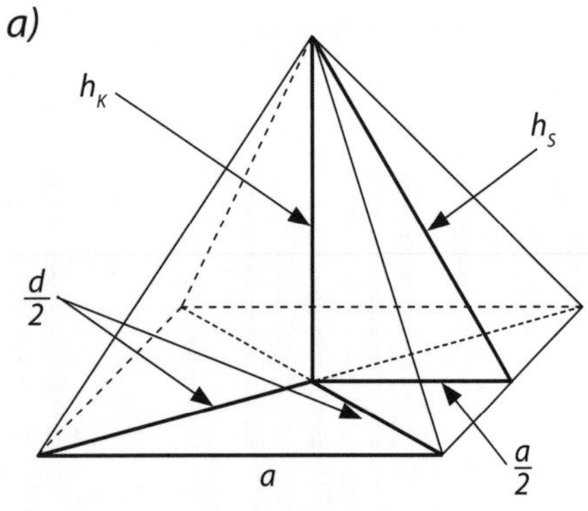

b) *Grundseite a Pyramide:*
$a^2 = (d : 2)^2 + (d : 2)^2 = 9^2 + 9^2 = 162$
$a = \sqrt{162} = 12{,}7279 \approx 12{,}7\ [cm];$

Seitenhöhe h_S *Pyramide:*
$h_S^2 = h_K^2 + (a : 2)^2$
$= 24^2 + 6{,}35^2$
$= 576 + 40{,}3225$
$= 616{,}3225$
$h_S = 24{,}825843 \approx 24{,}8\ [cm];$

$O_{Pyramide} = a \cdot a + 4 \cdot a \cdot h_S : 2$
$= 12{,}7 \cdot 12{,}7 + 4 \cdot 12{,}7 \cdot 24{,}8 : 2 = 161{,}29 + 629{,}92$
$= 791{,}21 \approx \underline{791{,}2}\ [cm^2]$

⑩ a)

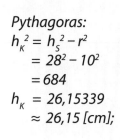

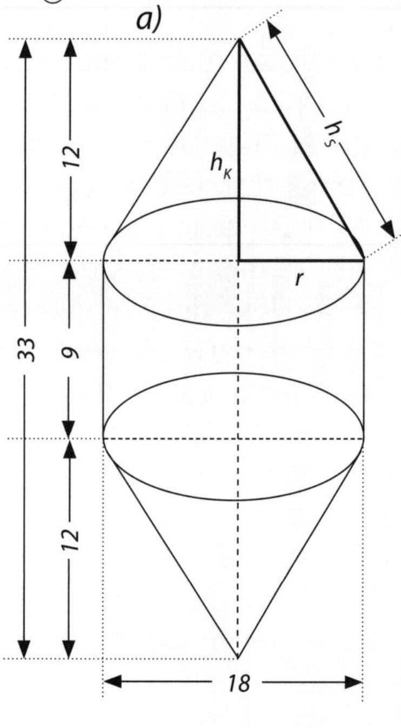

⑩ b) *Volumen Werkstück:*

$V = 2 \cdot V_{Kegel} + V_{Zylinder} = 2 \cdot r \cdot r \cdot \pi \cdot h_K : 3 + r \cdot r \cdot \pi \cdot h_K$
$= 2 \cdot 9 \cdot 9 \cdot 3{,}14 \cdot 12 : 3 + 9 \cdot 9 \cdot 3{,}14 \cdot 9 = 2034{,}72 + 2289{,}06$
$= \underline{4323{,}78}\ [cm^3]$

c) *Oberfläche Werkstück:*

Pythagoras: $h_S^2 = h_K^2 + r^2 = 12^2 + 9^2 = 225;\ h_S = \sqrt{225} = 15\ [cm];$
$O = 2 \cdot M_{Kegel} + M_{Zylinder} = 2 \cdot d \cdot \pi \cdot h_S : 2 + d \cdot \pi \cdot h_K$
$= 2 \cdot 18 \cdot 3{,}14 \cdot 15 : 2 + 18 \cdot 3{,}14 \cdot 9 = 847{,}8 + 508{,}68 = \underline{1356{,}48}\ [cm^2]$

M Name: ______________________ Datum: ______________

Funktionen (1)

Direkte und indirekte proportionale Zuordnungen

❶ Merkpunkte

① Direkt proportionale Zuordnungen ➪ Quotientengleichheit
② „Je mehr ..., desto mehr ..."
③ Umgekehrt proportionale Zuordnungen ➪ Produktgleichheit
④ „Je mehr ..., desto weniger ..." oder umgekehrt

❷ Übungaufgaben

① Eine kleine Ortschaft in Spanien mit 250 Haushalten hat ein Speicherbecken angelegt, um in Dürremonaten daraus Wasser entnehmen zu können. Das Becken fasst 4,5 Millionen Liter Wasser.
a) Wie viele Liter Wasser stehen pro Haushalt im Becken zur Verfügung?
b) Wie viele Liter Wasser stehen jedem einzelnen Haushalt täglich zur Verfügung, wenn mit Dürrezeiten von 30, 60, 90 oder 120 Tagen gerechnet werden muss?
Berechne die fehlenden Werte und trage in die Tabelle unten ein.

angenommene Dürretage	30	60	90	120
tägliche Wassermenge pro Haushalt in Liter				

c) Trage die Wertepaare in ein Koordinatensystem ein und zeichne den zugehörigen Graphen.
(x-Achse: 10 Tage ➪ 1 cm; y-Achse: 100 Liter ➪ 1 cm)

② Familie Helmer zahlt für 3550 Liter Heizöl 1863,75 €.
a) Was kostet ein Liter Heizöl?
b) Wie viele Liter erhält man für 1200 €?
c) Wie viele Liter erhält man für 2000 €, wenn der Preis für einen Liter um 5 Cent ansteigt?

③ Eine Baufirma schickt einen Bagger in ein Baugebiet. Es soll eine Baugrube ausgebaggert werden, die 30 m lang, 15 m breit und 2,5 m tief ist.
a) Was kostet der Aushub pro Kubikmeter, wenn die Firma für den Auftrag 8500 € in Rechnung stellt?
b) Ein LKW der Firma kann pro Fahrt 8,5 Tonnen transportieren. Wie oft muss er fahren, wenn das Erdreich vollständig abtransportiert werden muss und die Dichte des Erdreiches 1,7 t/m³ beträgt?
c) Wie viele Fahrten müssten 5 LKW machen?
Lösungshilfe:
1. Berechne zuerst das Volumen der Baugrube. Bei der anschließenden Teilung musst du runden.
2. Zur Berechnung der Masse brauchst du die Formel $m = V \cdot \rho$.

④ Herr Grün und Herr Braun sind Kunden bei verschiedenen Mobilfunkunternehmen.
a) Herr Grün ist Kunde bei der Firma Faxmann. Er zahlt pro Gesprächsminute 0,25 € bei sekundengenauer Abrechnung, wobei keine Grundgebühr anfällt. Welche Kosten entstehen ihm, wenn er 15 Minuten und 20 Sekunden telefoniert?
b) Herr Braun ist Kunde bei der Firma Fonmann, die als Grundgebühr 7 € verlangt. Was zahlt Herr Braun pro Minute, wenn er insgesamt 1 Stunde 12,5 Minuten telefoniert und eine Rechnung über 22,95 € erhält?
c) Erstelle eine Tabelle für beide Tarife und zeichne beide Kurven in eine Grafik.
(x-Achse: 1 cm ➪ 10 min; y-Achse: 1 cm ➪ 2 €)

Gesprächsminuten	10	20	30	40	50
Faxmann €					
Fonmann €					

Funktionen (1)

❷ Übungaufgaben:

① a) 4,5 Millionen Liter = 4 500 000 : 250 = <u>18 000</u> [l]

b) Berechne die fehlenden Werte und trage in die Tabelle unten ein.

angenommene Dürretage	30	60	90	120
tägliche Wassermenge pro Haushalt in Liter	600	300	200	150

c) Grafi k

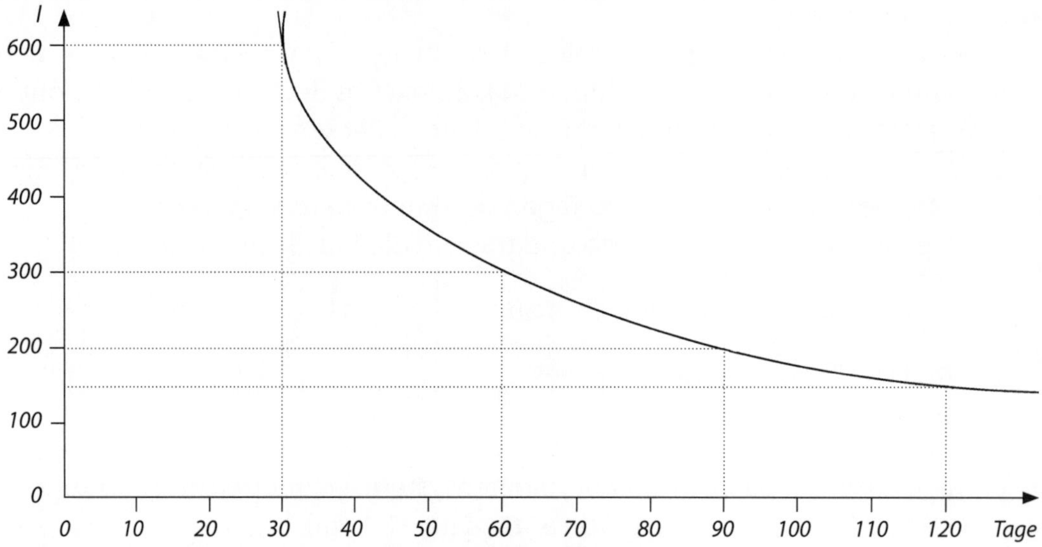

② Heizöl für Familie Helmer:

a) 1863,75 : 3550 = <u>0,525</u> [€/l]

b) 1200 : 0,525 = 2285,7143 ≈ <u>2285</u> [l]

c) 0,525 + 0,05 = 0,575 [€/l];
2000 : 0,575 = 3478,2609 ≈ <u>3478</u> [l]

③ Ausbaggern einer Baugrube:

a) $V_{Baugrube} = a \cdot b \cdot h_K = 30 \cdot 15 \cdot 2,5 = 1125$ [m³];
8500 : 1125 = $\underline{7,\overline{5}}$ = <u>7,56</u> [€/m³]

b) $m_{Erde} = V \cdot \rho = 1125 \cdot 1,7 = 1912,5$ [t];
1912,5 : 8,5 = <u>225</u> [Fahrten]

c) 225 : 5 = <u>45</u> [Fahrten/LKW]

④ Handygebühren:

a) Kosten von Herrn Grün: 15 min 20 s = 920 [s]; 0,25 : 60 · 920 = <u>3,83</u> [€] (Kosten für 15 min 20 s)

b) Kosten von Herrn Braun: 22,95 − 7 = 15,95 [€]; 15,95 : 72,5 = <u>0,22</u> [€] (Kosten für 1 min)

c) Grafik:

Gesprächsminuten	10	20	30	40	50
Faxmann €	2,50	5,00	7,50	10,00	12,50
Fonmann €	9,20 (7+10·0,22)	11,40	13,60	15,80	18,00

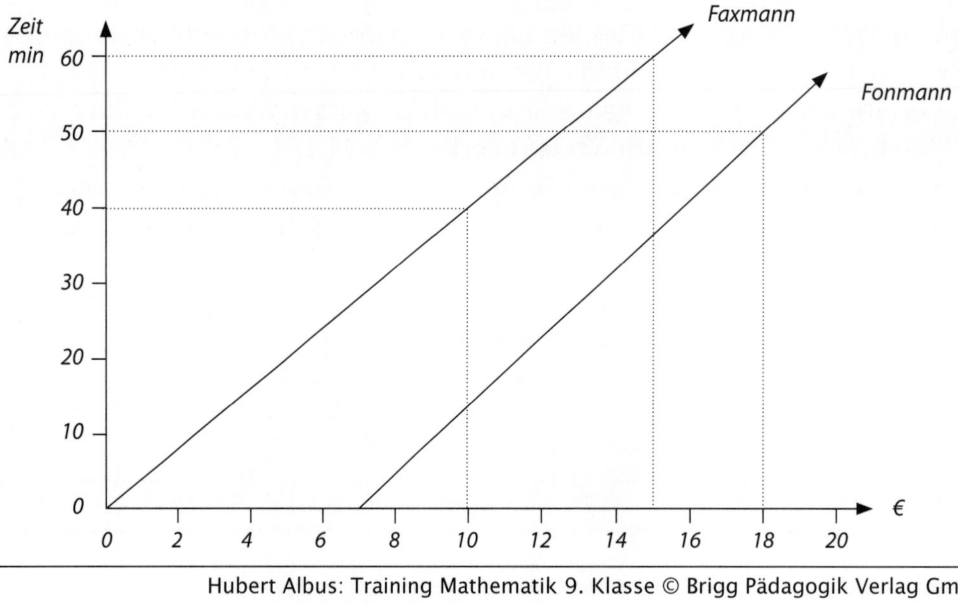

M Name: ______________________ | Datum: ______________

Funktionen (2)

⑤ Familie Hoffmann informiert sich über aktuelle Internettarife:

Tarif A
- 1,5 ct pro Minute
- ohne Grundgebühr

Tarif B
- 3 600 Freiminuten pro Monat
- jede weitere Minute 0,7 ct
- monatliche Grundgebühr 29,95 €

Dazu hat die Familie ihre monatlichen Stunden im Internet notiert:

März	April	Mai	Juni
45 h	62 h	55 h	60 h

a) Wie hoch wäre ihre Gesamtrechnung von März bis Juni, wenn sie Tarif A gewählt hätte? Gib das Ergebnis in € an.

b) Wie viele Euro hätte Familie Hoffmann für ihre Internetnutzung im April in Tarif B zahlen müssen?

Lösungshilfe:
1. Dein Ergebnis bei Tarif A (März bis Juni) sollte knapp unter 200 € liegen.
2. Dein Ergebnis bei Tarif B (April) sollte 30,79 € betragen.

⑥ Die Abfüllanlage einer Erdölraffinerie hat einen Ausstoß von 2500 Litern in acht Minuten. Man weiß, dass aus technischen Gründen die Abfüllmengen zwischen 95 % und 110 % der angegebenen Regelmengen liegen können.

a) Wie wirkt sich eine Verkürzung der Füllzeit auf die Füllmenge aus? Welche Art der Zuordnung liegt vor?

b) Berechne die größte und kleinste Füllmenge. Bestimme daraus jeweils die Zeitdauer einer Füllung.

Lösungshilfe:
Der Grundwert bei deiner Prozentrechnung ist 2500 Liter. Davon sind 95 % bzw. 110 % auszurechnen.

⑦ Ein Autobahnteilstück muss termingerecht fertiggestellt werden. 72 Arbeiter benötigen dazu bei einer täglichen Arbeitszeit von 8 Stunden 180 Tage. Wegen starker Regenfälle muss die Arbeit nach 30 Tagen für 6 Tage unterbrochen werden.

a) Wie viele Minuten müsste jeder Arbeiter täglich länger arbeiten, um die Bauarbeiten fristgerecht zu beenden?

b) Wie viele Arbeiter müsste die Firma nach der Unterbrechung zusätzlich einsetzen, um den Termin ohne Überstunden einhalten zu können?

Lösungshilfe:
*1. Als Aufgabentyp liegt eine **indirekte proportionale Zuordnung** vor.*
2. Deine Ergebnisse sollten lauten: a) 20 Minuten; b) 3 Arbeiter.

⑧ Das Schülercafe einer Hauptschule soll in acht Wochen eröffnet werden, wofür sechs Schüler pro Woche jeweils vier Stunden arbeiten müssten. Nach zwei Wochen fahren zwei dieser Schüler auf Klassenfahrt und fallen für eine Woche aus.
Wie viele Minuten pro Woche müssen alle Beteiligten nach Ende der Klassenfahrt mehr arbeiten, damit das Schülercafe zum geplanten Termin fertig wird?

Lösungshilfe:
*Als Aufgabentyp liegt auch hier eine **indirekte proportionale Zuordnung** vor.*
Dein Ergebnis sollte lauten: $4{,}2\overline{6} - 4 = 0{,}2\overline{6}$ *[Stunden]* $= 0{,}2\overline{6} \cdot 60 = \underline{16}$ *[Minuten].*

⑨ Klaus und Thomas treffen sich am Samstag in der Jugenddisco. Weil Klaus die Techno-Party nicht gefällt, macht er sich um 17.00 Uhr mit einer durchschnittlichen Geschwindigkeit von 5 km/h auf den Weg nach Hause. Nach einer halben Stunde trifft er eine Bekannte, mit der er sich zehn Minuten unterhält. Dann setzt er seinen Weg mit gleichbleibender Geschwindigkeit fort. In der Disco merkt Thomas, dass Klaus seine Jacke vergessen hat, und radelt seinem Freund um 17.40 Uhr mit einer durchschnittlichen Geschwindigkeit von 15 km/h nach.
Um wie viel Uhr und wie viele Kilometer von der Disco entfernt wird Klaus von Thomas eingeholt? Stelle den Vorgang grafisch dar. (Wegachse: 1 km ➪ 1 cm; Zeitachse: 10 min ➪ 1 cm)

Funktionen (2)

⑤ *Familie Hoffmann informiert sich über aktuelle Internettarife:*

a) $45 + 62 + 55 + 60 = 222$ [h]; $222 \cdot 60 \cdot 1{,}5 = 19\,980$ [ct] = $\underline{199{,}80}$ [€]

b) $62 \cdot 60 = 3720$ [min]; $3720 - 3600 = \underline{120}$ [min];
$120 \cdot 0{,}7 = 84$ [ct] = $\underline{0{,}84}$ [€];
$29{,}95 + 0{,}84 = \underline{30{,}79}$ [€]

⑥ *Abfüllanlage einer Erdölraffinerie:*

a) *Je weniger Füllzeit, desto weniger Füllmenge* ➪ *direkt proportionale Zuordnung*

b) *95 % als kleinstmögliche Füllmenge:* $2500 \cdot 0{,}95 = \underline{2375}$ [l];
110 % als größtstmögliche Füllmenge: $2500 \cdot 1{,}10 = \underline{2750}$ [l];

Formel:
$2375 : 2500 = x : 8$
$x = 2375 \cdot 8 : 2500 = \underline{7{,}6}$ [min] ➪ $\underline{7\text{ min }36\text{ s}}$;
Dreisatz:
2500 l ➪ 8 min
1 l ➪ 0,0032 min
2375 l ➪ $\underline{7{,}6\text{ min}}$

Formel:
$2750 : 2500 = x : 8$
$x = 2750 \cdot 8 : 2500 = \underline{8{,}8}$ [min] = $\underline{8\text{ min }48\text{ s}}$;
Dreisatz:
2500 l ➪ 8 min
1 l ➪ 0,0032 min
2750 l ➪ $\underline{8{,}8\text{ min}}$

⑦ *Autobahnteilstück:*

a)

Arbeiter	Stunden	Tage
72	8	150 (180 – 30)
72	x	144 (150 – 6)

8 h 20 min – 8 h = $\underline{20}$ [min]

Ansatz:
$72 \cdot 8 \cdot 150 = 72 \cdot x \cdot 144$
$x = 8{,}\overline{3}$ [h] ➪ 8 h 20 min

b)

Arbeiter	Stunden	Tage
72	$8{,}\overline{3}$	144
x	8	144

$75 - 72 = \underline{3}$ [Arbeiter]

Ansatz:
$72 \cdot 8{,}\overline{3} \cdot 144 = x \cdot 8 \cdot 144$
$x = 75$ [Arbeiter]

⑧ *Schülercafe:*

Schüler	Wochen	Stunden
6	6 (8–2)	4
4	1	4
6	5 (8–2–1)	x

Ansatz:
$6 \cdot 6 \cdot 4 = 4 \cdot 1 \cdot 4 + 6 \cdot 5 \cdot x$
$144 = 16 + 30x$
$128 = 30x$
$x = \underline{4{,}2\overline{6}}$ [h]

$4{,}2\overline{6} - 4 = 0{,}2\overline{6}$ [h]
$0{,}2\overline{6} \cdot 60 = \underline{16}$ [min]

⑨ *Techno-Party:*

1. *Uhrzeit der Einholung: 17.55 Uhr*
2. *Einholungsort: ca. 3,75 km von der Disco entfernt*

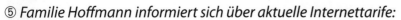

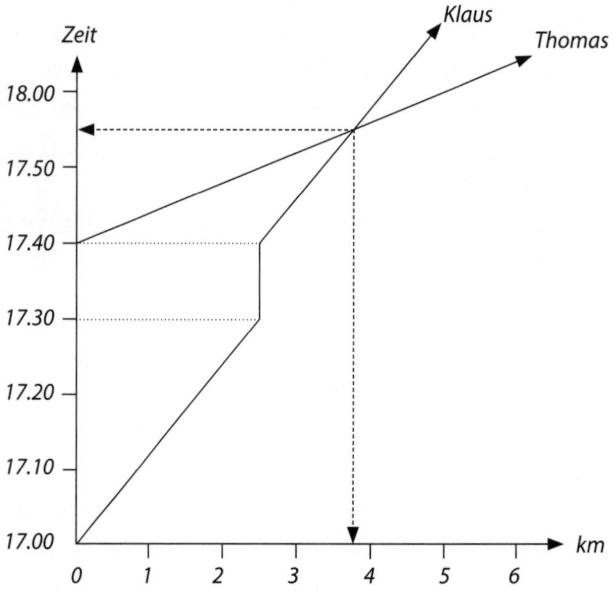

M Name: ______________________ Datum: ______________

Funktionen (3)

⑩ Beantworte bei den folgenden Diagrammen die einzelnen Fragen.

a) Welche Graphen sind linear?
Kreuze richtig an.

1. 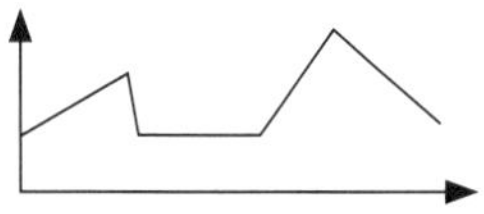
O linerar
O nicht linear

2. 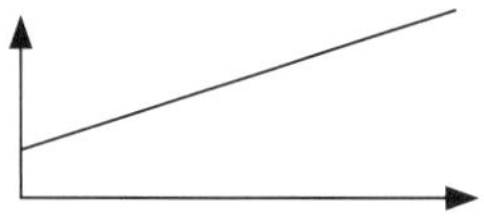
O linear
O nicht linear

3. 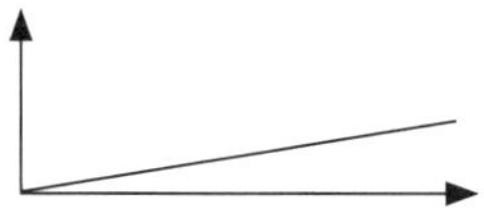
O linear
O nicht linear

4. 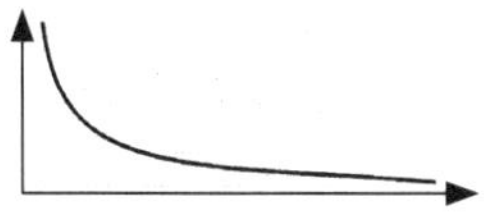
O linear
O nicht linear

b) Die Graphen 1 bis 3 sind Pumpen.

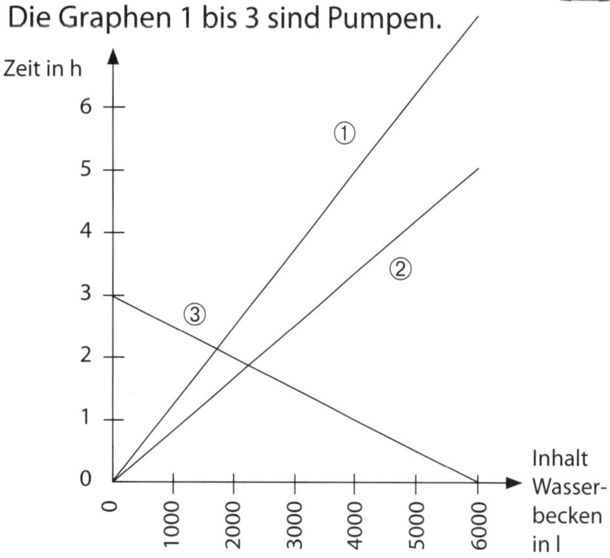

1. Wie viele Liter pro Stunde schaffen Pumpe 1 und Pumpe 2?
2. Woran erkennst du, dass die Leistung der Pumpen sich nicht ändert?
3. In welcher Zeit füllt jede der beiden Pumpen jeweils das Becken?
4. Wie viele Liter befinden sich jeweils nach 2,5 h im Becken?
5. Welcher Vorgang wird durch die Pumpe 3 dargestellt? Wie hoch ist ihre Leistung?

c) Begegnungsaufgabe:

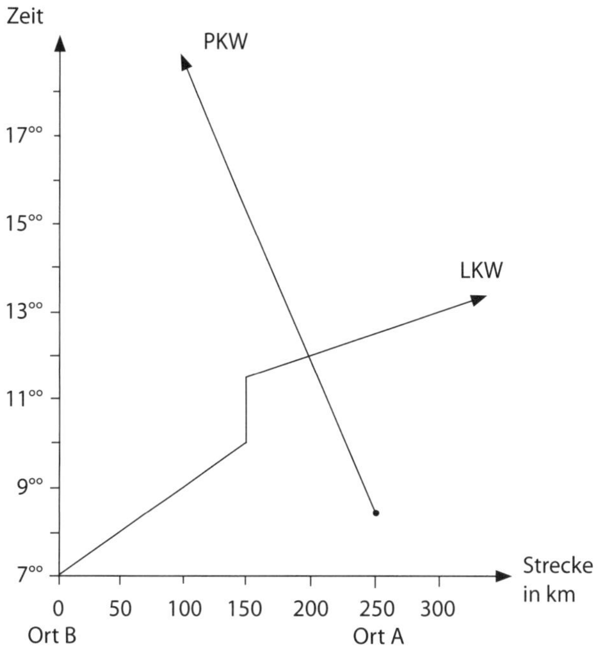

1. Wie hoch ist die Durchschnittsgeschwindigkeit des LKW vor der Arbeitspause?
2. Wie lange dauert die Arbeitspause?
3. Welche Durchschnittsgeschwindigkeit hat der LKW nach der Pause?
4. Um wie viel Uhr fährt der PKW ab?
5. Wie viele Kilometer von Ort A entfernt begegnen sich LKW und PKW?
6. Um wie viel Uhr findet diese Begegnung statt?
7. Wie groß ist die Durchschnittsgeschwindigkeit des LKW bis zum Begegnungspunkt?

d) Einholungsaufgabe:

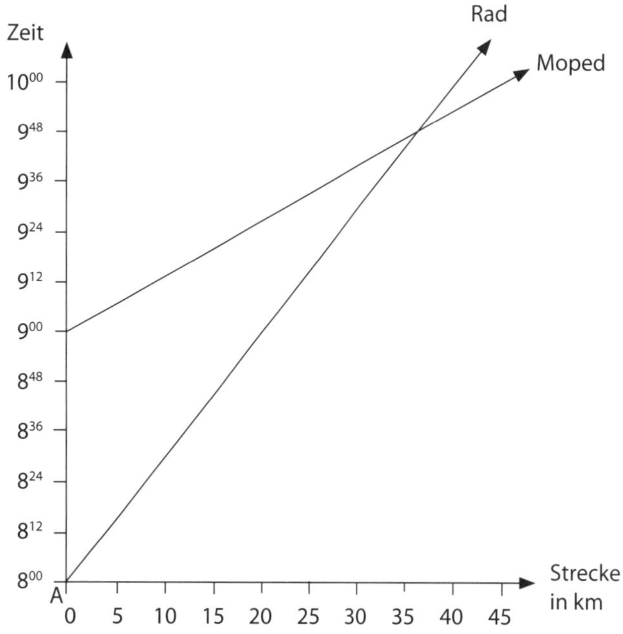

1. Um wie viel Uhr und in welcher Entfernung von A holt der Mopedfahrer den Radfahrer ein?
2. Welche Geschwindigkeit fährt der Radfahrer, welche der Mopedfahrer?

Funktionen (3)

⑩ Beantworte bei den folgenden Diagrammen die einzelnen Fragen.

a) Welche Graphen sind linear?
Kreuze richtig an.

1.
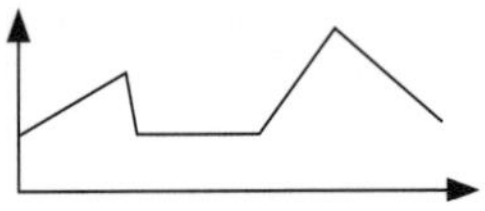

O linerar
Ø nicht linear

2.
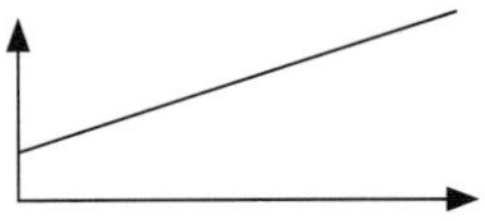

Ø linear
O nicht linear

3.
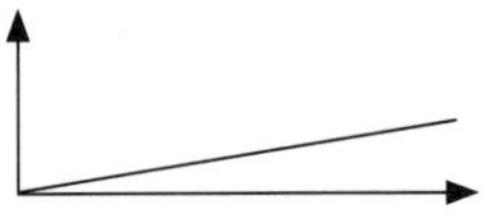

Ø linear
O nicht linear

4.
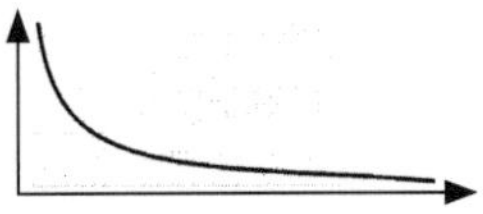

O linear
Ø nicht linear

b) Die Graphen 1 bis 3 sind Pumpen.

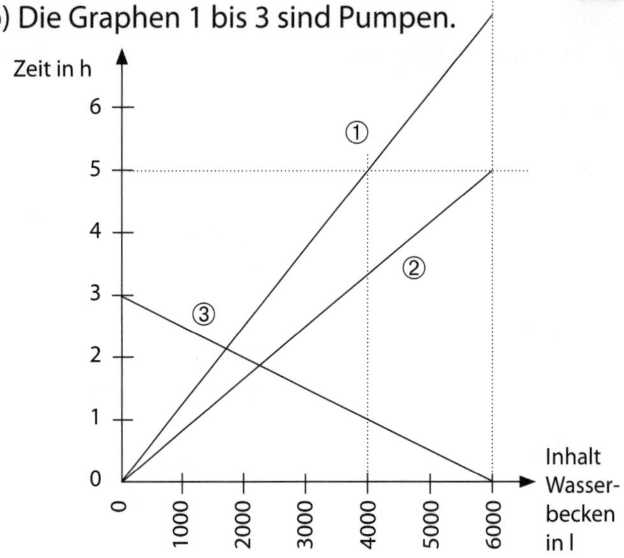

1. Pumpe 1: 800 l/h; Pumpe 2: 1200 l /h
2. Lineare Funktion (Halbgerade)
3. Pumpe 1: 7,5 h; Pumpe 2: 5 h
4. Pumpe 1: 2000 l; Pumpe 2: 3000 l
5. Die Pumpe 3 füllt das Becken nicht, sie pumpt es leer, und zwar in drei Stunden. Die stündliche Pumpleistung beträgt 2000 l.

c) Begegnungsaufgabe:

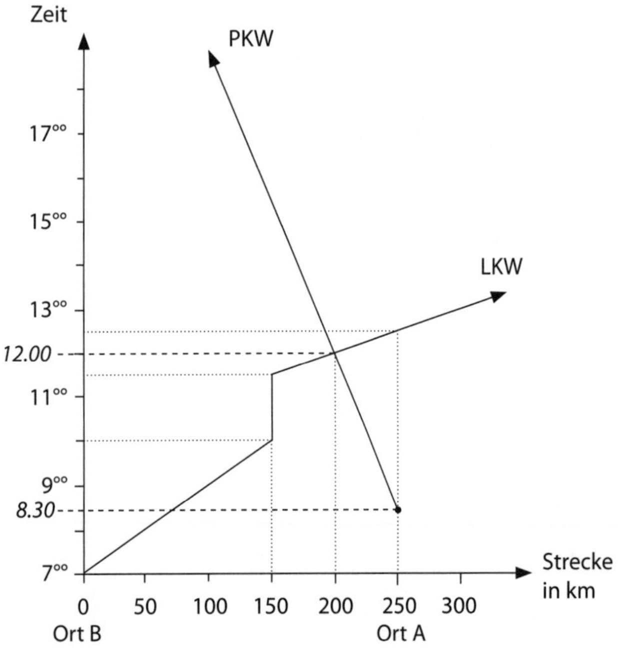

1. Durchschnittsgeschwindigkeit des LKW vor der Arbeitspause: 50 km/h
2. Dauer der Arbeitspause: 1,5 h
3. Durchschnittsgeschwindigkeit LKW nach der Arbeitspause: 100 km/h
4. Abfahrt PKW um 8.30 Uhr
5. LKW und PKW begegnen sich 50 km von A entfernt.
6. Die Begegnung fi ndet um 12.00 Uhr statt.
7. Durchschnittsgeschwindigkeit LKW bis zum Begegnungspunkt: 40 km/h (Strecke: 200 km, Fahrzeit: 5 h ➪ 200 : 5 = 40 km/h)

d) Einholungsaufgabe:

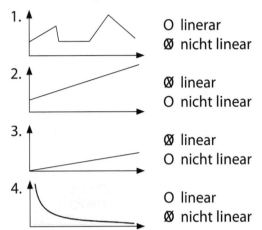

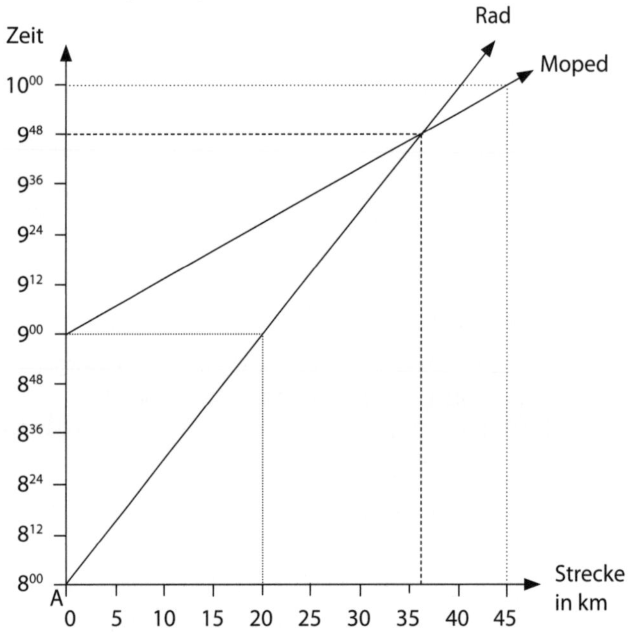

1. Der Mopedfahrer holt den Radfahrer um 9.48 Uhr ein, und zwar rund 36,5 km von A entfernt.
2. Der Radfahrer fährt mit 20 km/h, der Mopedfahrer mit 45 km/h.

M Name: ____________________ Datum: ____________________

Beschreibende Statistik (1)

① In der Grafik „Hinter Gittern" sind Strafgefangene je 100 000 Einwohner im Jahresdurchschnitt dargestellt.

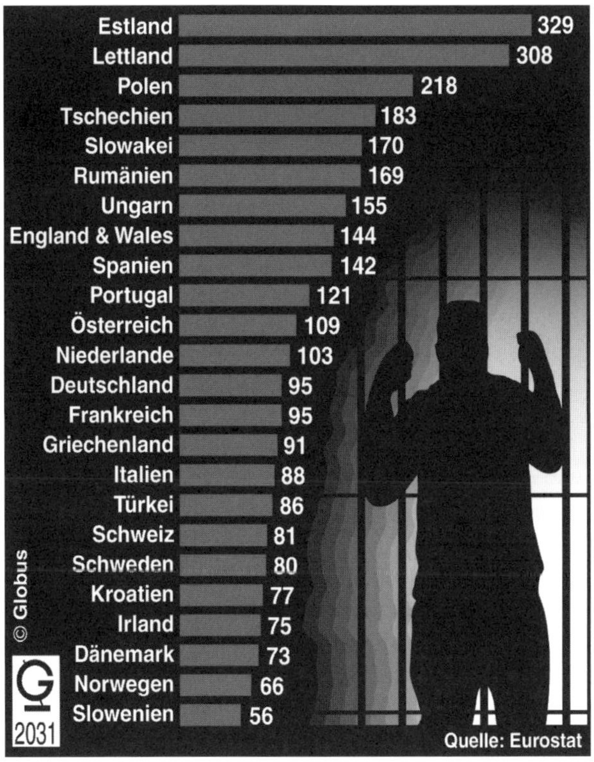

a) Wie viele Strafgefangene sitzen in Deutschland hinter Gittern, wenn unser Land zurzeit etwa 82 300 000 Einwohner hat?

b) Berechne den Durchschnittswert $\overline{x}$.

c) Ermittle den Zentralwert z.

d) Was fällt dir an der Grafik auf, wenn du die Länder betrachtest?

e) Russland fehlt in dieser Statistik. Welche Gründe gibt es, dass dieses Land nicht aufgeführt wird?

② Isabell hat in der Prüfung folgende Ergebnisse erzielt. Berechne ihren Notendurchschnitt. Mit einem Schnitt von 3,0 ist die Prüfung bestanden.

	Jahresnote	Prüfungsnote	Wertigkeit
Deutsch	3	3	2
Mathematik	4	5	2
Englisch	3	4	2
AWT	2	2	1
KTB	2	2	1
Musik	1	1	1

③ Erstelle aus der Grafik „Ursachen für Berufsunfähigkeit" ein Kreisdiagramm. (Radius r = 5 cm)

Lösungshilfe:

1. Rechne die Prozentzahlen richtig in Gradzahlen um. (% · 3,6 = °)

2. Runde auf ganze Grad.

3. Beachte, dass nach der Addition als Summe 360° stehen müssen.

4. Beschrifte deine Grafik sachgerecht (Textinformation, Prozentangaben).

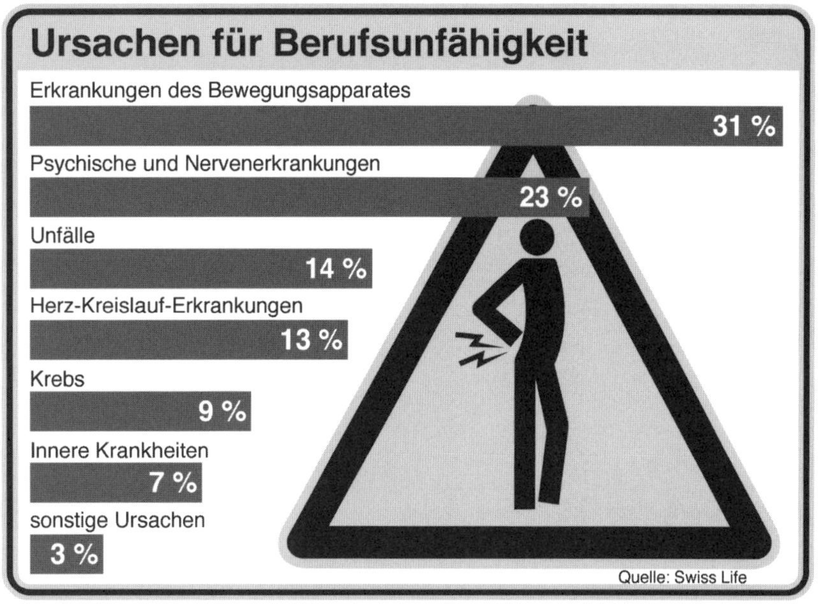

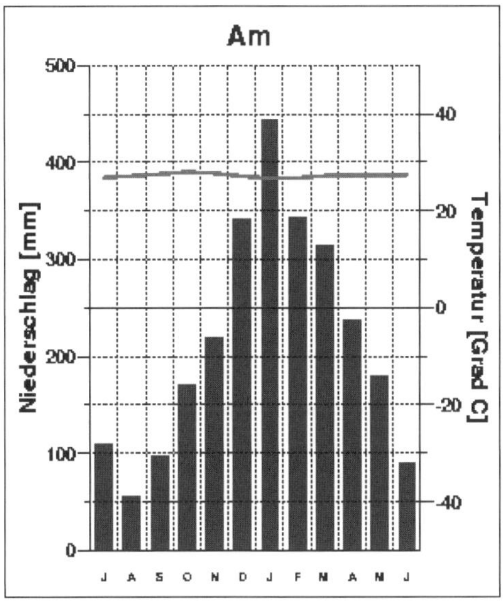

④ In der Grafik links ist das Klimadiagramm von Semarang (Java) abgebildet.

a) Berechne die jährliche Niederschlagsmenge. Runde dabei auf ganze Zehner.

b) Berechne die durchschnittliche Niederschlagsmenge. Runde auch hier auf ganze Zehner.

c) Versuche möglichst genau die Durchschnittstemperatur herauszufinden. Was fällt dir dabei auf?

Beschreibende Statistik (1)

① *Grafik „Hinter Gittern" (Strafgefangene je 100 000 Einwohner im Jahresdurchschnitt):*

a) 82 300 000 : 100 000 = 823; 823 · 95 = 78 185 [Strafgefangene]

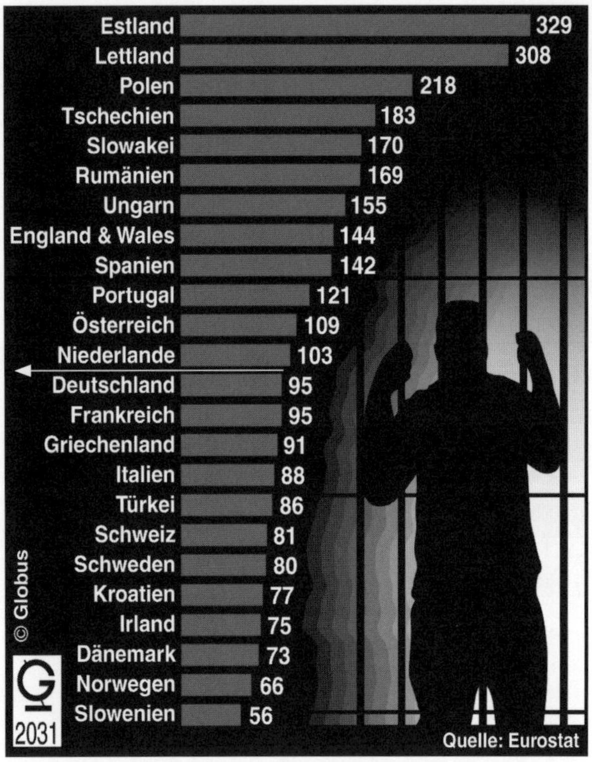

b) Durchschnittswert $\bar{x}$: 3114 : 24 = 129,75 [Strafgefangene] (statistischer Wert)

c) Zentralwert z: 103 + 95 = 198 : 2 = 99 [Strafgefangene]

d) Die ersten sieben Positionen der Statistik werden durch Ostblockstaaten eingenommen.

e) Russland darf man zu Europa und zu Asien rechnen. Statistisch ist eine Trennung des Landes in einen europäischen Teil nur schwer realisierbar.

② *Prüfungsnoten:*

	Jahresnote	Prüfungsnote	Wertigkeit
Deutsch	3	3	2
Mathematik	4	5	2
Englisch	3	4	2
AWT	2	2	1
KTB	2	2	1
Musik	1	1	1

Gesamtnotenwert: 12 + 18 + 14 + 4 + 4 + 2 = 54

Teiler: 9 · 2 = 18

Notenschnitt: 54 : 18 = 3,00 ➪ Prüfung noch bestanden

③ *Ursachen für Berufsunfähigkeit:*

31 % · 3,6 = 111,6° ≈ 112°;
23 % · 3,6 = 82,8° ≈ 83°;
14 % · 3,6 = 50,4° ≈ 50°;
13 % · 3,6 = 46,8° ≈ 47°;
9 % · 3,6 = 32,4° ≈ 32°;
7 % · 3,6 = 25,2° ≈ 25°;
3 % · 3,6 = 10,8° ≈ 11°;
360°

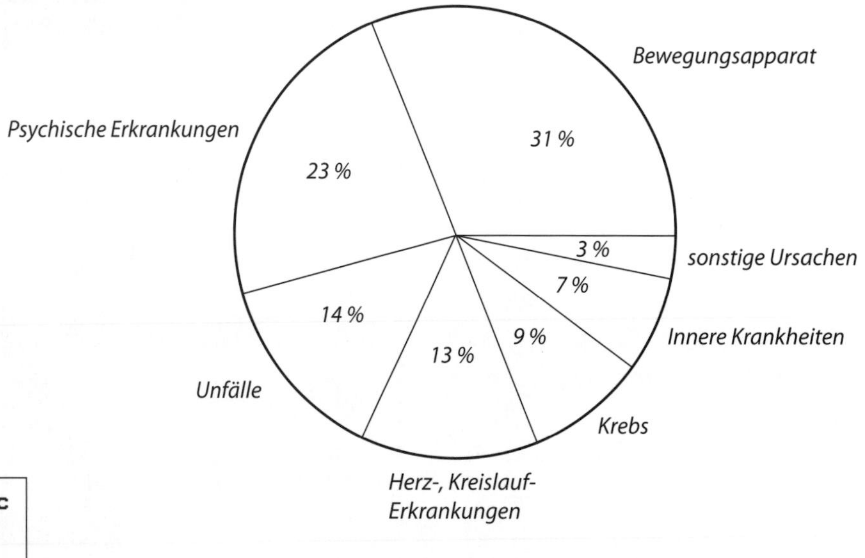

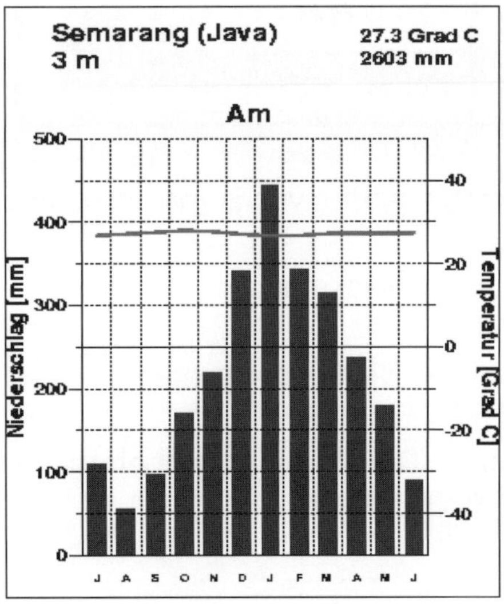

④ *Klimadiagramm:*

a) 110 + 55 + 95 + 170 + 220 + 345 + 445 + 345 + 320 + 240 + 180 + 90 = 2615 [mm]

b) 2615 : 12 = 217,91667 ≈ 220 [mm]

c) Die Durchschnittstemperatur liegt um 27 °C. Sie weist kaum Schwankungen nach oben und unten auf.

M	Name: ______________________	Datum: ______________

Beschreibende Statistik (2)

⑤ Grafik: Alkoholfreies Bier

a) Was bedeutet das Wort „Alternative“?

b) Welche Benennung ist bei den Zahlenangaben dazuzusetzen?

c) Wie viele Männer aus der repräsentativen Befragung greifen zu alkoholfreiem Bier, wenn sie noch Auto fahren müssen?
Gib das Ergebnis in Prozent und in einer Zahl an.

d) Gib in Zahlen an, wo der Anteil der Frauen im Vergleich zu den Männern am weitesten auseinander und wo er am engsten zusammen liegt.

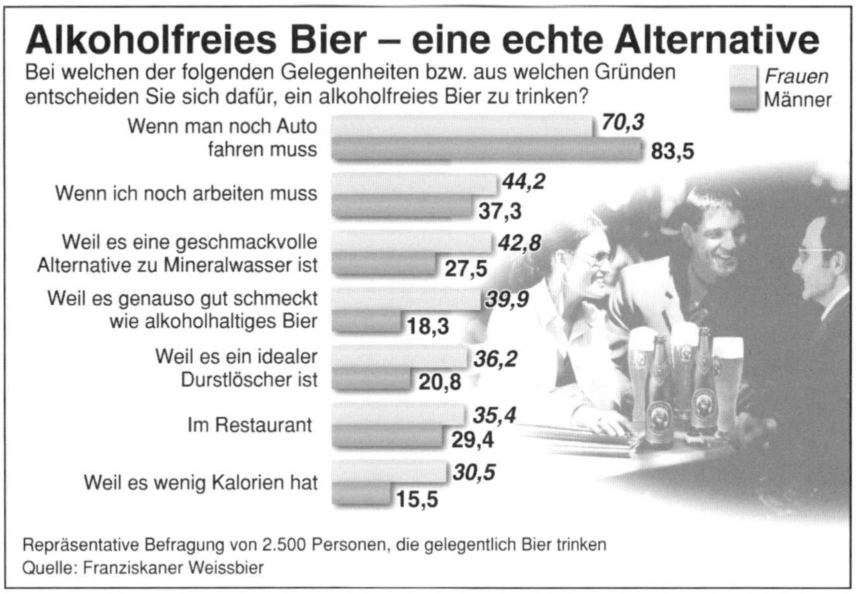

⑥ Klimadiagramm von Assuan (Ägypten): Berechne

a) die durchschnittliche Tagestemperatur.

b) die Spannweite in Bezug auf die Tagestemperatur.

c) die durchschnittliche Nachtttemperatur.

d) die durchschnittlichen Sonnenstunden pro Tag.

e) Was meinst du zu den Regentagen in Assuan?
Welche Schlussfolgerungen kannst du daraus ziehen?

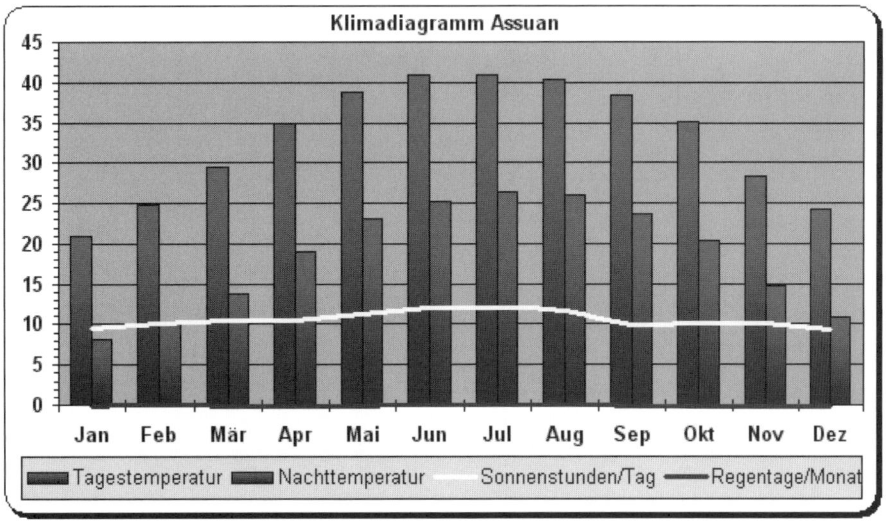

Beschreibende Statistik (2)

⑤ *Grafi k: Alkoholfreies Bier*

a) Begriff „Alternative“:
Auswahl zwischen zwei Möglichkeiten

b) Benennung:
Prozent (%)

c) Männeranteil bei alkoholfreiem Bier, wenn sie noch Auto fahren müssen:
- *83,5 %*
- *2087,5 ≈ <u>2087</u> [Männer]*

d) Differenz:
1. Am weitesten auseinander: „weil es genauso gut schmeckt wie alkoholhaltiges Bier“
Männer: 18,3 %; Frauen: 39,9 %; Differenz: <u>21,6 %</u>;
2. Am engsten beieinander: „Im Restaurant“
Männer: 29,4 %; Frauen: 35,4 %; Differenz: <u>6 %</u>

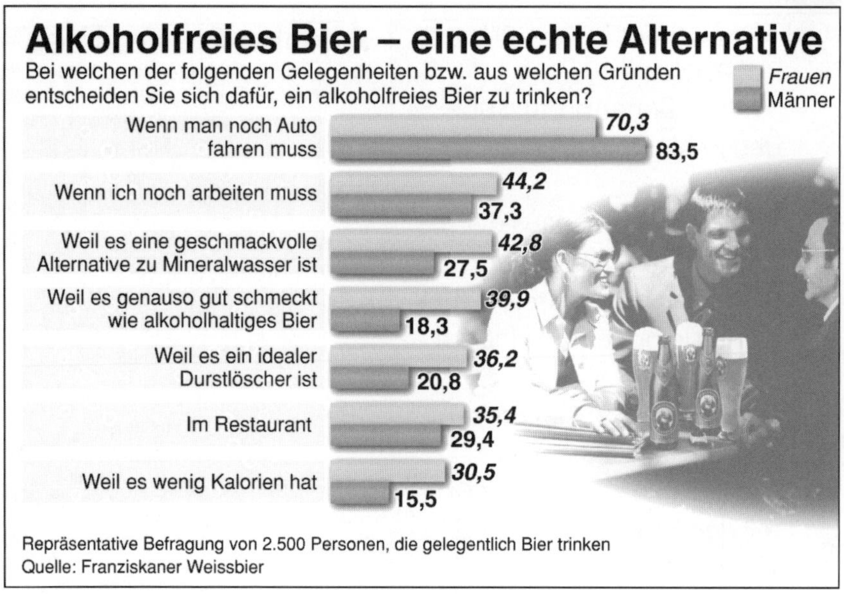

⑥ *Klimadiagramm von Assuan (Ägypten)*

a) Durchschnittliche Tagestemperatur:
$21 + 25 + 29 + 35 + 38,5 + 42 + 42 + 41 + 38 + 35,5 + 28 + 24 = 399;$
$399 : 12 = 33,25 \approx \underline{33,3}$ *[°C]*

b) Spannweite Tagestemperatur:
$42 - 21 = \underline{21}$ *[°C]*

c) Durchschnittliche Nachttemperatur:
$8 + 10 + 14 + 19 + 23 + 25 + 26,5 + 26 + 23,5 + 20,5 + 15 + 11 = 221,5;$
$221,5 : 12 = 18,4583 \approx \underline{18,5}$ *[°C]*

d) Durchschnittliche Sonnentage:
$9 + 10 + 10 + 10,5 + 11 + 12 + 12,5 + 12 + 10 + 10 + 10 + 9,5 = 126,5; 126,5 : 12 = 10,54 \approx \underline{10,5}$ *[h]*

e) Es regnet in Assuan statistisch gesehen das ganze Jahr über überhaupt nicht. Einige Regengüsse in der Nacht auf das ganze Jahr verteilt ist alles, was an Niederschlägen in Assuan fällt. Oberägypten einschließlich Assuan muss mit Wasser aus dem nahe liegenden riesigen Nasser-Staudamm versorgt werden.

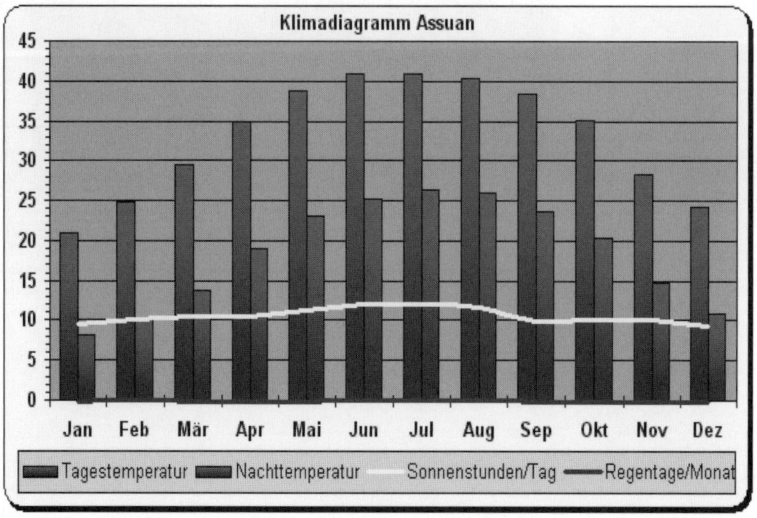

M | Name: ____________ | Datum: ____________

Teil B: 1. Test (1)

1. Löse folgende Gleichung: 4

$$\frac{3{,}5 \cdot (2x - 24)}{7} - 4 \cdot (x - 2) = \frac{5x - 138}{3}$$

2. Trage in ein Koordinatensystem mit der Einheit 1 cm die Punkte A (–4/2) und B (6,5/–4) ein. Die Gerade g verläuft durch diese beiden Punkte. 4
   a) Die Gerade g schneidet die Rechtswert-Achse im Punkt S.
   Gib die Koordinaten von S an.
   b) Zeichne die Senkrechte zur Geraden g durch den Punkt C (6/1).
   c) Zeichne zur Geraden g die Parallele p, die durch den Punkt C verläuft.

3. Berechne den Inhalt der schraffierten Fläche: 5

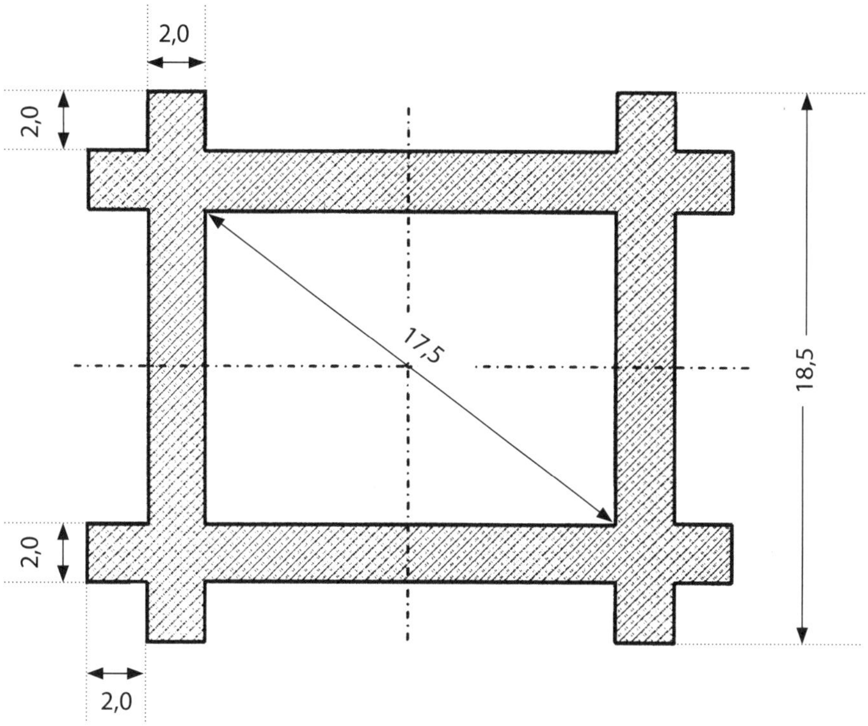

Maße in cm

4. Butter und Joghurt sind Milchprodukte. 3
   a) Um 50 g Butter herzustellen, benötigt man 1 Liter Milch.
   Wie viele Liter Milch braucht man zur Herstellung von 80 kg Butter?
   b) Ein Liter Milch ergibt 1 030 g Joghurt.
   Wie viele Becher mit je 150 g Joghurt können abgefüllt werden, wenn 1 500 Liter Milch verarbeitet werden sollen?

Teil B: 1. Test (1)

1. $\frac{3{,}5 \cdot (2x-24)}{7} - 4 \cdot (x-2) = \frac{5x-138}{3}$ 1 | 4

$\frac{7x-84}{7} - 4x + 8 = \frac{5x-138}{3} \quad / \cdot 21$ 1

$21x - 252 - 84x + 168 = 35x - 966$ 1

$-63x - 84 = 35x - 966$

$-98x = -882$

$x = \underline{9}$ 1

2. | 4

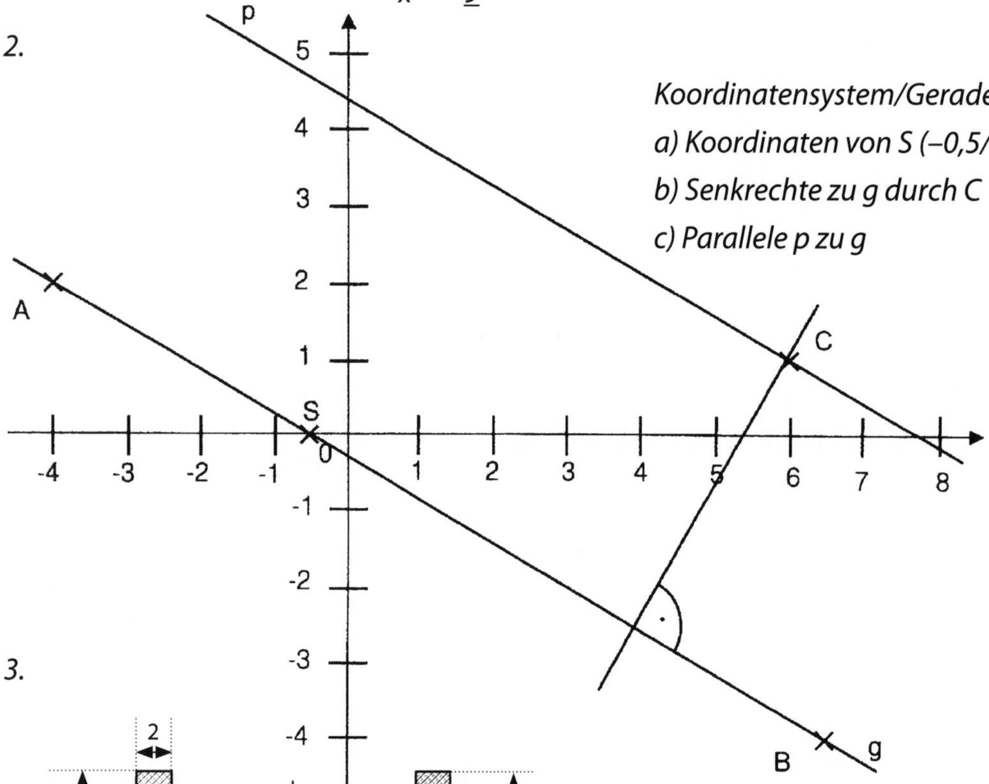

Koordinatensystem/Gerade g 1

a) Koordinaten von S (–0,5/1) 1

b) Senkrechte zu g durch C 1

c) Parallele p zu g 1

3. | 5

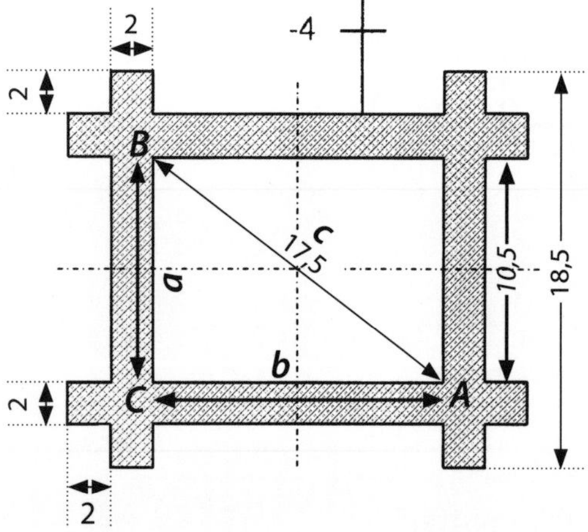

Länge der 1. Kathete: 1

18,5 – 8 = <u>10,5</u> [cm];

Länge der 2. Kathete: 1

$b^2 = c^2 - a^2$

$b^2 = 17{,}5^2 - 10{,}5^2$

$b^2 = 196$

$b = 14$ [cm]

Gesamtfläche:

$12 \cdot 4 + 10{,}5 \cdot 2 \cdot 2 + 14 \cdot 2 \cdot 2 =$

$48 + 42 + 56 = \underline{146}$ [cm²] 3

4. a) Benötigte Milch in Liter: 80 : 0,05 = <u>1600</u> [l] 1 | 3

b) Joghurtmenge in Gramm: 1 030 · 1 500 = 1 545 000 [g]; 1

Anzahl der Becher: 1 545 000 : 150 = <u>10 300</u> [Stück] 1

M | Name: ________________ | Datum: ________________

Teil B: 1. Test (2)

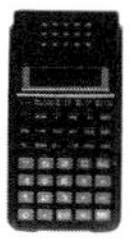

5. Löse folgende Gleichung: 3

$$7{,}04 \cdot (x - 0{,}2 : 0{,}08) - 1{,}225x \;=\; -800 \cdot (-0{,}002) + 3x - 0{,}125 \cdot (1 + 8x)$$

6. Ein massives Werkstück besteht aus einer Dreiecksäule und einem Quader, aus dem ein Halbzylinder ausgespart wurde (siehe Skizze unten). 6
Der Durchmesser des Halbzylinders beträgt 8 cm.
Berechne das Volumen des Werkstücks.

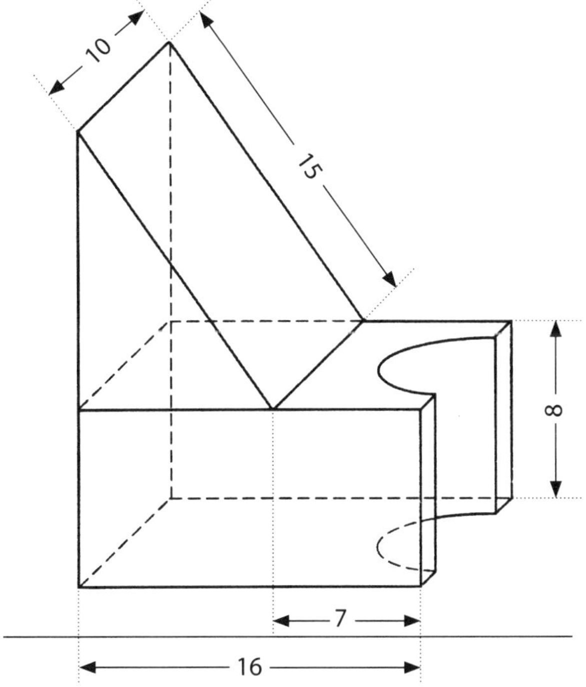

Maße in cm

7. Herr Haller kauft sich einen Roller und einen Schutzhelm. 4
   a) Für den Kauf des Rollers leiht er sich von der Bank 2100 € für eine Laufzeit von 8 Monaten. Die Bank verlangt dafür einen jährlichen Zinssatz von 8,5 %. Hinzu kommt eine einmalige Bearbeitungsgebühr in Höhe von 2,75 % des Kreditbetrages.
   Wie viele Euro muss er insgesamt an die Bank zahlen?
   b) Für den Helm erhält er vom Händler 30 % Rabatt auf Ladenpreis und bezahlt nur noch 126 €.
   Berechne den ursprünglichen Ladenpreis des Helms.

8. Das oberste Stockwerk einer Kunsthalle hat die Form eines Halbzylinders. Das gewölbte Dach soll außen mit einer Spezialbeschichtung versehen werden. 3
Diese Beschichtung kostet einschließlich der Arbeitslöhne 160 € pro Quadratmeter.
Der Stadtrat hat in seinem Haushalt 1,5 Mio € dafür bereitgestellt.
Reicht dieser Betrag aus?

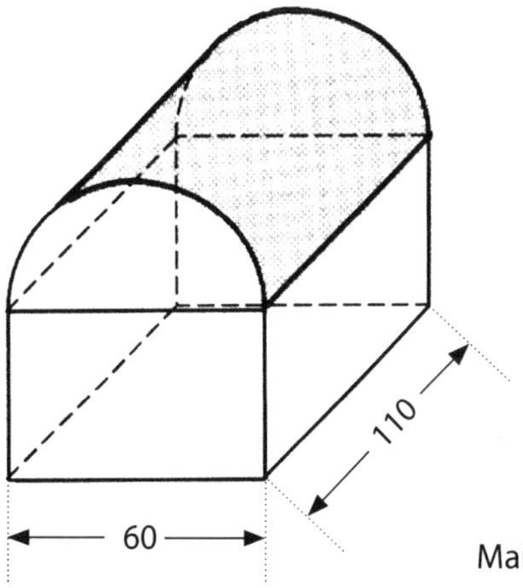

Maße in m

32

Teil B: 1. Test (2)

5. $7{,}04 \cdot (x - 0{,}2 : 0{,}08) - 1{,}225x = -800 \cdot (-0{,}002) + 3x - 0{,}125 \cdot (1 + 8x)$ 3

$7{,}04 \cdot (x - 2{,}5) - 1{,}225x = 1{,}6 + 3x - 0{,}125 - 1x$ 1

$7{,}04x - 17{,}6 - 1{,}225x = 2x + 1{,}475$ 1

$5{,}815x - 17{,}6 = 2x + 1{,}475$

$3{,}815x = 19{,}075$

$x = \underline{5}$ 1

6.

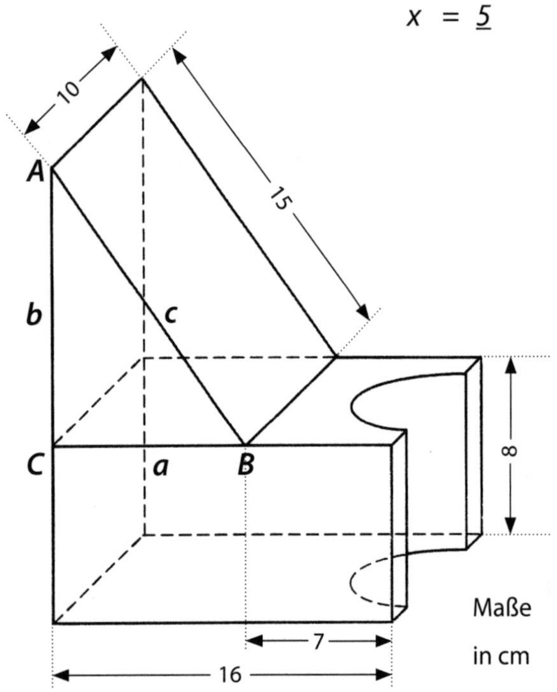

Grundlinie Dreieck: 1

$16 - 7 = 9$ [cm];

Höhe des Dreiecks (Pythagoras): 2

$b^2 = c^2 - a^2$

$b^2 = 15^2 - 9^2$

$b^2 = 144$

$b = 12$ [cm];

Volumen Dreiecksäule: 0,5

$V = g \cdot h : 2 \cdot h_K = 9 \cdot 12 : 2 \cdot 10$

$= 540$ [cm³];

Volumen ganzer Quader: 0,5

$V = a \cdot b \cdot h_K = 16 \cdot 10 \cdot 8$

$= 1280$ [cm³];

Volumen Halbzylinder: 1

$(4^2 \cdot 3{,}14 \cdot 8) : 2 = 401{,}92 : 2 = 200{,}96$ [cm³];

Gesamtvolumen Werkstück: 1

$V_G = V_{Dreiecksäule} + V_{Quader} - V_{Halbzylinder} = 540 + 1280 - 200{,}96 = \underline{1619{,}04}$ [cm³] 6

7. a) Zinsen $Z = K \cdot p \cdot t : 100 : 12 = 2100 \cdot 8{,}5 \cdot 8 : 100 : 12 = 119$ [€]; 3 4

Bearbeitungsgebühr: $PW = GW \cdot p : 100 = 2100 \cdot 2{,}75 : 100 = 57{,}75$ [€];

Gesamtzahlung: $119 + 57{,}75 = \underline{176{,}75}$ [€]

b) $GW = PW \cdot 100 : p = 126 \cdot 100 : 70$ (100 – 30) $= \underline{180}$ [€]; 1

70 % = 126
1 % = 1,80
100 % = <u>180</u> [€]

8. $Mantel_{Halbzylinder} = U \cdot h_K : 2$ 2 3

$= d \cdot \pi \cdot h_K : 2$

$= 60 \cdot 3{,}14 \cdot 110 : 2 = 10362$ [m²];

Kosten: $10362 \cdot 160 = \underline{1657920}$ [€] 1

Der Betrag reicht nicht, es fehlen noch 157 920 €.

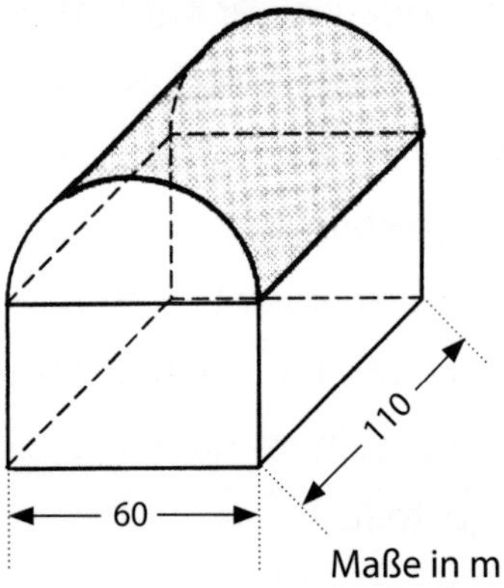

32

M	Name: ______________________	Datum: ______________	

Teil B: 2. Test (1)

1. Löse folgende Gleichung: 3

$$\frac{3\,(x+20)}{4} - \frac{5}{8} - \frac{1}{2}\,(2x+0{,}5x) = \frac{x+0{,}75}{2}$$

2. Herr Haller möchte sich ein gebrauchtes Auto für 4300 € kaufen. Der Händler bietet ihm an: 3
   - 2 % Rabatt bei Barzahlung.
   - 9 Monatsraten zu je 490 € ohne Anzahlung.

   a) Berechne den Barzahlungsrabatt in €.

   b) Um das Barzahlungsangebot nutzen zu können, würde ihm sein Bruder die benötigte Summe ein halbes Jahr lang zu einem jährlichen Zinssatz von 2,5 % leihen. Würde sich das für Herrn Haller lohnen?

3. In den Niagarafalls stürzen durchschnittlich ca. 4200 m^3 Wasser pro Sekunde in die Tiefe. Wie viele Kubikmeter sind das in einem Jahr? Welche Länge in Kilometer hätte ein Güterzug, wenn ein Waggon 15 m lang ist und etwa 105 m^3 laden kann? 3

4. Ein Rechteck hat einen Umfang von 84 cm. Seite a ist um 6 cm länger als Seite b. Wie lang sind beide Seiten? 3

5. Die Skizze rechts zeigt eine Skateboard-Rampe. 4

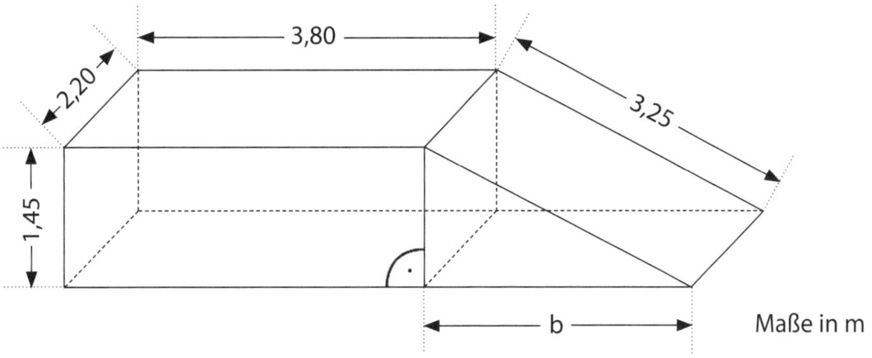

   a) Berechne die Länge b. Runde das Endergebnis auf zwei Kommastellen.

   b) Die Rampe wird vollständig aus Beton gefertigt. Wie viele m^3 Beton werden verarbeitet? Runde das Endergebnis auf eine Stelle nach dem Komma.

6. Subtrahiere 3 von einer Zahl und multipliziere diese Differenz mit 5, so erhältst du die Summe aus dem Doppelten einer Zahl und 4, vervielfacht um 3. Rechne „x“ aus. 3

Teil B: 2. Test (1)

1. | 3

$$\frac{3(x+20)}{4} - \frac{5}{8} - \frac{1}{2}(2x+0{,}5x) = \frac{x+0{,}75}{2}$$

$$\frac{3x+60}{4} - \frac{5}{8} - x - 0{,}25x = \frac{x+0{,}75}{2} \quad / \cdot 8$$ **1**

$$6x + 120 - 5 - 10x = 4x + 3$$ **1**

$$-4x + 115 = 4x + 3$$

$$112 = 8x$$

$$x = \underline{14}$$ **1**

2. a) 2 % Rabatt von 4300 € **0,5** | 3

$4300 \cdot 0{,}02 = \underline{86}$ [€]

b) $9 \cdot 490 = \underline{4410}$ [€];

$4300 - 86 = 4214$ [€]; **0,5**

$Z = K \cdot p \cdot t : 100 : 360 = 4214 \cdot 2{,}5 \cdot 180 : 100 : 360 = 52{,}675 \approx 52{,}68$ [€]; **1**

$4214 + 52{,}68 = \underline{4266{,}68}$ [€] **0,5**

Ja, es lohnt sich. **0,5**

3. $4200 \cdot 60 \cdot 60 \cdot 24 \cdot 365 = 1{,}324512 \cdot 10^{11}$ [m^3]; **1** | 3

$1{,}324512 \cdot 10^{11} : 105 = 1\,261\,440\,000$ [Waggons]; **1**

$1\,261\,440\,000 \cdot 15 = 1{,}89216 \cdot 10^{10}$ [m] $= \underline{18\,921\,600}$ [km] **1**

Rund 50-mal die Entfernung von der Erde bis zum Mond.

4. Seite a: $x + 6$ **0,5** | 3

Seite b: x **0,5**

Ansatz: $2 \cdot a + 2 \cdot b = 84$ **1**

$2 \cdot (x+6) + 2 \cdot x = 84$

$x = 18$ [cm];

Seite a: $18 + 6 = \underline{24}$ [cm]; Seite b: $\underline{18}$ [cm] **1**

5. a) Pythagoras: $b^2 = c^2 - a^2$ | 4

$= 3{,}25^2 - 1{,}45^2 = 10{,}5625 - 2{,}1025 = 8{,}46$

$b = \sqrt{8{,}46} = 2{,}90860 \approx \underline{2{,}91}$ [m] **2**

b) $V_{Rampe} = V_{Quader} + V_{Dreiecksäule}$

$= a \cdot b \cdot h_K + g \cdot h : 2 \cdot h_K = 1{,}45 \cdot 2{,}20 \cdot 3{,}80 + 1{,}45 \cdot 2{,}91 : 2 \cdot 2{,}20$

$= 12{,}122 + 4{,}64145 = 16{,}76345 \approx \underline{16{,}8}$ [m^3] **2**

6. $(x-3) \cdot 5 = (2x+4) \cdot 3$ **2** | 3

$5x - 15 = 6x + 12$

$x = \underline{-27}$ **1**

M | Name: ______________________ | Datum: ______________

Teil B: 2. Test (2)

7. Zeichne in ein Koordinatensystem (Einheit 1 cm) die Gerade g durch die Punkte A (3/2) und B (13/7). 4
   a) Zeichne die Mittelsenkrechte m zur Strecke $\overline{AB}$ und benenne den Schnittpunkt von m und g mit M. Gib seine Koordinaten an.
   b) Markiere auf m den Punkt C mit den Koordinaten (6,5/7,5), spiegle ihn an g und markiere den Spiegelpunkt C'.
   c) Verbinde die Punkte C und C' mit den Punkten A und B. Welche Figur entsteht? Berechne deren Fläche. Entnimm dabei die notwendigen Maße deiner Konstruktion.

8. Ein massiv aus Stahl gefertigtes Werkstück besteht aus einer quaderförmigen Bodenplatte mit einem Aufsatz, der die Form einer quadratischen Pyramide hat. Die Bodenplatte ist an vier Stellen durchbohrt. Der Durchmesser der Bohrlöcher beträgt 0,8 cm. 5
   Berechne Volumen und Masse ($\rho = 7{,}9\ g/cm^3$) des Werkstücks.
   Hinweis: Runde alle Teilergebnisse auf eine Dezimalstelle.

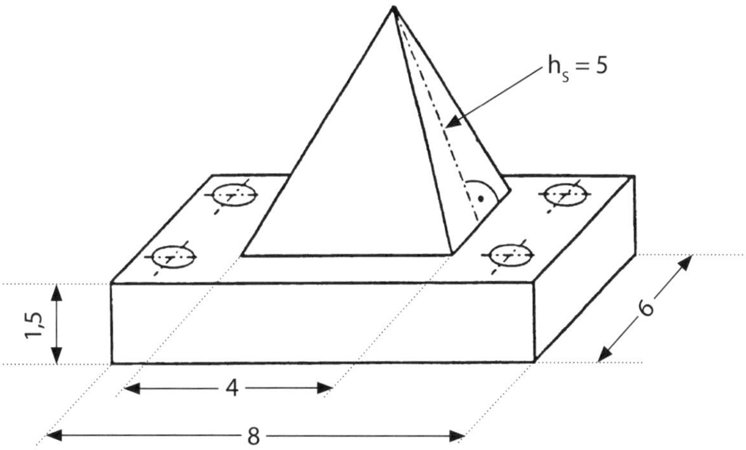

Maße in cm

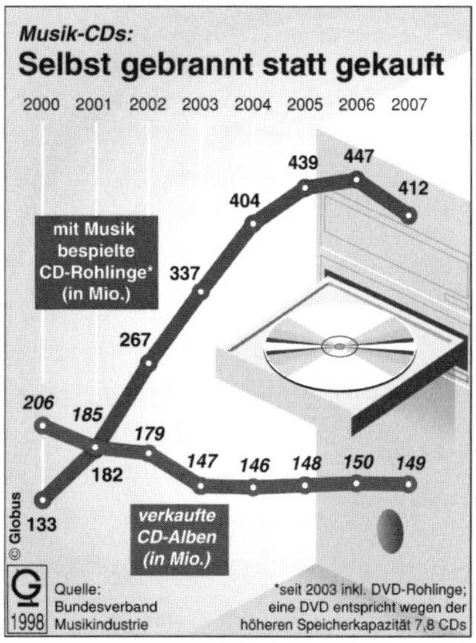

9. Selbst gebrannte CDs sind eindeutig auf dem Vormarsch. 4
   a) Wie viele gebrannte und original gefertigte CDs wurden 2006 verkauft?
   b) Zwischen welchen zwei Jahren gab es die höchste Steigerung an gebrannten CDs? Berechne Zahl und Prozent der Steigerung.
   c) In welchem Absatzverhältnis stehen gebrannte und original verkaufte CDs im Jahr 2007? Runde auf Hundertmillionen.
   d) Was könnte das für den zukünftigen CD-Markt bedeuten? Gib zwei Prognosen ab.

32

Teil B: 2. Test (2)

7. 4

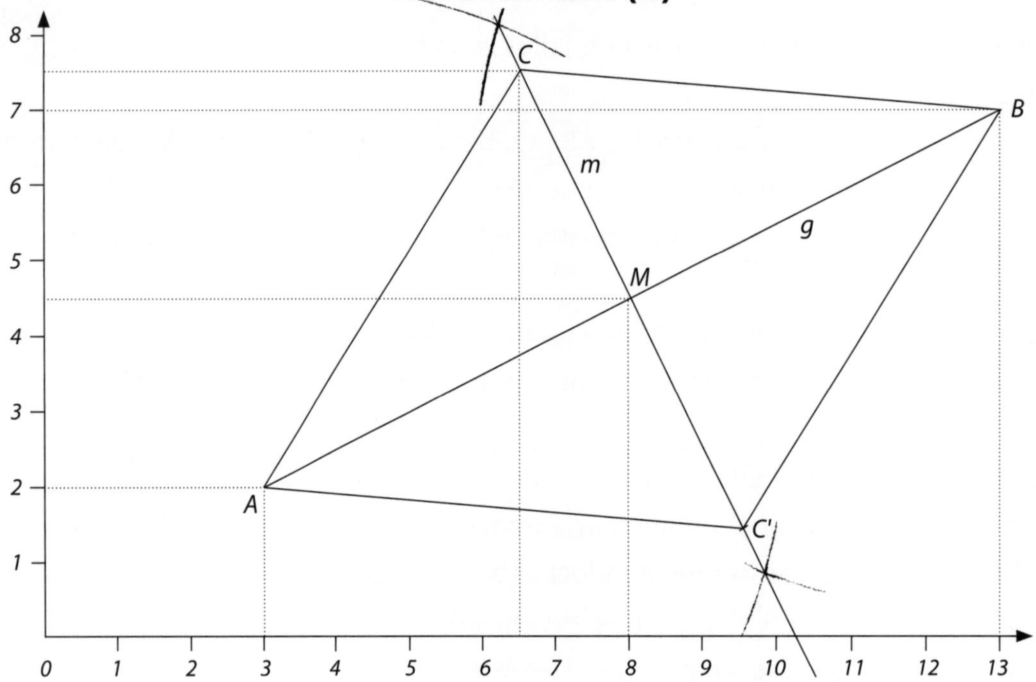

c) Raute

$A_{Raute} = a \cdot h = 6{,}6 \cdot 5{,}8 = \underline{38{,}28}$ [cm²]

oder:

$A_{Raute} = g \cdot h : 2 \cdot 2 = 11{,}2 \cdot 3{,}4 = \underline{38{,}08}$ [cm²]

a) Koordinatensystem und Gerade g **0,5**
Mittelsenkrechte m und Mittelpunkt M (8 / 4,5) **1**
b) Spiegelung C' **1**
c) Raute/Fläche **1,5**

8. $V_{Werkstück} = V_{Quader} + V_{Pyramide} - 4 \cdot V_{Zylinder}$ **2,5** 5

$= a \cdot b \cdot h_K + a \cdot a \cdot h_K : 3 - 4 \cdot r \cdot r \cdot \pi \cdot h_K$

$= 8 \cdot 6 \cdot 1{,}5 + 4 \cdot 4 \cdot 4{,}6 : 3 - 4 \cdot 0{,}4 \cdot 0{,}4 \cdot 3{,}14 \cdot 1{,}5$

$= 72 + 24{,}5\bar{3} - 3{,}0144 = 93{,}518933 \approx \underline{93{,}5}$ [cm³];

Pythagoras für h_K *(Pyramide):* $h_K^2 = h_S^2 - (a:2)^2$ **1,5**

$= 5^2 - 2^2 = 21$

$= \sqrt{21} = 4{,}5826 \approx 4{,}6$ [cm];

$m_{Werkstück} = V \cdot \rho = 93{,}5 \cdot 7{,}9 = 738{,}65 \approx \underline{738{,}7}$ [g] **1**

9. a) *150 Millionen original gefertigte CDs; 447 Millionen gebrannte CDs* **0,5** 4

b) *Von 2001 bis 2002*

267 000 000 − 182 000 000 = 85 000 000 [CDs]; **1,5**

$p = PW \cdot 100 : GW = 85\,000\,000 \cdot 100 : 182\,000\,000 = 46{,}703297 \approx \underline{46{,}7}$ [%]

c) *412 Mio ➪ 400 Mio;* **1**

149 Mio ➪ 100 Mio;

Verhältnis 100 Mio : 400 Mio = <u>1 : 4</u> (original : gebrannt)

d)
- *Einbruch des Original-CD-Marktes*
- *Suche nach besserem Brennschutz* **1**
- *Verschärfte Kontrollen und Strafen*
- *Verteuerung des Brennens*

32

M	Name: ____________________	Datum: ______________	

Teil B: 3. Test (1)

1. Zeichne ein Koordinatensystem in Zentimetereinheiten und trage ein: 5
   A (–2 / 1), B (3 / –4), C (0 / 3).
   a) Welche Art Dreieck liegt vor?
   b) Konstruiere den Umkreis.
   c) Fälle das Lot von A auf $\overline{BC}$.
   d) Zeichne die Höhe h_c ein.
   e) In welchem Punkt Q schneidet die Winkelhalbierende w_a den Umkreis? Gib die Koordinaten des Punktes Q an.
   f) Ergänze anschließend das Dreieck ABC zu dem Parallelogramm ADBC.

2. Multipliziere das Fünffache einer um 4 verminderten Zahl mit 3 und vermindere das Produkt um 22, so erhältst du 22 weniger als die halbe Differenz aus einer Zahl und 4. 3
   Stelle die Gleichung auf und rechne „x" aus.

3. Eine Kastenform für Kuchen wird aus Blech hergestellt. Berechne die Fläche des zu verwendeten Blechs, wenn für den Falz ein Mehrbedarf von 7 % zu berücksichtigen ist. 5
   Runde alle Ergebnisse auf ganze Zahlen.

Angaben in mm

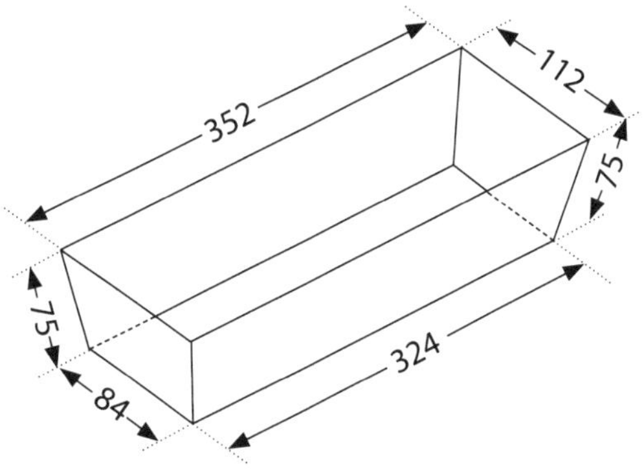

4. Durch die Freisetzung von Kohlenstoffdioxid (CO_2) bei der Verbrennung fossiler Rohstoffe heizt sich unsere Erdatmosphäre immer mehr auf. 4

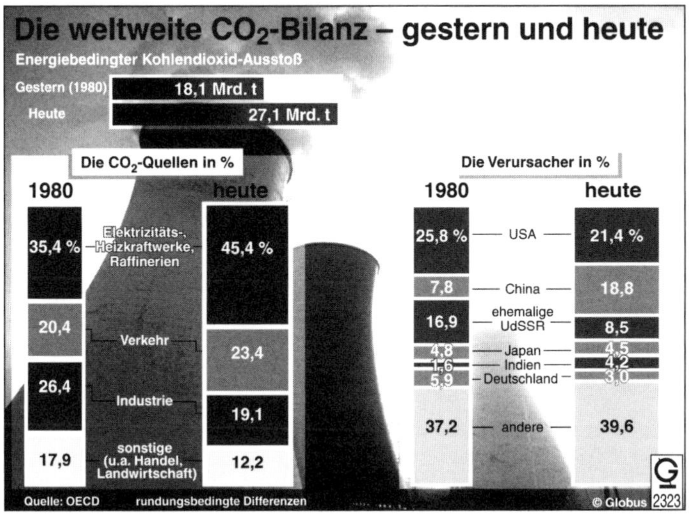

a) In welchem Bereich nahm der CO_2-Ausstoß deutlich zu?
b) Welche zwei Länder haben die höchste Steigerungsrate beim CO_2-Ausstoß?
c) Um wie viel Prozent nahm der weltweite CO_2-Ausstoß von 1980 auf heute zu?
d) Wie viele Millionen Tonnen CO_2 werden in Deutschland heute weniger ausgestoßen als im Jahr 1980?

Teil B: 3. Test (1)

1. 5

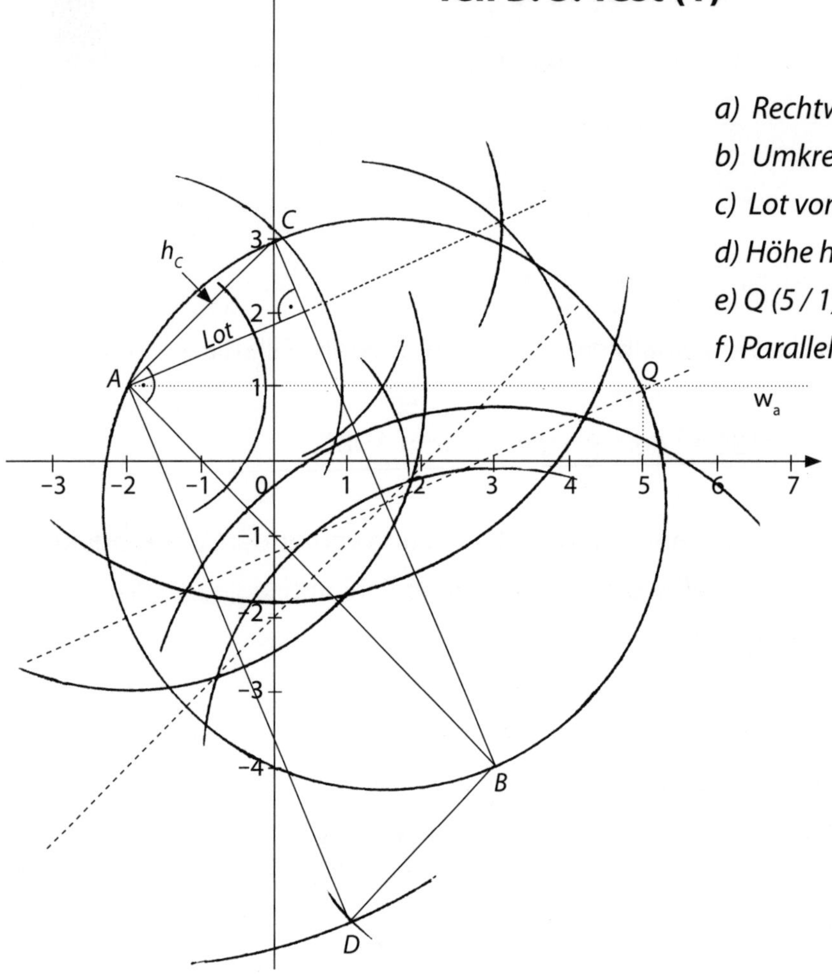

a) Rechtwinkliges Dreieck **0,5**
b) Umkreis **1**
c) Lot von A **1**
d) Höhe h_c **1**
e) Q (5 / 1) **1**
f) Parallelogramm **0,5**

2. *Ansatz:* $5\,(x-4)\cdot 3 - 22 = (x-4) : 2 - 22$ **2** 3

$15x - 60 - 22 = 0{,}5x - 2 - 22$

$14{,}5x = 58$

$x = \underline{4}$ **1**

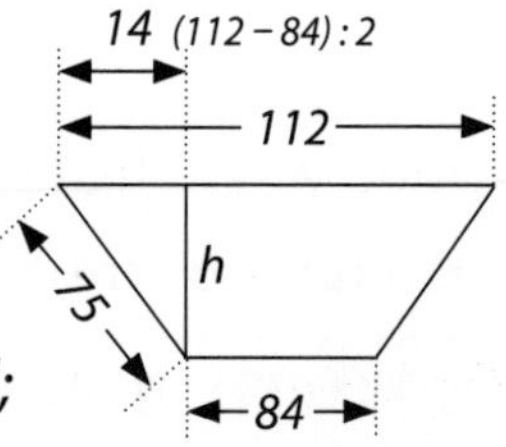

3. *Pythagoras für* $h_{\text{Trapezfl äche vorne}}$: $h^2 = 75^2 - 14^2$ **2** 5

$h^2 = 5625 - 196 = 5429$

$h = \sqrt{5429} = 73{,}681748 \approx \underline{74}$ [mm];

$A_{\text{Kasten}} = 2 \cdot A_{\text{Trapez klein}} + 2 \cdot A_{\text{Trapez groß}} + A_{\text{Rechteck (Boden)}}$ **1**

$= 2 \cdot (a + c) : 2 \cdot h + 2 \cdot (a + c) : 2 \cdot h + a \cdot b$

$= 2 \cdot (84 + 112) : 2 \cdot 74 + 2 \cdot (324 + 352) : 2 \cdot 74 + 84 \cdot 324$ **1**

$= 14504 + 50024 + 27216 = 91744\ [mm^2] \cdot 1{,}07 = \underline{98166}\ [mm^2]$ **1**

4. *a) Elektrizitäts- und Heizkraftwerke sowie Raffinerien* **0,5** 4

b) Indien und China **0,5**

c) 27,1 Mrd. − 18,1 Mrd. = 9 Mrd. [t]; **1**

$p = PW \cdot 100 : GW = 9 \cdot 100 : 18{,}1 = 49{,}723757 \approx \underline{49{,}7}$ [%]

d) Ausgangswert 1980: 18,1 Mrd. [t]; $PW = GW \cdot p : 100 = 18{,}1 \cdot 5{,}9 : 100 = 1{,}0679$ *Mrd. [t];* **2**

Ausgangswert heute: 27,1 Mrd. [t]; $PW = GW \cdot p : 100 = 27{,}9 \cdot 3 : 100 = 0{,}837$ *Mrd. [t];*

Differenz: $1{,}0679 - 0{,}837 = \underline{0{,}2309}$ *Mrd.* [t]

M	Name: ______________________	Datum: ______________	

Teil B: 3. Test (2)

5. Löse folgende Gleichung: 3

$$\frac{4\,(x+10)}{5} - \frac{2\,(x-9)}{3} = 4\,\left(\frac{x}{3} - 14\frac{1}{2}\right)$$

6. Herr Ferch will sich einen Großbildfernseher kaufen. Im Internet entdeckt er ein Gerät zu einem Verkaufspreis von 1800 €. 4
In diesem Preis ist die Mehrwertsteuer allerdings noch nicht enthalten.
a) Berechne den Barzahlungspreis bei 19 % Mehrwertsteuer und 3 % Skonto.
b) Welchen Einkaufspreis zahlte der Händler für das Gerät, wenn er mit 25 % Geschäftsunkosten und 50 % Gewinn kalkulierte?

7. Eine Firma nimmt täglich die Sicherung ihrer Daten über Nacht vor. Bei einer durchschnittlich zu sichernden Datenmenge von 160 GB (Gigabyte) brauchen elf gleichzeitig laufende Computer mit gleicher Leistungsfähigkeit von 22.00 Uhr bis 6.00 Uhr morgens. 3
a) Wegen Wartungsarbeiten steht ein Computer nicht zur Verfügung.
Um wie viel Uhr wird die Speicherung der Daten beendet sein?
b) Heute sind ausnahmsweise 140 GB an Daten zu sichern.
Berechne, wie lange die Sicherung beim Einsatz von elf Computern dauert.

8. Wie groß ist die schwarze Fläche des gleichseitigen Dreiecks? Rechne mit $\pi = 3{,}14$. 5
Runde alle Ergebnisse auf eine Stelle nach dem Komma.

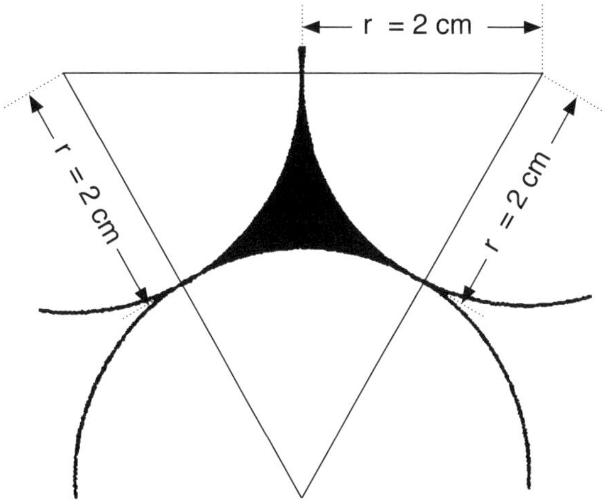

32

Teil B: 3. Test (2)

5. Gleichung: 3

$$\frac{4\,(x+10)}{5} - \frac{2\,(x-9)}{3} = 4\,(\frac{x}{3} - 14\frac{1}{2})$$

$$\frac{4x+40}{5} - \frac{2x-18}{3} = \frac{4x}{3} - 58 \qquad /\cdot 15$$ **1**

$$12x + 120 - 10x + 90 = 20x - 870$$ **1**

$$2x + 210 = 20x - 870$$

$$1080 = 18x$$

$$x = \underline{60}$$ **1**

6. Großbildfernseher: 4

a) $1800 \cdot 1{,}19 \cdot 0{,}97 = \underline{2077{,}74}$ [€] **2**

b) $1800 : 1{,}50 : 1{,}25 = \underline{960}$ [€] **2**

7. Datensicherung: 3

a) 11 Computer ⇨ 8 h **1**

1 Computer ⇨ $11 \cdot 8 = 88$ h

10 Computer ⇨ $88 : 10 = 8{,}8$ h

$8{,}8 - 8 = 0{,}8$ [h] $\cdot 60 = 48$ [min]; **1**

22 Uhr + 8 h 48 min = <u>6.48 Uhr</u>

b) 160 GB ⇨ 8 h **1**

1 GB ⇨ $8 : 160 = 0{,}05$ h

140 GB ⇨ $0{,}05 \cdot 140 = \underline{7\text{ h}}$

8. Schwarze Fläche: 5

- Pythagoras für $h_{Dreieck}$: **2**

$h^2 = c^2 - a^2$

$h^2 = 4^2 - 2^2 = 16 - 4 = 12$

$h = \sqrt{12} = 3{,}4641016 \approx 3{,}5$ [cm];

- $A_{Dreieck} = g \cdot h : 2 = 4 \cdot 3{,}5 : 2 = 7$ [cm²]; **1**

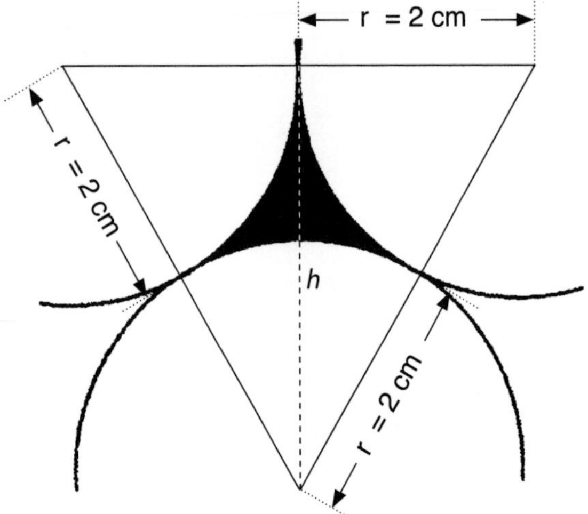

- $A_{Kreissektoren} = 3 \cdot \frac{1}{6}$ Kreis **1**

$= $ halber Kreis

$= r \cdot r \cdot \pi : 2$

$= 2 \cdot 2 \cdot 3{,}14 : 2$

$= 6{,}28 \approx 6{,}3$ [cm²];

- $A_{schwarz} = A_{Dreieck} - A_{Kreissektoren}$ **1**

$= 7 - 6{,}3 = \underline{0{,}7}$ [cm²]

32

M Name: ______________________ Datum: ______________

Teil B: 4. Test (1)

1. Löse folgende Gleichung: 4

$$\frac{2}{3}(3x+4) - 2\left(\frac{1}{3}x + \frac{3}{5}\right) - \frac{3x-5}{4} = \frac{1}{5}\,x - \left(4x + \frac{2}{3}\right) + \frac{5x+3}{2}$$

2. Frau Angerer hat geerbt. Sieben Neuntel des Geldes investiert sie in eine Eigentumswohnung, die sie vermietet. Den Rest legt sie auf der Bank zu einem Zinssatz von 4,5 % an. 4
   a) Nach 12 Monaten werden 1800 € Zinsen auf ihr Konto überwiesen.
      Wie hoch ist die Bankeinlage?
   b) Frau Angerer erhält durch die Vermietung monatlich 448 €.
      Mit welchem Zinssatz verzinst sich damit der Kaufpreis im Jahr?
   c) Um wie viele € müsste sie die Monatsmiete erhöhen, um dieselbe Verzinsung wie auf der Bank zu erhalten?

3. Zeichne ein Koordinatensystem mit der Einheit 1 cm. Darin liegt die Diagonale eines Quadrats mit den Punkten B (10 / 3,5) und D (3 / 7,5). 4
   a) Konstruiere die andere Diagonale.
      Benenne den Schnittpunkt der Diagonalen mit M und gib seine Koordinaten an.
   b) Konstruiere nun das Quadrat ABCD.
   c) Konstruiere die Winkelhalbierende w zum Winkel CMD.
   d) Den spitzen Winkel zwischen der Winkelhalbierenden w und der Strecke $\overline{CM}$ kann man ohne zu messen bestimmen. Erkläre warum.

4. Berechne anhand der Grafik. Runde jeweils auf zwei Stellen nach dem Komma. 4
   a) Um wie viel Prozent haben sich die Stromkosten von 1980 auf heute erhöht?
   b) Von 1995 auf 2000 sanken die Kosten um 19 %. Berechne diese für das Jahr 2000.
   c) Im Jahr 2005 entfielen 11 % der Stromrechnung auf die Ökosteuer.
      Wie hoch waren die monatlichen Kosten für die Ökosteuer?

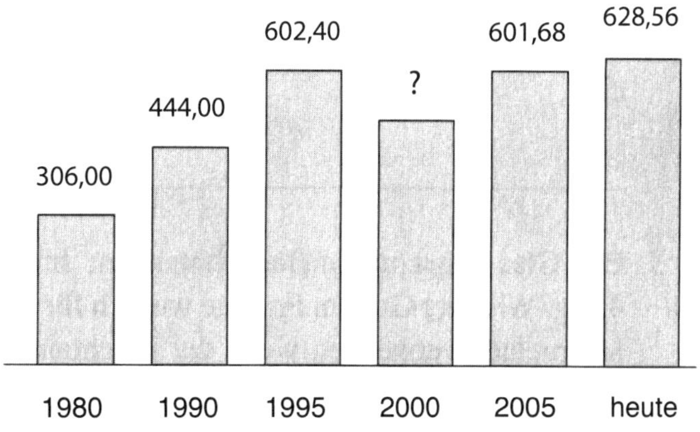

M Lösung

Teil B: 4. Test (1)

1. Gleichung: 4

$$\frac{2}{3}(3x+4) - 2\left(\frac{1}{3}x + \frac{3}{5}\right) - \frac{3x-5}{4} = \frac{1}{5}x - \left(4x + \frac{2}{3}\right) + \frac{5x+3}{2}$$

$$2x + \frac{8}{3} - \frac{2}{3}x + \frac{6}{5} - \frac{3x-5}{4} = \frac{1}{5}x - 4x - \frac{2}{3} + \frac{5x+3}{2} \quad / \cdot 60$$ **1,5**

$$120x + 160 - 40x - 72 - 45x + 75 = 12x - 240x - 40 + 150x + 90$$ **1,5**

$$35x + 163 = -78x + 50$$

$$113x = -113$$

$$x = \underline{-1}$$ **1**

2. Erbschaft: 4

a) Bankeinlage: $K = Z \cdot 100 \cdot 12 : p : 12 = 1800 \cdot 100 \cdot 12 : 4{,}5 : 12 = \underline{40\,000}$ [€] **1**

b) 2/9 K = 40 000 € ➪ 1/9 K = 20 000 € ➪ 9/9 K = 180 000 €; **2**

Kauf Eigentumswohnung: 7/9 K = 20 000 · 7 = 140 000 [€];

Miete pro Jahr: 448 · 12 = 5376 [€];

Verzinsung: $p = Z \cdot 100 \cdot K = 5376 \cdot 100 : 140\,000 = \underline{3{,}84}$ [%]

c) Jahreszins: $Z = K \cdot p : 100 = 140000 \cdot 4{,}5 : 100 = 6300$ [€]; **1**

Monatszins: 6300 : 12 = 525 [€];

Erhöhung: $525 - 448 = \underline{77}$ [€]

3. Konstruktion: 4

a) Diagonale $\overline{AC}$ mit M (6,5/5,5) **1,5**

b) Quadrat ABCD **1**

c) Winkelhalbierende w_{CMB} **1**

d) 45° ➪ Halbierung von 90° **0,5**

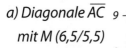

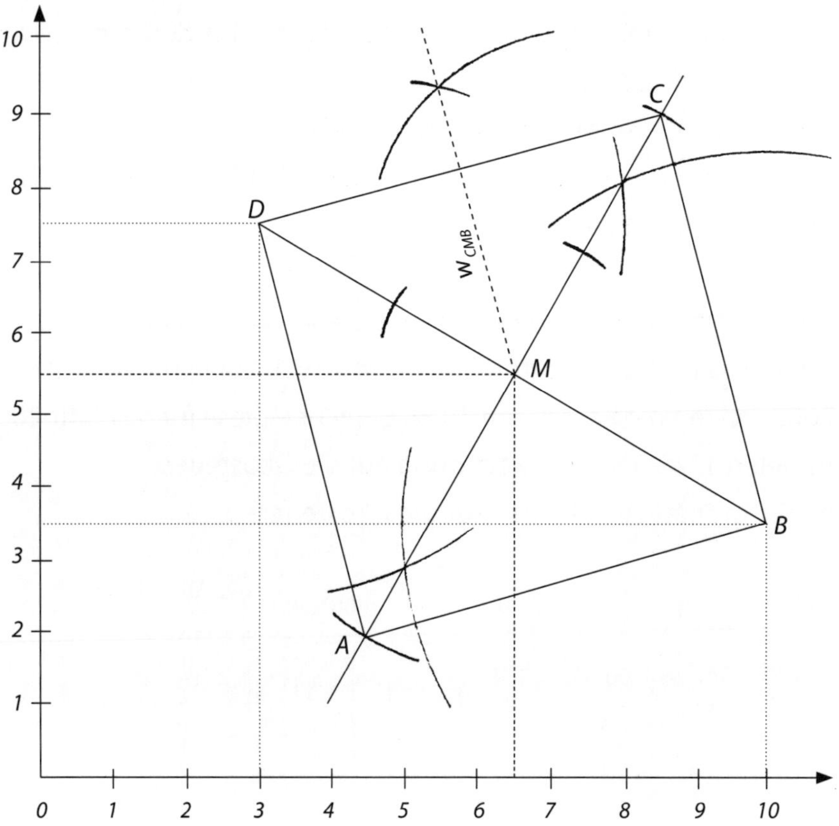

4. Grafik **2** 4

a) $p = PW \cdot 100 : GW = 322{,}56 \cdot 100 : 306{,}00 = 105{,}41176 \approx \underline{105{,}41}$ [%] **1**

b) $PW = GW \cdot p : 100 = 602{,}40 \cdot 19 : 100 = 487{,}944 \approx \underline{487{,}94}$ [€] **1**

c) $PW = GW \cdot p : 100 = 601{,}68 \cdot 11 : 100 = 66{,}1848 \approx 66{,}18$ [€]; $66{,}18 : 12 = 5{,}515 \approx \underline{5{,}52}$ [€]

M Name: ____________________ Datum: ____________

Teil B: 4. Test (2)

5. Der berühmte Naturforscher Galileo Galilei hat durch Fallversuche entdeckt, dass man die Fallstrecke eines Körpers nach der Formel Fallstrecke $s = 5 \cdot t^2$ berechnen kann. 3
   a) Wie hoch ist der Schiefe Turm von Pisa, wenn die Fallzeit 3,3 Sekunden beträgt?
   b) Der Münchner Olympiaturm ist 290 m hoch.
   Wie lange ist die Fallzeit für einen Gegenstand?
   Runde auf eine Stelle nach dem Komma.

6. Fünf neunte Klassen einer Schule sammelten für die Caritas. Die Klasse 9a sammelte halb so viel wie die Klasse 9b, vermehrt um 20 €. Die Klasse 9c sammelte 25 € weniger als das Doppelte der Klasse 9b. Die Klasse M 9a sammelte genauso viel wie die Klasse 9b. Die Klasse M 9b brachte genau die Hälfte des Betrages zusammen, den die Klassen 9c und M 9a zusammen erreichten. Insgesamt wurden 282,50 € gesammelt. 4
   Berechne die Sammelergebnisse der einzelnen Klassen.

7. Albert besucht seinen Freund Dieter. Er reist mit dem Zug an. Dieter, der 11 km vom Bahnhof entfernt wohnt, will Albert mit dem Auto abholen. Da Albert einen Zug früher als vorgesehen genommen hat, ruft er seinen Freund vom Bahnhof aus an. Um 9.15 Uhr macht er sich auf den Weg und geht Dieter entgegen. Dabei legt er in 10 Minuten 0,5 km zurück. Dieter bricht um 9.25 Uhr von zu Hause auf und fährt mit einer durchschnittlichen Geschwindigkeit von 60 km/h. 4
   Löse zeichnerisch. Um wie viel Uhr treffen sich die Freunde? Wie viele Kilometer hat Albert bis dahin zurückgelegt?
   Maßstab: 1 cm = 5 min; 1 cm =1 km.

8. Berechne bei der regelmäßigen Sechsecksäule 5
   a) die eingezeichnete Raumdiagonale.
   b) die Grundfläche.
   c) die Masse bei einer Dichte von 2,3 g/cm^3.
   d) Kann ein LKW mit 5 Tonnen Zuladegewicht diese Säule transportieren?
   Runde bei allen Aufgaben, wo nötig, auf eine Stelle nach dem Komma.

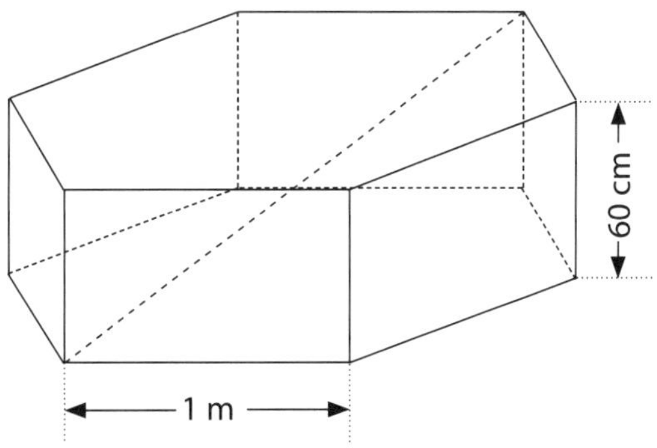

32

Teil B: 4. Test (2)

5. Fallversuche Galileo Galilei: 3

a) $s = 5 \cdot t^2 = 5 \cdot 3{,}3^2 = \underline{54{,}45}$ [m] **1**

b) $290 = 5 \cdot t^2 \quad /:5$ **2**

$58 = t^2 \quad /\sqrt{}$

$t = \underline{7{,}6}$ [s]

6. Sammeln für die Caritas: 4

9a: $x : 2 + 20$; 9b: x; 9c: $2x - 25$; M9a: x; M9b: $(2x - 25 + x) : 2$ **2**

Ansatz:

$x : 2 + 20 + x + 2x - 25 + x + (2x - 25 + x) : 2 = 282{,}50$ **1**

$0{,}5x + 20 + x + 2x - 25 + x + x - 12{,}50 + 0{,}5x = 282{,}50$

$6x - 17{,}50 = 282{,}50$

$6x = 300$

$x = \underline{50}$ [€]

9a: 45 €; 9b: 50 €; 9c: 75 €; M9a: 50 €; M9b: 62,50 € **1**

7. Begegnungsaufgabe: 4

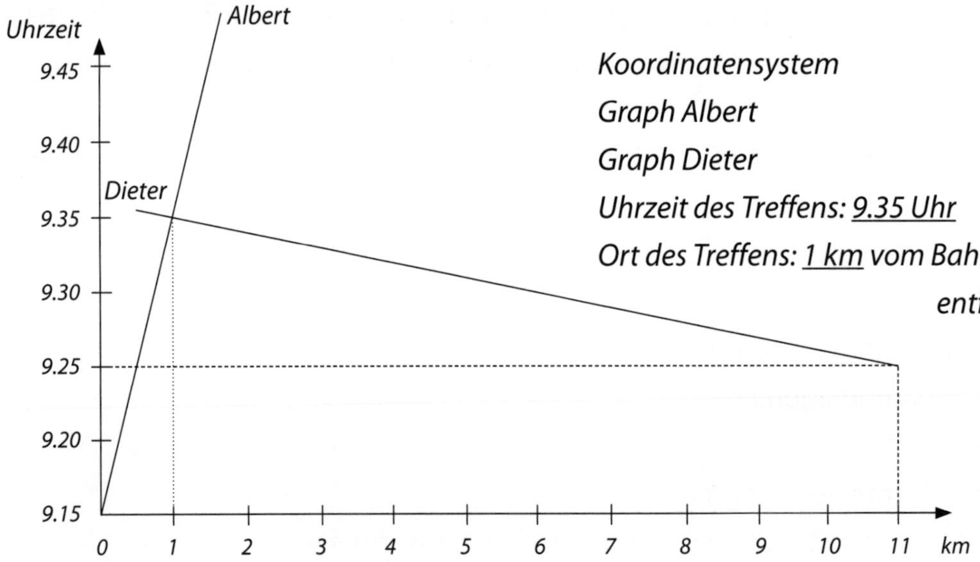

Koordinatensystem	**0,5**
Graph Albert	**0,5**
Graph Dieter	**2**
Uhrzeit des Treffens: 9.35 Uhr	**0,5**
Ort des Treffens: 1 km vom Bahnhof entfernt	**0,5**

8. Sechsecksäule: 5

a) Raumdiagonale: **1,5**

$c^2 = a^2 + b^2 = 2^2 + 0{,}6^2 = 4{,}36$

$c = \sqrt{4{,}36} = 2{,}0880613 \approx \underline{2{,}1}$ [m]

b) Höhe Bestimmungsdreieck: **1,5**

$a^2 = c^2 - b^2 = 1^2 - 0{,}5^2 = 1 - 0{,}25 = 0{,}75$

$a = 0{,}8660254 \approx \underline{0{,}9}$ [m];

$A = g \cdot h : 2 \cdot 6 = 1 \cdot 0{,}9 : 2 \cdot 6 = \underline{2{,}7}$ [m²] **0,5**

c) $m = V \cdot \rho = 2{,}7 \cdot 0{,}6 \cdot 2{,}3 = 3{,}726 \approx \underline{3{,}7}$ [t] **1**

d) Ja, der Transport ist möglich. **0,5**

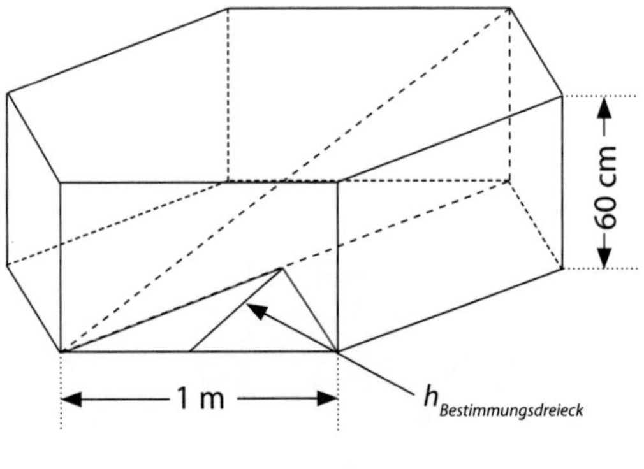

32

M | Name: ______________________ | Datum: ______________

Teil B: 5. Test (1)

1. Löse folgende Gleichung: 4

$$\frac{4x-3}{2} - \frac{5x-2}{3} = \frac{8\,(2x-4)}{5} - \frac{6x-4}{3} - \frac{1}{30}$$

2. In einer Schatztruhe liegen 118 äußerlich völlig gleiche Münzen. 3
Am Gewicht kann man aber erkennen, dass nicht alle echt sind. Jede echte Münze wiegt dreizehn Gramm, jede falsche nur elf Gramm. Alle Münzen zusammen haben ein Gewicht von 1450 Gramm. Wie viele echte und falsche Münzen sind vorhanden?

3. Herr und Frau Schuster planen mit ihren beiden Kindern (Anna: 7 Jahre; Thomas: 13 Jahre) 5
den Sommerurlaub. Beim Veranstalter A kostet die Pauschalreise insgesamt 6120 €.
Jedes Kind zahlt dabei 30 % weniger als ein Erwachsener.
Der Veranstalter B bietet die Reise mit einer 55%igen Ermäßigung vom vollen Preis für Kinder unter 12 Jahren an. Anna würde demnach 742,50 € zahlen. Für Thomas gibt es keine Ermäßigung.
   a) Wie viel zahlt jedes Familienmitglied jeweils beim Veranstalter A?
   b) Wie viel zahlt die Familie insgesamt beim Veranstalter B?
   c) Um wie viel Prozent reist Familie Schuster mit dem Veranstalter B günstiger?
      Runde auf eine Dezimalstelle.

4. Zeichne die Strecke $\overline{AB}$ = 9 cm. 4
   a) Bestimme einen Punkt C, der von Punkt A 9 cm und von Punkt B 7,5 cm entfernt liegt, und verbinde die Punkte A, B und C zu einem Dreieck.
   b) Fälle das Lot von Punkt C auf die Strecke $\overline{AB}$ durch Konstruktion.
   c) Teile die Strecke $\overline{AB}$ durch Konstruktion in vier gleich lange Abschnitte.
   d) Konstruiere den Inkreis des Dreiecks ABC.

5. Das kleine Quadrat hat eine Seitenlänge von 4 cm. Berechne den Flächeninhalt und die 3
Seitenlänge des größeren Quadrats. Runde auf eine Dezimalstelle nach dem Komma.

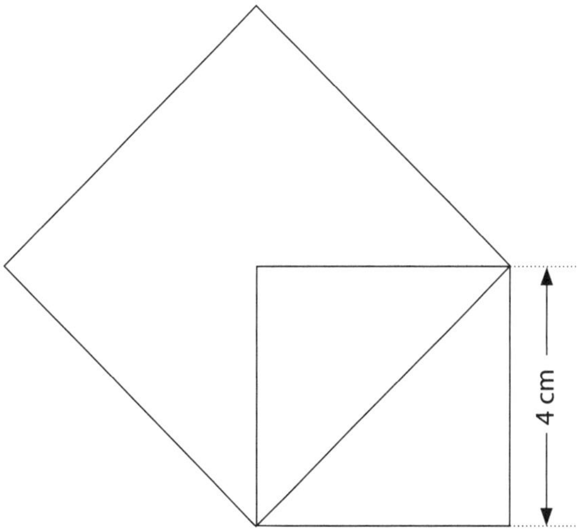

M Lösung

Teil B: 5. Test (1)

1. Gleichung: 4

$$\frac{4x-3}{5} - \frac{5x-2}{3} = \frac{8\,(2x-4)}{5} - \frac{6x-4}{3} - \frac{1}{30}$$

$$\frac{4x-3}{5} - \frac{5x-2}{3} = \frac{16x-32}{5} - \frac{6x-4}{3} - \frac{1}{30} \qquad / \cdot 30$$ **1**

$$24x - 18 - 50x + 20 = 96x - 192 - 60x + 40 - 1$$ **2**

$$-26x + 2 = 36x - 153$$

$$155 = 62x$$

$$x = \underline{2{,}5}$$ **1**

2. Münzen: 3

Echte Münzen: x ➪ 13 g; falsche Münzen: 118 – x ➪ 11 g **2**

Ansatz: $13x + 11 \cdot (118 - x) = 1450$ **0,5**

$13x + 1298 - 11x = 1450$

$2x = 152$

$x = \underline{76}$ *[echte Münzen];*

Anzahl der falschen Münzen: 118 – 76 = <u>42</u> [Stück] **0,5**

3. Urlaub Familie Schuster: 5

a) Veranstalter A: 100 % + 100 % + 70 % + 70 % = 6120 €; **1,5**

340 % = 6120 €; 1 % = 18 €; 100 % = <u>1800 €</u> (Erwachsener); 70 % = <u>1260 €</u> (Kind) **1**

b) Veranstalter B: GW = PW · 100 : p = 742,50 · 100 : 45 (100 – 55) = 1650 [€]; **1,5**

3 · 1650 + 1 · 742,50 = <u>5692,50</u> [€]

c) 6120 – 5692,50 = 427,50 [€]; p = PW · 100 : GW = 427,50 · 100 : 5692,50 = 7,5099 ≈ <u>7,5</u> [%] **1**

4. Konstruktion: 4

a) Dreieck ABC **1**

b) Lot **1**

c) Strecke teilen **1**

d) Inkreis **1**

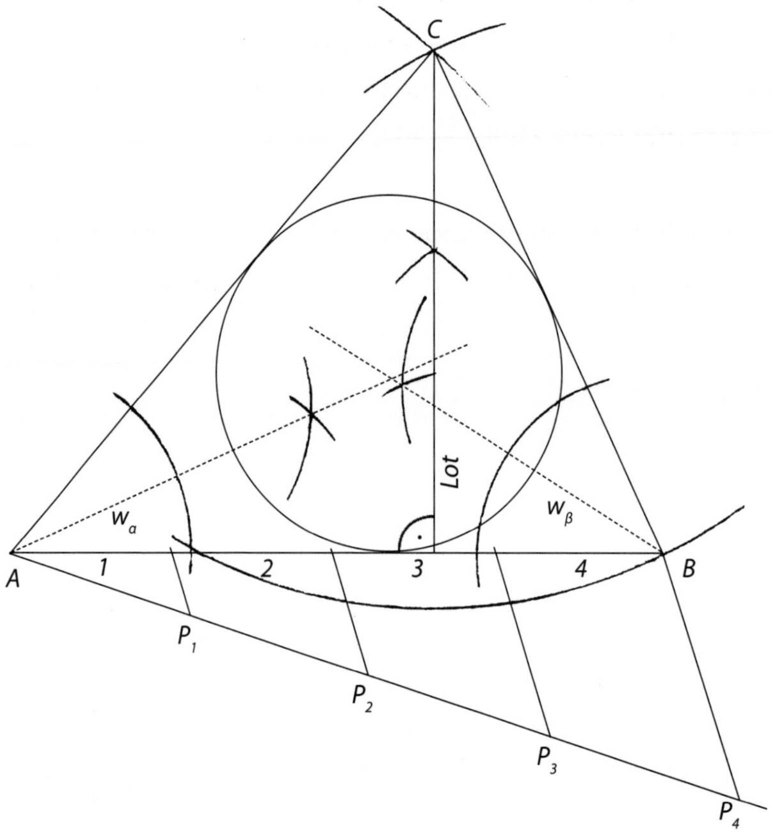

5. Quadrat 3

$$A_{\text{Quadrat groß}} = 2 \cdot A_{\text{Quadrat klein}}$$ **1,5**

$$= 2 \cdot 4 \cdot 4$$

$$= \underline{32}\ [cm^2]$$

$$a_{\text{Quadrat groß}} = \sqrt{A_{\text{Quadrat groß}}}$$ **1,5**

$$= \sqrt{32}$$

$$= 5{,}6568542$$

$$\approx \underline{5{,}7}\ [cm]$$

M	Name: ______________________________	Datum: ____________________

Teil B: 5. Test (2)

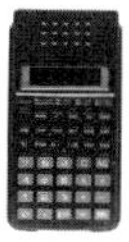

6. Die Ecken eines Quadrats liegen alle auf einer Kreislinie. 4
   Der Flächeninhalt des Kreises beträgt 78,5 cm².
   Berechne den Flächeninhalt der schwarzen Fläche.

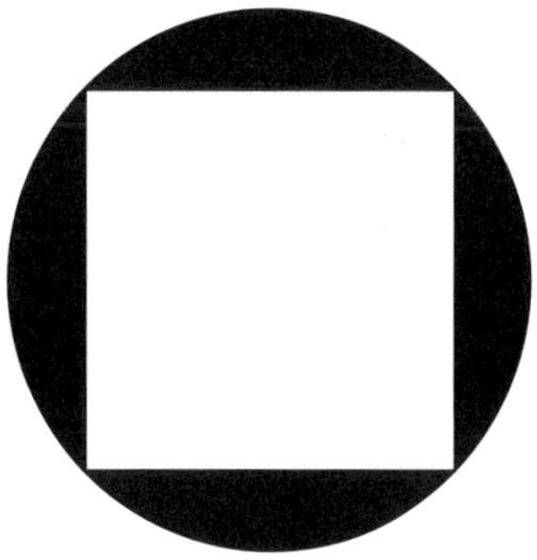

7. Berechne den Flächeninhalt der Figur. 5

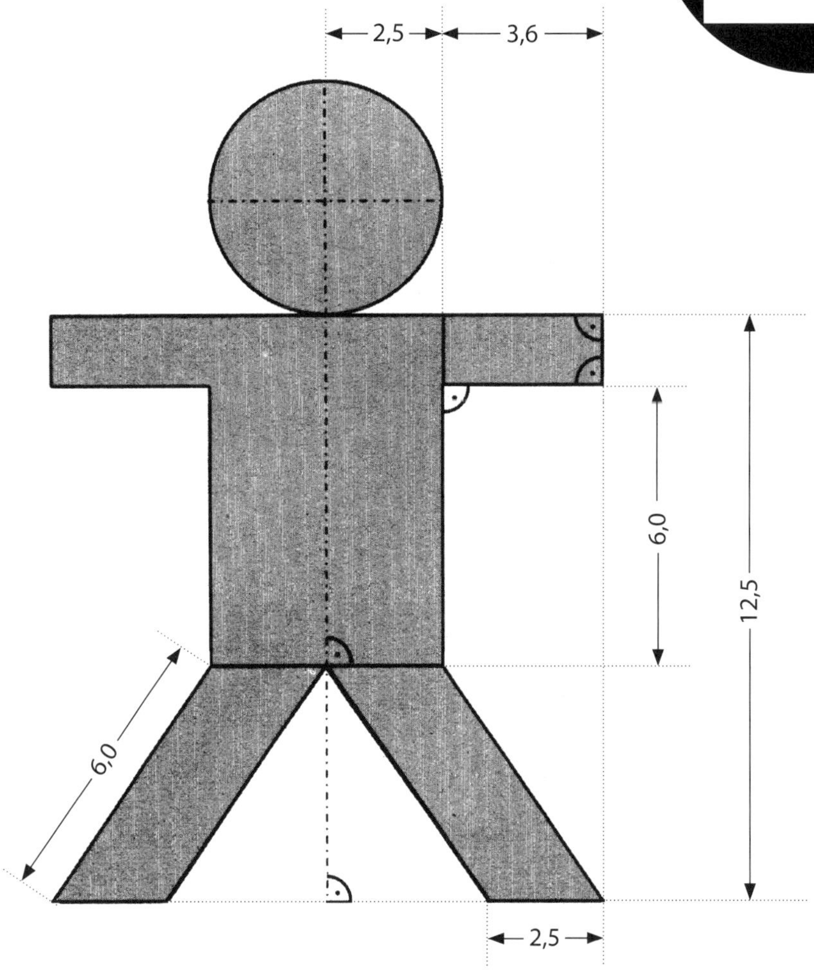

Maße in cm

8. Enorm große Zahlen: 4
   a) Bei einem Menschen schlägt das Herz rund 80-mal pro Minute. Wie oft schlägt das Herz in 80 Jahren?
   Notiere das Ergebnis in der Standard-Potenzschreibweise, als Zahl und in Worten.
   b) In 55,847 Gramm Eisen befinden sich $6{,}023 \cdot 10^{23}$ Eisenatome. Gib diese Zahl in Worten an.
   Wie viele Atome enthält ein Eisenwürfel mit einem Kilogramm Masse?

32

Teil B: 5. Test (2)

6.

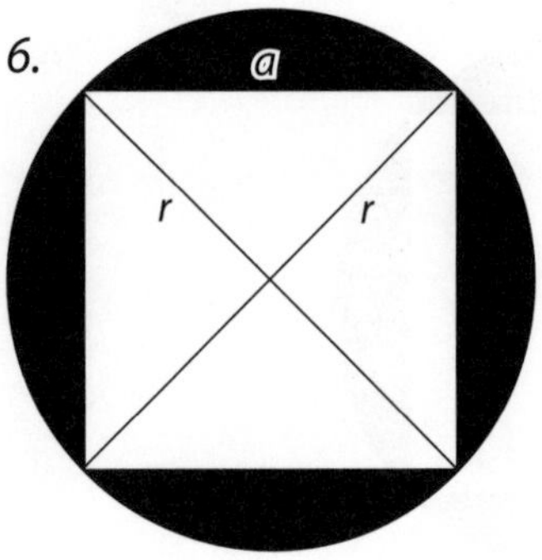

Schwarze Fläche des Kreises: 4

$r_{Kreis} = \sqrt{A : \pi} = \sqrt{78{,}5 : 3{,}14} = 5\ [cm];$ **1**

Seite $a_{Quadrat}$ ➪ Pythagoras: $a^2 = r^2 + r^2 = 5^2 + 5^2 = 50$ **1,5**

$a = \sqrt{50} = 7{,}07106 \approx 7{,}07\ [cm];$

$A_{Quadrat} = a \cdot a = 50\ [cm^2];$ **1**

$A_{schwarz} = 78{,}5 - 50 = \underline{28{,}5}\ [cm^2]$ **0,5**

7. Fläche Figur: 5

Pythagoras: **1**

$h^2_{Dreieck} = 6^2 - 3{,}6^2$

$= 36 - 12{,}96 = 23{,}04$

$h_{Dreieck} = 4{,}8\ [cm];$

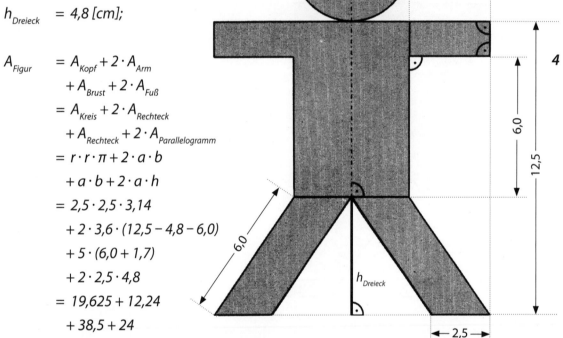

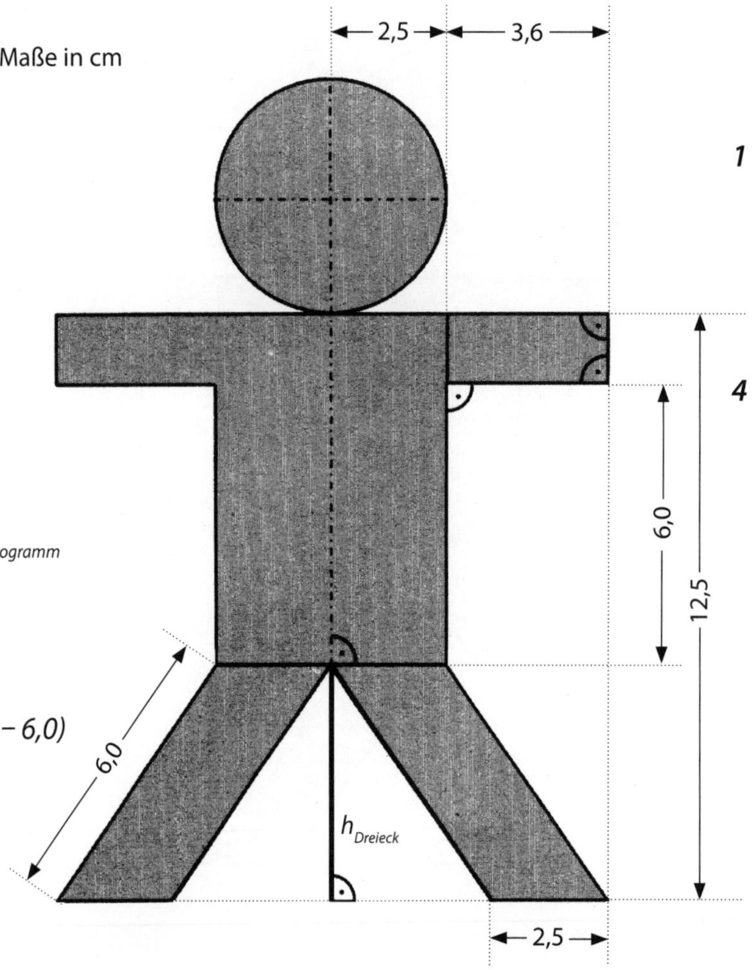

$A_{Figur} = A_{Kopf} + 2 \cdot A_{Arm}$ **4**

$+ A_{Brust} + 2 \cdot A_{Fuß}$

$= A_{Kreis} + 2 \cdot A_{Rechteck}$

$+ A_{Rechteck} + 2 \cdot A_{Parallelogramm}$

$= r \cdot r \cdot \pi + 2 \cdot a \cdot b$

$+ a \cdot b + 2 \cdot a \cdot h$

$= 2{,}5 \cdot 2{,}5 \cdot 3{,}14$

$+ 2 \cdot 3{,}6 \cdot (12{,}5 - 4{,}8 - 6{,}0)$

$+ 5 \cdot (6{,}0 + 1{,}7)$

$+ 2 \cdot 2{,}5 \cdot 4{,}8$

$= 19{,}625 + 12{,}24$

$+ 38{,}5 + 24$

$= \underline{94{,}365}\ [cm^2]$

8. Enorm große Zahlen: 4

a) Herzschläge: **2**

$80 \cdot 60 \cdot 24 \cdot 365 \cdot 80 = \underline{3{,}36384 \cdot 10^9}$ [Herzschläge];

$3\,363\,840\,000 = \underline{3{,}36384\ \text{Milliarden}}$ [Herzschläge]

b) Eisenatome: **2**

$6{,}023 \cdot 10^{23} = 602\,300\,000\,000\,000\,000\,000\,000$

$= \underline{602{,}3\ \text{Trilliarden}}$ [Eisenatome];

$6{,}023 \cdot 10^{23} \cdot 1000 : 55{,}847 = \underline{1{,}0785 \cdot 10^{25}}$ [Eisenatome]

32

Standards in Mathematik für die 9. Jahrgangsstufe

❶ Sechs Kompetenzbereiche

① **Mathematisch argumentieren**
1. Fragen stellen, die für die Mathematik charakteristisch sind, und Vermutungen äußern
2. Mathematische Argumentationen entwickeln (Erläuterungen, Begründungen, Beweise)
3. Einen Lösungsweg beschreiben und begründen

② **Probleme mathematisch lösen**
1. Vorgegebene und selbst formulierte Probleme bearbeiten
2. Geeignete heuristische Hilfsmittel, Strategien und Prinzipien zum Problemlösen auswählen und anwenden und empirische Ergebnisse durch die Anwendung von Regeln und Axiomen überprüfen
3. Die Plausibilität der Ergebnisse überprüfen sowie das Finden von Lösungsideen und die Lösungswege reflektieren

③ **Mathematisch modellieren**
1. Den Bereich oder die Situation, die modelliert werden soll, in mathematische Begriffe, Strukturen und Relationen übersetzen
2. In dem jeweiligen mathematischen Modell arbeiten
3. Ergebnisse in dem entsprechenden Bereich oder der entsprechenden Situation interpretieren und prüfen

④ **Mathematische Darstellungen verwenden**
1. Verschiedenen Formen der Darstellung von mathematischen Objekten und Situationen anwenden, interpretieren und unterscheiden
2. Beziehungen zwischen Darstellungsformen erkennen
3. Unterschiedliche Darstellungsformen je nach Situation und Zweck auswählen und zwischen ihnen wechseln

⑤ **Mit symbolischen, formalen und technischen Elementen der Mathematik umgehen**
1. Mit Variablen, Termen, Gleichungen, Funktionen, Diagrammen, Tabellen arbeiten
2. Symbolische und formale Sprache in natürliche Sprache übersetzen und umgekehrt
3. Lösungs- und Kontrollverfahren ausführen
4. Mathematische Werkzeuge (wie Formelsammlung, Taschenrechner, Software) sinnvoll und verständig einsetzen

⑥ **Kommunizieren**
1. Überlegungen, Lösungswege bzw. Ergebnisse dokumentieren, verständlich darstellen und präsentieren, auch unter Nutzung geeigneter Medien
2. Die Fachsprache adressatengerecht verwenden
3. Äußerungen von anderen und Texte zu mathematischen Inhalten verstehen und überprüfen

Zur Lösung mathematischer Aufgaben kommen die oben genannten sechs mathematischen Kompetenzen in drei Aufgabenbereichen in unterschiedlicher Ausprägung zum Einsatz:

Anforderungsbereich I: Reproduzieren
Dieses Niveau umfasst die Wiedergabe und direkte Anwendung von grundlegenden Begriffen, Sätzen und Verfahren in einem abgegrenzten Gebiet und einem wiederholenden Zusammenhang.

Anforderungsbereich II: Zusammenhänge herstellen
Dieses Niveau umfasst das Bearbeiten bekannter Sachverhalte, indem Kenntnisse, Fertigkeiten und Fähigkeiten verknüpft werden, die in der Auseinandersetzung mit Mathematik auf verschiedenen Gebieten erworben wurden.

Anforderungsbereich III: Verallgemeinern und Reflektieren
Dieses Niveau umfasst das Bearbeiten komplexer Gegebenheiten u. a. mit dem Ziel, zu eigenen Problemformulierungen, Lösungen, Begründungen, Folgerungen, Interpretationen oder Wertungen zu gelangen.

Die oben genannten sechs mathematischen Kompetenzen können von den Schülerinnen und Schülern nur in Auseinandersetzung mit konkreten mathematischen Inhalten, sogenannten mathematischen Leitideen, erworben werden.

❷ Sechs mathematische Leitideen

① **Leitidee Zahl**

Die Schülerinnen und Schüler können

- natürliche Zahlen, Bruchzahlen und negative Zahlen darstellen
- gemeine Brüche und negative Zahlen addieren, subtrahieren, multiplizieren und dividieren
- große und kleine Zahlen in Zehnerpotenzen darstellen
- Quadratzahlen und Quadratwurzeln mit dem Taschenrechner bestimmen
- einfache Potenzen mit dem Taschenrechner bestimmen
- einfache Terme aufstellen
- einfache lineare Gleichungen durch Äquivalenzumformungen lösen
- mit Variablen in Formeln rechnen

② **Leitidee Messen**

Die Schülerinnen und Schüler können

- geeignete Größeneinheiten hinsichtlich ihrer Verwendung auswählen und mit ihnen rechnen
- Ergebnisse in sinnvoller Genauigkeit darstellen
- Umfang und Flächeninhalt von Vielecken und Kreisen ermitteln und bei zusammengesetzten Flächen anwenden
- Rauminhalt von Prismen, Zylindern, Pyramiden und Kegeln ermitteln und bei zusammengesetzten Körpern anwenden

③ **Leitidee Form und Raum**

Die Schülerinnen und Schüler können

- den Satz des Pythagoras anwenden
- Netze, Schrägbilder und Modelle von Prismen und Zylindern benennen und anfertigen
- Vorstellungen zu Umfang, Fläche, Oberfläche, Mantel und Rauminhalt nutzen

④ **Leitidee Funktionaler Zusammenhang**

Die Schülerinnen und Schüler können

- funktionale Zusammenhänge entdecken, beschreiben, darstellen und berechnen
- proportionale und umgekehrt proportionale Zuordnungen in Sachzusammenhängen unterscheiden und berechnen
- Prozentanteile grafisch darstellen
- Grundwert, Prozentwert und Prozentsatz in Anwendungssituationen berechnen
- beim Lesen geografischer Karten und beim Gebrauch und Anfertigen von Zeichnungen den Maßstab sinnvoll anwenden

⑤ **Leitidee Modellieren**

Die Schülerinnen und Schüler können

- Lösungswege zu Sachaufgaben finden, diese begründen und die zugehörige Berechnung durchführen
- in Sachsituationen Preise, Mengen und Ermäßigungen kalkulieren und berechnen
- den Dreisatz als Lösungsverfahren anwenden

⑥ **Leitidee Daten und Zufall**

Die Schülerinnen und Schüler können

- Tabellen und unterschiedliche grafische Darstellungen auswerten
- Daten recherchieren, mit geeigneten Hilfsmitteln aufbereiten, in Tabellen erfassen und grafisch darstellen sowie die Wirkung der Darstellung beurteilen

BRIGG Pädagogik VERLAG

Der neue Pädagogik-Fachverlag für Lehrer/-innen

BRIGG Pädagogik VERLAG

Abwechslungsreiche Arbeitsblätter für Mathematik!

Petra Pichlhöfer

Mathe ohne Rechnen

40 Denksportaufgaben mit Selbstkontrolle

7. – 9. Klasse

88 S., DIN A4,
Kopiervorlagen mit Lösungen

Best.-Nr. 331

Die **40 Mathe-Rätsel** begeistern Ihre Schüler/-innen mit spannendster Denkarbeit von Mathe-Begriffen bis zu geometrischen Konstruktionen. **Pfiffige Rätselformen** fördern die Motivation, die Lösungen zu erarbeiten. Das strukturierte Inhaltsverzeichnis erleichtert Ihnen die Unterrichtsvorbereitung. Es informiert über Titel und Themen, Rätselformen und deren Verwendung. Verschiedene Schwierigkeitsgrade unterstützen Sie bei der Differenzierung. Alle Rätsel sind praxiserprobt und für eine **Selbstkontrolle** ausgelegt.

Otto Mayr

Mathematik komplett

Arbeitsblätter, Lernzielkontrollen und Probearbeiten, neue Aufgabenkultur

9. Klasse

208 S., DIN A4,
Kopiervorlagen mit Lösungen

Best.-Nr. 337

Das komplette Materialpaket für den Mathematikunterricht – **für ein ganzes Schuljahr** und nach den neuen Prüfungsanforderungen! Dieser Band beinhaltet den kompletten Stoff der 9. Klasse in **zwei verschiedenen Anforderungsstufen**. Die Arbeitsblätter decken den gesamten Lehrplaninhalt ab und sind entsprechend in sechs Themenkomplexe aufgeteilt. Jeder Themenkomplex wird durch die neuen Aufgabenformen ergänzt, die auf den neuen Teil der Abschlussprüfung hinführen. Mit Lernzielkontrollen für jeden Themenkomplex!

Otto Mayr

Neue Aufgabenformen im Mathematikunterricht

Aufgaben vernetzen – Probleme lösen – kreativ denken

7. – 9. Klasse

168 S., DIN A4,
Kopiervorlagen mit Lösungen

Best.-Nr. 276

10. Klasse

96 S., DIN A4,
Kopiervorlagen mit Lösungen

Best.-Nr. 359

Aufgabensammlungen zum neuen Ansatz nach PISA. **Mit allen neuen Aufgabenformen**, Kopfrechnen, Kopfgeometrie und den neuen Prüfungsaufgaben.
Die vorliegenden Bände stärken grundlegende mathematische Kompetenzen, fördern das **Mathematisieren von Sachverhalten** und greifen das Vorwissen der Schüler auf. Sie enthalten die **von den Kultusministerien vorgegebenen Prüfungsinhalte**: Aufgaben, die mathematisches Argumentieren fordern, Aufgaben zum Vernetzen sowie Erweitern von Routineaufgaben (z. B. Fehleraufgaben), Aufgaben zum Problemlösen und kreativen Denken (z. B. überbestimmte Aufgaben, Aufgaben zum Hinterfragen, Aufgaben mit mehreren Lösungswegen).

Weitere Bände sind bereits in Vorbereitung!

Bestellcoupon

Ja, bitte senden Sie mir / uns mit Rechnung

______Expl. Best-Nr. ______________________

______Expl. Best-Nr. ______________________

______Expl. Best-Nr. ______________________

______Expl. Best-Nr. ______________________

Meine Anschrift lautet:

____
Name / Vorname

____
Straße

____
PLZ / Ort

____
E-Mail

____
Datum / Unterschrift Telefon (für Rückfragen)

Bitte kopieren und einsenden / faxen an:

Brigg Pädagogik Verlag GmbH
zu Hd. Herrn Franz-Josef Büchler
Zusamstr. 5
86165 Augsburg

☐ Ja, bitte schicken Sie mir Ihren Gesamtkatalog zu.

Bequem bestellen per Telefon / Fax:
Tel.: 0821 / 45 54 94-17
Fax: 0821 / 45 54 94-19
Online: www.brigg-paedagogik.de